ビジュアル大宇宙

［上］宇宙の見方を変えた53の発見

THE UNIVERSE IN 100 KEY DISCOVERIES

ジャイルズ・スパロウ ｜ 著
GILES SPARROW

渡部潤一（国立天文台）｜ 日本語版監修
JUNICHI WATANABE

CONTENTS

［上］宇宙の見方を変えた53の発見

はじめに｜かつてない躍動感ある時代 ── 8

天文学の黎明期
01 地動説｜アイデアは紀元前からあった ── 10
02 楕円軌道｜天文学史を塗り替えた大発見 ── 14
03 星までの距離｜科学者を100年以上悩ませる ── 18
04 目に見えない宇宙｜エックス線や紫外線に満ちていた ── 22
05 宇宙の化学組成｜アマチュア天文愛好家の偉業 ── 26
06 別の銀河｜小さな宇宙を信じる一派と大論争 ── 30

微小な世界
07 原子の正体｜内部にはほぼ何もなかった ── 34
08 量子論｜常識を根底から覆す ── 38
09 光のスピード｜きっかけは木星の衛星 ── 42
10 相対性理論｜1905年、奇跡の年 ── 46

宇宙の起源
11 膨張する宇宙｜ハッブルが発見した仰天の事実 ── 50
12 宇宙マイクロ波背景放射｜ビッグバンの決定的な証拠 ── 54
13 ビッグバン理論｜語源は「おおぼら」── 58
14 ビッグバン以前の宇宙｜宇宙背景放射に痕跡が刻まれている ── 62
15 物質と反物質｜研究者を魅了する"消えた物質" ── 66

星の誕生
16 ファーストスター（初代星）｜宇宙最初の星は巨大だった ── 70
17 原始の銀河｜最近の銀河とはまったく違う ── 74
18 恒星の進化｜H-R図がきれいに説明 ── 78
19 わし星雲｜星が生まれる瞬間が見られる ── 82
20 幼い星｜数々の試練をくぐり抜ける ── 86
21 一番小さい恒星｜恒星と惑星を分ける境界線は？── 90
22 閃光星｜強烈な爆発を引き起こす矮星 ── 94

知られざる惑星
23 太陽系外惑星｜見つかったのはわずか20年前 ── 98
24 いろいろな太陽系外惑星｜太陽系の方が例外なのかもしれない ── 102
25 フォーマルハウトの惑星系｜惑星誕生の瞬間が見られる ── 106
26 地球に似た惑星｜意外に多いかもしれない ── 110

個性的な星

27　食連星 ぎょしゃ座イプシロン｜謎だらけの不思議な天体 ───── 114
28　赤色超巨星ベテルギウス｜太陽の10万倍ものエネルギー ───── 118
29　暴走星｜あり得ないほど速く動く ───── 122
30　接触連星｜進化モデルの例外 ───── 126

星の最期

31　変光星ミラ｜脈動する赤色巨星 ───── 130
32　惑星状星雲｜太陽の未来はこうなるかもしれない ───── 134
33　いっかくじゅう座 V838星｜二つの星が衝突して爆発した ───── 138
34　りゅうこつ座イータ星｜もうすぐ超新星爆発する ───── 142
35　超新星爆発｜宇宙で最も劇的なイベント ───── 146
36　恒星の残骸｜白色矮星、中性子星、ブラックホール… ───── 150
37　SS 433｜世紀の謎 ───── 154

銀河の不思議

38　天の川銀河の形｜大きな二つの腕をもつ棒渦巻 ───── 158
39　天の川銀河のブラックホール｜質量は太陽の400万倍 ───── 162
40　隣の銀河｜天の川銀河にのみ込まれつつある ───── 166
41　超新星 1987A｜100年に1回の大イベント ───── 170
42　タランチュラ星雲のモンスター星｜理論上はあり得ない大きさ ───── 174
43　銀河の分類｜渦状の腕ができる不思議 ───── 178
44　活動銀河｜20億光年先で輝く宇宙一明るい天体 ───── 182

広がる視界

45　宇宙線｜宇宙のかなたから飛来する高速粒子 ───── 186
46　ガンマ線バースト｜爆発的に放出される高エネルギー ───── 190
47　銀河の衝突｜新たな星を誕生させる ───── 194
48　宇宙の地図｜銀河団が密集する領域を発見 ───── 198

宇宙の正体

49　銀河の進化｜衝突と合体で姿を変える ───── 202
50　重力レンズ｜光を曲げる巨大な力 ───── 206
51　ダークマター｜物質の95%を占めるが正体は不明 ───── 210
52　ダークエネルギー｜宇宙の膨張を加速するエネルギー ───── 214
53　宇宙の運命｜宇宙の終わりを予測する ───── 218

宇宙と太陽系の今を知るための用語集 ───── 222

[下] 太陽系の謎に挑んだ47の発見

太陽の誕生／太陽のパワー／日震学／ニュートリノ／太陽周期／惑星の起源／惑星軌道の移動／後期重爆撃期／隕石の成分／水の惑星／生命の起源／月の誕生／テイアの残骸／月の氷／ダイナミックな月／水星の複雑な過去／金星の火山／金星の灼熱大地／宇宙からの天体衝突／断続的に起きる天体衝突／火星の激しい歴史／火星の気候変動／火星の水／火星での生命体の可能性／火星の衛星の起源／ケレス／火山だらけのベスタ／小惑星の進化／木星の内部構造／木星の赤い斑点たち／木星の重力シールド／イオの火山群／エウロパの氷の海／ガニメデとカリストの海／土星の複雑な気候／神秘的な土星の輪／惑星の輪の起源／エンケラドスから噴き出るプリューム／タイタンの湖／明暗分かれるイアペトス／天王星の奇妙な傾き／海王星のすごい内部／トリトンの軌道と活動／はるかなる冥王星／カイパーベルトとオールトの雲／複雑な彗星／太陽系の辺境

THE UNIVERSE
by Giles Sparrow

Original English edition was
published by
Quercus Editions Ltd.
55 Baker Street
7th floor, South Block
London
W1U 8EW

First published in 2012

Copyright © 2012 Giles Sparrow

The moral right of Giles Sparrow to be identified as the author of this work has been asserted in accordance with the Copyright, Design and Patents Act, 1988.

All rights reserved. No part of this publication may be reproduced, stored in a retrieval system, or transmitted in any form or by any means, electronic, mechanical, photocopying, recording, or otherwise, without the prior permission in writing of the copyright owner and publisher.

The picture credits constitute an extension to this copyright notice.

Every effort has been made to contact copyright holders. However, the publishers will be glad to rectify in future editions any inadvertent omissions brought to their attention.

Giles Sparrow would like to thank Tim Brown at Pikaia, Dan Green for editorial assistance, and all the researchers who kindly shared their insight and provided images during the making of this book. And thanks, especially, to Katja Seibold for her constant inspiration and support.

Published by arrangement with Quercus Editions ltd, London through Tuttle-Mori Agency, Inc, Tokyo

2: ESA/NASA. ESO and Danny LaCrue 10: Iztok Bon ina/ESO; 12: Pikaia Imaging; 14: Mark Garlick/Science Photo Library; 17: Tunc Tezel; 18: NASA, ESA and AURA/Caltech; 21: Pikaia Imaging; 23: NASA/DOE/Fermi LAT Collaboration, Capella Observatory, and Ilana Feain, Tim Cornwell, and Ron Ekers (CSIRO/ATNF), R. Morganti (ASTRON), and N. Junkes (MPIfR); 24: NASA/JPL-Caltech; 26: NSO/AURA/NSF; 29: NASA/JPL-Caltech/Univ.of Ariz. ; 31: ESO/Y.Beletsky; 32: Bill Schoening, Vanessa Harvey/REU program/NOAO/AURA/NSF; 34: CERN; 37: Pikaia Imaging; 39: National Institute of Standards and Technology/Science Photo Library; 41: Guido Vrola/Shutterstock; 42: SuriyaPhoto/Shutterstock; 44: Argonne National Laboratory, U.S. Department of Energy; 47: Babak Trafreshi, TWAN/Science Photo Library; 48: Scientific Visualization by Werner Benger, Max-Planck-Institute for Gravitational Physics, Zuse-Institute Berlin, Center for Computation & Technology at Louisiana State University, University of Innsbruck. Scientific Computation by Ed Seidel / Numerical Relativity Group at Max-Planck-Institute for Gravitational Physics; 50: NASA, ESA, S. Beckwith (STScI) and the HUDF Team; 53: Pikaia Imaging; 55: NASA/WMAP Science Team/Science Photo Library; 56: NASA/COBE; 58: Michael Dunning/Science Photo Library; 60-61: Pikaia Imaging; 62: Detlev Van Ravenswaay/Science Photo Library; 65: Pikaia Imaging; 67: NASA/CXC/ASU/J. Hester et al.; 68: CERN; 70: Adolf Schaller for STScI; 73: NASA/JPL-Caltech/A. Kashlinsky (GSFC); 75: NASA, ESA, S. Gallagher (The University of Western Ontario), and J. English (University of Manitoba); 76: NASA, ESA, A. van der Wel (Max Planck Institute for Astronomy, Heidelberg, Germany), H. Ferguson and A. Koekemoer (Space Telescope Science Institute, Baltimore, Md.), and the CANDELS team; 79: NASA, ESA, R. O'Connell (University of Virginia), F. Paresce (National Institute for Astrophysics, Bologna, Italy), E. Young (Universities Space Research Association/Ames Research Center), the WFC3 Science Oversight Committee, and the Hubble Heritage Team (STScI/AURA); 81: Pikaia Imaging; 82: NASA, ESA, and The Hubble Heritage Team (STScI/AURA); 84: NASA, ESA, STScI, J. Hester and P. Scowen (Arizona State University); 86: NASA, ESA, and M. Livio and the Hubble 20th Anniversary Team (STScI); 89: NASA, John Krist (Space Telescope Science Institute), Karl Stapelfeldt (Jet Propulsion Laboratory), Jeff Hester (Arizona State University), Chris Burrows (European Space Agency/Space Telescope Science Institute); 90: ESO; 93 l: T. Nakajima (Caltech), S. Durrance (JHU); r: S. Kulkarni (Caltech), D.Golimowski (JHU) and NASA; 94: NASA/SDO; 96: Casey Reed/NASA; 98: NASA/JPL-Caltech; 101: Pikaia Imaging; 103: NASA/JPL-Caltech/Palomar Observatory; 104: NASA/JPL-Caltech/J. Langton (UC Santa Cruz); 106: NASA, ESA, P. Kalas, J. Graham, E. Chiang, E. Kite (University of California, Berkeley), M. Clampin (NASA Goddard Space Flight Center), M. Fitzgerald (Lawrence Livermore National Laboratory), and K. Stapelfeldt and J. Krist (NASA Jet Propulsion Laboratory); 109: NASA/JPL-Caltech/K. Stapelfeldt (JPL), James Clerk Maxwell Telescope; 111: NASA; 112: NASA/Ames/JPL-Caltech ; 114: NASA/JPL-Caltech/R. Hurt (SSC/Caltech); 117: Research by Kloppenborg et al., Nature 464, 870-872 (8 April 2010). Image by John D. Monnier, University of Michigan; 119 t: Andrea Dupree (Harvard-Smithsonian CfA), Ronald Gilliland (STScI), NASA and ESA; b: ESO and P. Kervella; 120: Haubois et al., A&A, 508, 2, 923,2009, reproduced with permission @ ESO/Observatoire de Paris; 123: NASA/JPL-Caltech/WISE Team; 125: NASA, ESA, and R. Sahai (NASA's Jet Propulsion Laboratory); 126: NASA, ESA, and the Hubble SM4 ERO Team; 128: NASA/ ESA; 130: NASA/CXC/SAO/M. Karovska et al; 132-133: NASA/JPL-Caltech; 134: NASA, ESA, HEIC, and The Hubble Heritage Team (STScI/AURA); 136: NASA, ESA, and Z. Levay (STScI); 139: NASA, ESA, and Z. Levay (STScI); 141: NASA, ESA, and H. Bond (STScI); 142: Nathan Smith, University of Minnesota/NOAO/AURA/NSF; 144: ESO; 147: NASA, ESA, J. Hester and A. Loll (Arizona State University); 148: ORNL/Science Photo Library; 150: ESO/L.Calcada; 153: NASA, ESA, and the Hubble SM4 ERO Team; 154: Blundell & Bowler, NRAO/AUI/NSF; 156: Pikaia Imaging; 158: ESO; 160: NASA and The Hubble Heritage Team (STScI/AURA); 162: NASA/CXC/MIT/F. Baganoff, R. Shcherbakov et al. ; 164: A.Ghez, Keck/UCLA Galactic Center Group; 166: Purcell, Tollerud, & Bullock/UC Irvine; 169: Sharma, Johnston, & Bullock/UC Irvine; 171: The Hubble Heritage Team (AURA/STScI/NASA); 172: ESO/L. Calcada; 174: ESO; 176: NASA, ESA, and F. Paresce (INAF-IASF, Bologna, Italy), R. O'Connell (University of Virginia, Charlottesville), and the Wide Field Camera 3 Science Oversight Committee; 179: NASA, ESA, and the Hubble Heritage (STScI/AURA)-ESA/Hubble Collaboration; 181: NASA, ESA, and The Hubble Heritage Team (STScI/AURA); 182: Image courtesy of NRAO/AUI and J. M. Uson; 184: NASA, Andrew S. Wilson (University of Maryland); Patrick L. Shopbell (Caltech); Chris Simpson (Subaru Telescope); Thaisa Storchi-Bergmann and F. K. B. Barbosa (UFRGS, Brazil); and Martin J. Ward (University of Leicester, U.K.); 186: Tomasz Barszczak/Super-Kamiokande Collaboration/Science Photo Library; 189: Randy Landsberg, Dinoj Surendran, and Mark SubbaRao (U of Chicago / Adler Planetarium); 190: Andrew MacFadyen/Science Photo Library; 192: DANIEL PRICE/STEPHAN ROSSWOG/Science Photo Library; 195: NASA, ESA, SAO, CXC, JPL-Caltech, and STScI; 197: NASA, ESA, and The Hubble Heritage Team (STScI/AURA); 199: Visualisation by Christopher Fluke, Centre for Astrophysics & Supercomputing, Swinburne University of Technology, using data from the 6dF Galaxy Survey (courtesy H.Jones et al.) ; 201: The 2dF Galaxy Redshift Survey Team, http://www2.aao.gov.au/2dFGRS/; 202: P. Jonsson (Harvard-Smithsonian Center for Astrophysics), G. Novak (Princeton University), and T.J. Cox (Carnegie Observatories, Pasadena, Calif.); 204: NASA, ESA, and the Hubble Heritage Team (STScI/AURA); 207: NASA, N. Benitez (JHU), T. Broadhurst (Racah Institute of Physics/The Hebrew University), H. Ford (JHU), M. Clampin (STScI), G. Hartig (STScI), G. Illingworth (UCO/Lick Observatory), the ACS Science Team and ESA; 209: ESA/Hubble & NASA; 210: Volker Springel/Max Planck Institute for Astrophysics/Science Photo Library; 212 X-ray: NASA/CXC/M.Markevitch et al., Optical: NASA/STScI; Magellan/U.Arizona/D.Clowe et al., Lensing Map: NASA/STScI; ESO WFI; Magellan/U.Arizona/D.Clowe et al.; 215: NASA, ESA, E. Jullo (Jet Propulsion Laboratory), P. Natarajan (Yale University), and J.-P. Kneib (Laboratoire d'Astrophysique de Marseille, CNRS, France); 217: NASA/Swift/S. Immler; 218: Mark Garlick/Science Photo Library; 220-221: Pikaia Imaging.

かつてない躍動感ある時代

　天文学の歴史は、絶え間ない発見の歴史だ。技術の進歩や常識を覆す新発見、宇宙や地球のことをもっと知りたいと願う止めどない情熱に突き動かされて、その歴史は今も日々、塗り替えられている。科学のなかでもその起源は古く、はるか先史時代にまで遡る。その当時、星を熱心に眺めた者たちはいったい、どんなことを信じていたのか。それは遺跡などに残る、数は少ないが確かな手がかりから想像するしかない。

　最も古い天文学の証拠は、古代バビロニアの粘土板に残されている。そこには今から3000年以上も前の星の動きが、楔形文字で刻まれている。微に入り細にわたって観測記録を取っていたのは、どうやら占星術で使うためだったらしい。粘土板をいくら見ても、宇宙における地球の位置を古代人がどう考えていたのかはわからない。天体観察と占星術の知識を集大成した宇宙論の証拠が登場するのは、紀元前もあと数世紀で終わろうとしていたころまで待たなくてはならない。本格的な宇宙論は古代ギリシャ時代、哲学者から広まっていった。

地球は宇宙の中心から片隅へ

　古代ギリシャ以降、宇宙における地球の位置についての考えは、幾度となく大胆に見直されてきた。天文学史のなかでも議論百出の大きなテーマだ。プトレマイオス（西暦83-168年）からコペルニクス（1473-1543年）、そしてハッブル（1889-1953年）らの手によって、万物の中心と思われていた地球は目立たない片隅に追いやられ、太陽の周囲を回っている身分に甘んじることになる。その太陽ですら、あまたある銀河の一つでしかない天の川銀河のなかの、ごくありふれた恒星の一つにすぎないことが知られるようになった。

　天文学者たちの発見のせいで、宇宙における人類の地位が引き下げられた、と決めつけてはいけない。これほどまでにささやかな惑星から知的生命体、つまり人類は生まれたのだ。この事実からは、宇宙はそもそもどうして今ある姿になったのかという根源的な疑問が果てしなくわき起こる。宇宙についてわかったことがどれだけ複雑になろうと、人類はその複雑さを理解することができる。その能力を、むしろ誇りに思うべきなのだ。

変化し続ける学問

　天文学のあり方も、長い歳月の間に飛躍的に進歩した。神官や占星術師のお告げも、航海術や時刻や暦、地図作成といった実用的な技術とともに存在していた。17世紀にヨーロッパを中心に巻き起こった科学革命と、海外貿易の拠点を求めた大航海時代のタイミングとが重なると、天文学は科学分野のなかでいち早く「職業として成り立つ」学問となった。同じ頃、国立天文台も、やはりヨーロッパを中心に世界各地に建ち始めた。

　アマチュア天文愛好者にとっても、天文学は常に興味の尽きない分野であり続けた。18世紀から19世紀にかけて成し遂げられた画期的な発見（ブレークスルー）の多くは、熱心な天文マニアのひたむきな努力が実を結んだものだった。現代でも、この点は変わらない。天文学は今や専門別に細かく枝分かれし、ますます複雑な学問になっている。それでも、アマチュアがプロを驚かせる大発見をすることがある、珍しい科学分野の一つであり続けている。高性能の天体望遠

鏡とコンピューター技術が普及してからは、アマチュア天文家が手柄を立てる余地がますます広がっている。分散コンピューティング（ネットワークに接続した複数のコンピューターが、一つの課題を手分けして処理する仕組み）を利用したプロジェクトに参加すれば、望遠鏡がなくても研究に貢献できる。惑星探査機から送られてきたデータを選り分けたり、宇宙の彼方にある複雑な銀河の画像を分類するだけでも、研究に協力できる時代になったのだ。

ここ20～30年は特に、プロの天文学者にとっても変化が目まぐるしかった。長らく立ちはだかっていた技術的な壁を次々に乗り越えられるようになった途端、新しいデータや発見がどっと押し寄せてきたからだ。

さらなる挑戦

鏡をいくつも合成し、コンピューター制御で操作する最新鋭の望遠鏡は、かつての望遠鏡よりも巨大で、はるかに精度が高い。これを使えば、地上にある天文台からでも、格段に鮮明で明るい宇宙の画像をとらえられる。さらに大気に邪魔されずに観測できる天文衛星は、眼に見える光（可視光）のなかでも細部までくっきりと写った画像を出力できる。それだけでなく、赤外線から紫外線に至る、地上では観測できないタイプの電磁波を集めることも可能だ。コンピューター制御のCCDカメラをはじめ、センサー装置を駆使すれば、かつてない高感度でこうした電磁波を検出し、新しいやり方で画像を操作・分析できる。宇宙探査機が登場してからは、ついに太陽系の惑星まで出かけていって撮った画像を地球に送信したり、彗星をはじめとする天体で採取した石の試料（サンプル）を地球に持ち帰ってきたりすることまでできるようになった。

新しい技術が登場するにつれて、これからも実に途方もない量のデータが得られることは間違いない。現に天文学は、かつてない速いスピードで変化し続けている。研究対象となって日の浅い、まだ発見の余地がありそうなテーマとしては、例えば太陽系のダイナミックな歴史（下巻p.34）、多彩な顔ぶれの太陽系外惑星（p.102）、激動の宇宙の始まり（p.70）などがある。これまでずっと常識とされてきた知識、例えばビッグバンによって着実に膨張する宇宙といった概念ですら、宇宙の誕生の鍵を握るという、謎めいた「ダークエネルギー」の存在を裏づける証拠が見つかった途端に（p.214）、あっけなく覆されてしまった。

告白すると、本書執筆中、私が書くペースが天文学の新発見が発表されるペースに追いついていないようにしきりに感じられた。もちろんそんなはずはなく、テーマの選び方に原因があった。プレスリリースや大学の公式ウェブサイト、学術誌などを日々、ひたすらに読み、大発見を拾おうとしていたのだから、そう感じられたのも不思議はない。思い違いはさておき、このことだけは間違いない。私たちは、天文学の長い歴史のなかでも、かつてない躍動感ある時代に生きている。いくつもの長年の疑問が次々と解決しつつあるというのに、なおも立ち現れる新たなる難問に、人類はさらに向かっていこうとしている。最新の天文学をスナップショットした本書が、そんな時代をうまくとらえられていたら望外の喜びである。

著者　ジャイルズ・スパロウ

地動説
アイデアは紀元前からあった

01

天文学の黎明期

- テーマ：地球は宇宙の中心ではないという事実。
- 最初の発見：紀元前250年頃、アリスタルコスが宇宙の中心は太陽だと考えた。
- 画期的な発見：ルネサンス期の天文学者コペルニクスが、地動説を世に示した。
- 何が重要か：コペルニクスの説をケプラー、ガリレオ、ニュートンが補強し、地動説が確立した。

有史以来ほとんどずっと、地球が宇宙の中心だと人類は信じてきた。紀元前にも、その考えに異議を唱える者がいるにはいた。しかし、宇宙において地球がいったいどんな位置にあるのかを本当に知ろうとする人々が登場するのは、それから1700年以上も後、16世紀のことだった。

記録を見る限り、宇宙における地球の位置について最初に考えたのは、古代ギリシャの哲学者たちだった。紀元前5世紀頃のことである。

紀元前4世紀半ば、アリストテレスの説をきっかけに、宇宙に対する認識は大きな一歩を踏み出した。地球は、古代の思想家たちが信じていたような無限の海に浮かぶ平たい円盤ではなく、宇宙空間で静止した巨大な球体だと考えたのである。紀元前200年頃には古代ギリシャ都市キュレネーのエラトステネスが、独創的な方法を思いついた。異なる緯度にある二つの場所で夏至の日の正午に太陽が作る影を測定し、地球の直径をはじき出したのである。

本当の意味で宇宙論（「コスモロジー」にはギリシャ語で「秩序づける」という意味がある）と呼ぶに値する説に育つには、解決しなければならない課題がまだまだ残っていた。太陽や星の動き、月の満ち欠け、日食や月食について、秩序立てて説明できていなかったのだ。何よりもやっかいだったのは、水星や金星、火星、木星、土星といった惑星の不可解な足取り（「惑星にはギリシャ語で「放浪者」という意味がある）だった。こうした現象を説明するために、古代ギリシャの哲学者たちはさまざまな説をひねり出した。例えば真円形の軌道や、惑星が貼りついている透明な天球。そしてその外側を覆うように据えつけられた球体に星がまたいているか、空けられた針穴に天の光が差し込んでいるモデルを編み出した。こうしたアイデアを信じない者たちもいた。ギリシャのサモス島出身の天文学者、アリスタルコスがその1人だ。彼は、紀元前3世紀に三角法を使って太陽までの距離を推定した。その値は実際の距離を大きく下回っていたのだが、それでも太陽があまりにも巨大であることを根拠に、宇宙の本当の中心は太陽であり、地球はほかの惑星と同じようにその周囲を回っているべきだと結論づけた。

(左) チリのラシーヤ天文台から見た星の動き。長時間露光して撮影した星の軌跡を見れば、天の南極を中心に星が回転していることがよくわかる。これは地球が自転している何よりの証拠だと私たちは知っている。ところが、昔の天文学者たちはこう考えていた。地面は動いていない。この写真のように、星のほうが回っているのだと。

地動説 | 11

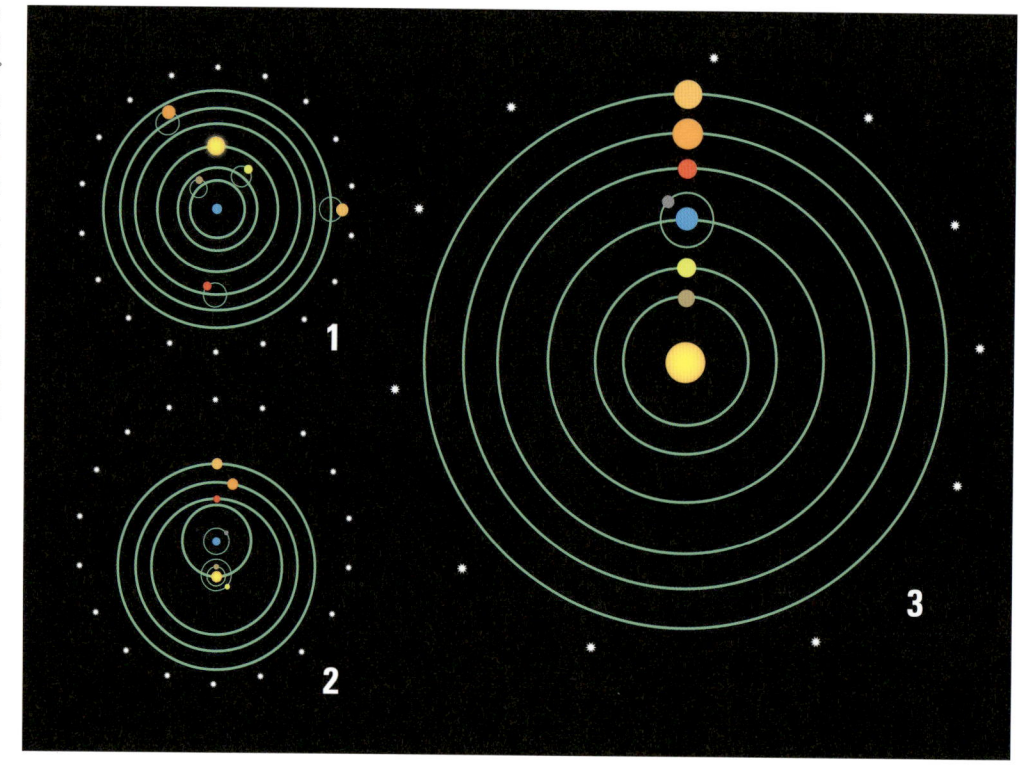

進化する太陽系のモデル。三つの図はそれぞれ、(1) プトレマイオスのモデルにおける軌道と周転円、(2) プトレマイオスの天動説とコペルニクスの地動説を融合させたティコ・ブラーエのモデル。太陽の周囲を水星と金星が回る、(3) 太陽を完全に宇宙の中心に据えたコペルニクスのモデル。

ヒッパルコスとプトレマイオス

　天文学にとって不運だったのは、アリスタルコスの説は途方もないものとして、まったく相手にされなかったことだ。哲学者たちは、それが譲れない教義(ドグマ)であるかのように、天体が同一の速度で真円を描いて動くという考えに取りつかれていた。もっとも天動説にしても、明らかに矛盾を抱えていた。彼らが信じた宇宙は、惑星の動きだけが頑として彼らの教義に従っていなかった。地球の周りを天体が真円を描いて運動するモデルを使って惑星の動きを予測しようとしても、予測はことごとく外れた。

　予測と実際の動きを一致させようと試行錯誤を繰り返しているうちに紀元前2世紀の半ば、小アジアの古代都市ニカイア出身のヒッパルコスが「周転円」を思いついた。ヒッパルコスの考えた宇宙モデルでは、惑星は半径の小さな周転円の円周を回っている。周転円は、地球を中心とする円形の軌道である「導円（従円）」の円周上を回っている。周転円のアイデアを取り入れると、外惑星の軌道が時折ループを描き、「逆行運動」する不思議な動きを（p.17）、大まかに説明できるようになった。しかし、このモデルを使っても、実際に見える惑星の動きを何もかも説明できたわけではなかった。

　この問題にようやく一つの解決策が出たのは、2世紀中頃のことだ。古代エジプトのアレクサンドリアで活躍した天文学者であり地理学者でもあるプトレマイオスが、「エカント点」という新しい概念を唱えた。もっともエカント点は、苦しい言い訳だった。私たちの地球を中心に惑星は均一に動いているべきであるという無理のある前提に見切りをつけ、代わりに宇宙空間のある一点、つまりエカント点に対して惑星が等しいスピードで回っているというつじつま合わせの原理だった。それでもこのアイデアのおかげで、ようやく天体の動きについて予測と観測結果とがまずまずの精度で一致するよう

になった。

天文学における彼の業績をまとめた書物はその後1000年以上もの間、この分野で最も権威のある文献として扱われ、アラビア語でつけられた『アルマゲスト』という書名で、現代にも伝えられている。地球を中心に据えたプトレマイオスの宇宙観は聖書の教えにもなじむため、台頭しつつあったカトリック教会にも支持され、ヨーロッパで熱心に受け入れられていった。イスラム世界の学者たちも、このモデルを熱心に受け継いだ。

常識をひっくり返した1冊の本

それから何百年もたつと、プトレマイオスが唱えた宇宙の体系にも疑わしい点が多いことに、人々が気づき始めた。中長期の予測が正確に当たるとはとても言えなかったし、その仕掛けの複雑さ故に「天の摂理にしてはエレガントではない」と指摘する声も聞かれるようになった。1400年代終盤にルネッサンスが花開くと、医学から地質学に至るさまざまな分野の学者たちは、うすうす悟りはじめた。古代ギリシャの叡智がいつも正しいとは限らないのだと。

1514年、司祭でありながら天文学にも情熱を注いだポーランド生まれのニコラウス・コペルニクスが、『コメンタリオルス』(小論)という手書きの書物を世に出し、人々はそれを回覧して読んだ。この書物のなかで彼は、地球中心の宇宙観に真っ向から反対し、それに代わる太陽中心説あるいは地動説の宇宙観を支える七つの公理を打ち出した。

コペルニクスの考えが知識人たちの間に広まっていくまでに、刊行から20年あまりの月日が流れた。その間、『コメンタリオルス』の内容をもっと充実させた改訂版を作りたいと考えていた。結局、それが実現したのは、刊行から25年もたってからのことだった。1539年に、ヴィッテンベルグ大学の教授ゲオルク・ヨアヒム・レティクスが現れてコペルニクスの理論を熱心に支持する論文を発表したことがきっかけになり、コペルニクスはようやく『天体の回転について』を執筆する。これはコペルニクスの主張や論証を余すことなく伝えた大作だった。コペルニクスがまさに死の床にあるときにようやく発表されたこの本は、これまでの常識を180度転換させる「コペルニクス的転回」を科学にもたらしたとして、後に敬意をもって扱われることになる。しかし、当時は評価されなかった。

コペルニクスの理論は、地球や(プトレマイオスが唱えた)エカント点の周囲を均一の速度で惑星が円を描くという宇宙モデルを退けた。それに代えて世に示したのは、太陽の周囲を均一の速度で惑星が円運動する宇宙モデルだった。天球の存在や有限の宇宙という発想は、古代ギリシャ時代からの宇宙モデルをそのまま受け継いだ。ただしこれでも実際に見えている惑星

> 哲学者たちは、それが譲れない教義(ドグマ)であるかのように、天体が同一の速度で真円を描いて動くという考えに取りつかれていた。

の動きを説明するには、まだ都合が悪いことが程なくして明らかになった。

半世紀後。聖職者としては世渡りが下手だったイタリアの修道士ジョルダーノ・ブルーノが、コペルニクスが唱えた宇宙モデルをさらに先へ進めようとした。太陽も特別な存在ではなく、あまたある星の一つにすぎない。どの星も太陽系のような惑星が、その周りを軌道を描いて運行していると公言したのである。ブルーノはたちまち異端の罪に問われ、1600年に火あぶりの刑に処された。地動説を信じるほかの天文学者たちは、この処刑を黙って見ているしかなかった。それから10年も経たないうちに、古臭い宇宙の秩序はあっさりと覆されることなど、そのとき誰も知る由(よし)もなかった。

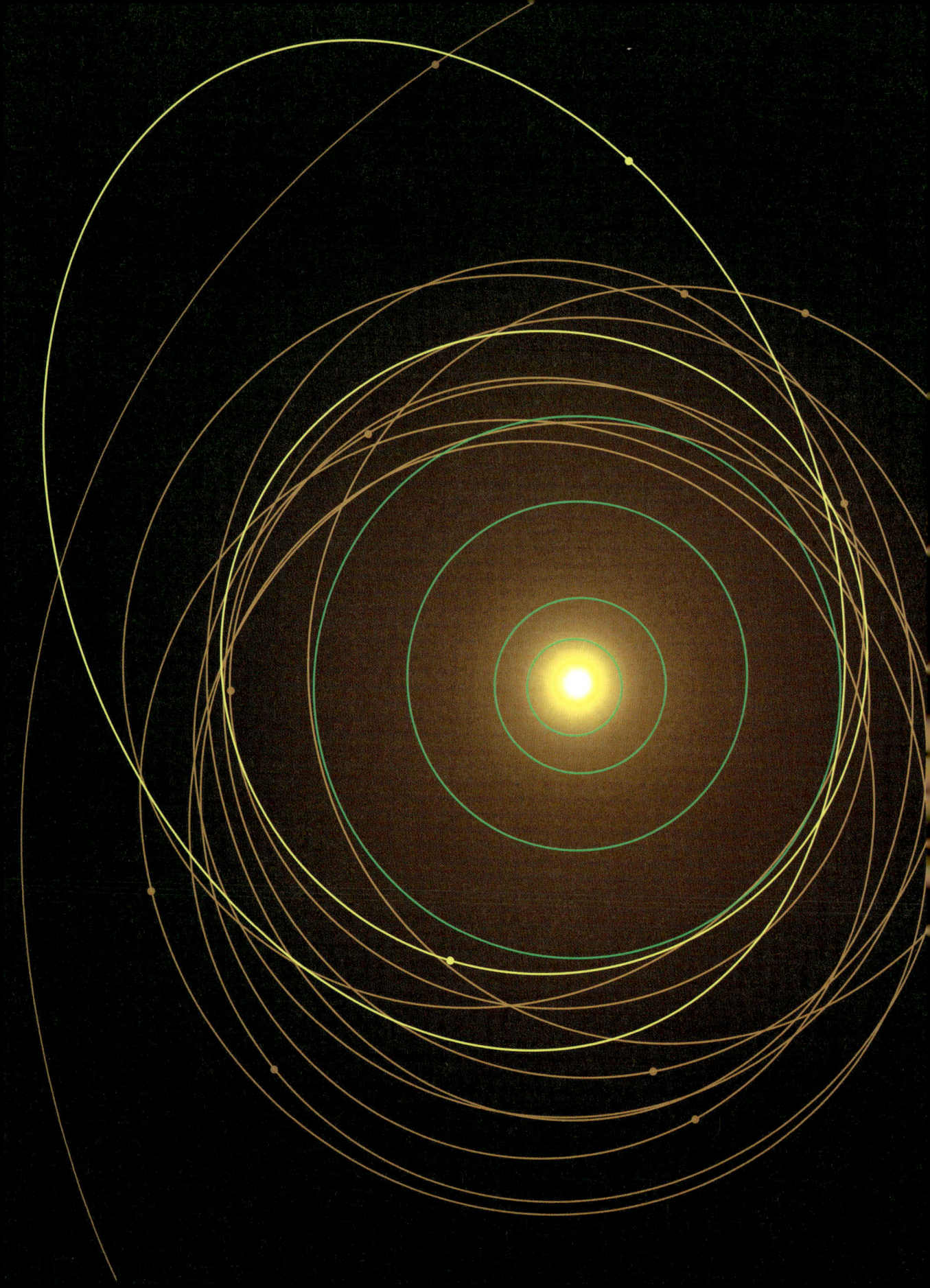

楕円軌道
天文学史を塗り替えた大発見

02

天文学の黎明期

- ■ テーマ：楕円形を描く惑星の軌道。地動説の正しさを証明する決め手となった。
- ■ 最初の発見：ガリレオなど多くの天文学者が、天動説が誤りであることを明らかにした。
- ■ 画期的な発見：1609年、惑星は楕円を描いて運動していることをケプラーが示した。
- ■ 何が重要か：楕円軌道を発見するまでの経緯は、近代天文学の礎を築くきっかけとなった。

17世紀初頭。天文学史を塗り替えるほどの大発見が二つ、立て続けに世に出された。そのとき昔ながらの地球中心の宇宙モデルは打ち破られ、近代天文学の基礎が築かれた。同じ世紀の終わり、新しい宇宙モデルの基盤となる万有引力の理論も発表された。

17世紀初めに天文学が劇的に発展した要因は、二つあるといわれている。イタリア人物理学者ガリレオ・ガリレイによる望遠鏡を使った天体観測と、ドイツ人天文学者ヨハネス・ケプラーが発表したそれまでの常識を覆す理論だ。新しい宇宙理論への扉を開いたのは、ガリレオとケプラーだといっても言い過ぎではないだろう。

1608年ごろ、オランダの眼鏡職人たちがあることを発見した。筒の両端に2枚のレンズをはめ込むと、遠くのものが拡大して見えたのだ。職人たちの発明を聞きつけたガリレオは、この装置を自分でも作ってみようと思い立った。1609年の終わりに、完成したばかりの手製の望遠鏡を空に向けた。望遠鏡越しに天体を観測してみると、宇宙に関して常識だとされていたことの多くが間違っていたことがよくわかった。月は傷一つない球体などではなく、険しい山やクレーターに覆われてでこぼこしていた。天にミルクをこぼしたように見える天の川の流れは、無数の星が集まった光からできていた。とりわけ重要な発見は、木星の周囲で踊る、星のようにも見えるいくつもの光の点が、どうやら木星の衛星としか思えない動きを見せていたことと、金星も月のように満ち欠けをしていたことだった。望遠鏡は、それまで信じられていたこととは違う現象をガリレオに見せてくれた。地球の周りを回転していない惑星が宇宙にはあり、少なくとも金星に限っていえば太陽を中心に回っているように見えた。

観測結果をまとめた書物、『星界の報告』を1610年にガリレオは公刊した。そのなかでは、天動説に異を唱えるような記述は意識して差し控えた。それでいて、その当時からおよそ100年も前にコペルニクスが唱えた太陽中心の宇宙モデルの正しさを、自身の発見は決定的に裏づけていることがガリレオにはわかっていた。それでも、その考えは胸に納めていた。このような考え方を異端と見なすバチカンの目と鼻の先、イタリアで研究を続けたかったので、沈黙

(左) 太陽系の惑星のなかでも、水星と火星は大きくゆがんだ楕円軌道を描いて公転している。だが、冥王星やケレス、エリスといった小さな準惑星のなかには、もっと極端につぶれた楕円を描きながら太陽の周囲を回るものがある。

楕円軌道 | 15

を守るしかなかったのだ。

ケプラーの惑星運動の法則

　まったくの偶然なのだが、ガリレオが歴史に残る発見をしたのと同じ年に、ヨハネス・ケプラーも大発見を発表した。これによって太陽中心説が根底からしっかりと裏づけられ、球体が秩序だって重なった宇宙というそれまでの概念は完全にたたき潰された。ケプラーにとってかつての師匠であり、共同研究者であり、時としてライバルにもなったデンマーク人のティコ・ブラーエは天文観測の綿密な記録を取っていた。ブラーエの死後に、その天文観測データを引き継いだケプラーは、こんなことに気づいた。惑星の軌道について考えるときに、その軌道がいくぶんか楕円形になっていると考えれば、火星が時折進路を行きつ戻りつしているように見える

望遠鏡は、それまで信じられていたこととは違う現象をガリレオに見せてくれた。地球の周りを回転していない惑星が宇宙にはあり、少なくとも金星に限っていえば太陽を中心に回っているように見えた。

逆行運動の微妙な違いもうまく説明できる、と。
　1609年に刊行した著作『新天文学』でケプラーは、こう論じた。太陽系の惑星は楕円軌道の上を動いている（ケプラーの第1法則）。二つある焦点のうちの片方に太陽は位置しているため、太陽から惑星の距離が変化するにつれて、軌道の上を惑星が動く速さも変わる（ケプラーの第2法則）。地動説は長らく理論予測と観測結果が合わないという問題を抱えていたが、惑星の動きに注目したケプラーの第1、第2法則がその問題をすんなり解決した。さらに1619年には第3の法則として、さらに新たな発見を発表した。惑星の公転周期の2乗は、楕円軌道の長半径（軌道の長軸の半分）の3乗に比例している。そのため、公転周期は太陽からの平均距離で決まるというものだ。

　ケプラーが研究活動をしていたヨーロッパ北部はプロテスタントが多く、新しいものを受け入れるのにあまり抵抗のない土地柄だった。そのため、ガリレオのように言動に気を使うこともなく、ケプラーの法則は知識層に受け入れられていった。そのガリレオも、以前よりも寛容な教皇に代が替わったことをチャンスだと見て、1623年に自分の考えを書物にまとめた『天文対話』の刊行に踏み切った。当時もまだ、コペルニクスの説が実際の宇宙を具体的に説明したものだとする提案はすべて異端だと、教会は見なしていた。数学的な仮定だとする条件をつけた場合だけ、例外的にコペルニクスの説を引き合いに出すことが許されていたが、ガリレオの記述はこの制約を守っていなかった。1632年、この書物が公刊されるや、宗教裁判への出頭を命じる召喚状がガリレオのもとに届いた。裁判で自説を撤回するよう迫られ、有罪を言い渡された。無期軟禁を命じられたガリレオは、幽閉されたまま不遇の生涯を終える。この裁判が不当だったことをカトリック教会が認め、ガリレオの名誉を回復したのは、何世紀も後になってからのことだった（1992年、ローマ法王ヨハネ・パウロ2世が公式に謝罪する）。

ニュートンがすべてを説明

　コペルニクスやケプラーの考え方を支持する声が無視できないほど大きくなる一方で、重大な疑問も未解決のままいくつか残されていた。なかでも大きな疑問は二つあった。惑星はなぜケプラーの法則に従って動いているのか、そして、そもそもなぜそのように動くのかだった。フランスの哲学者デカルトは1644年頃に、惑星は宇宙に点在している渦に押し運ばれているに違いないと言い出したが、その渦がどうして惑星の見かけ上の動きを作り出せるのかをす

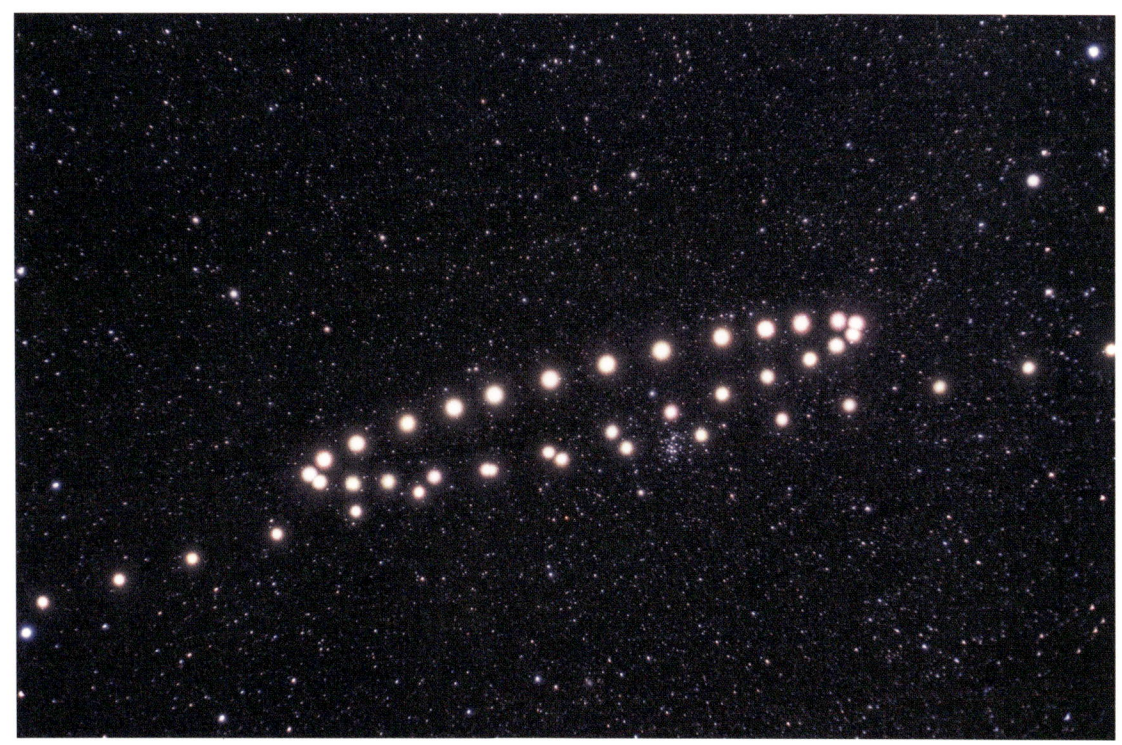

2〜3週間かけて撮影した火星。ループを描いて移動している様子がわかる。この逆行運動は、地球が自分よりも運行速度の遅いほかの惑星を追い越すときに起こる。地球よりも外側にある惑星には必ず逆行運動が見られるが、火星は特にはっきりとした動きを見せる。

っきりと説明できる理屈は思いつかなかった。

結局、この問題を一気に解決したのは、英国人の科学者アイザック・ニュートンだ。地球上のあらゆる物体は、現在では引力として知られている力（その主な特性を1世紀も前に見出していたのは、ガリレオだったが）に支配されているが、それが地球から離れた場所でも作用していることにニュートンが気づいたのは、1666年頃のことだった。リンゴを地面に落とすと同じ力が、地球を中心に軌道を描いて回っている月の上でもはたらくはずだとひらめいたニュートンは、歴史に残る偉業となる著作『自然哲学の数学的原理（プリンキピア）』の執筆に数年後に着手する（刊行はおよそ20年後の1687年）。ニュートンはこのなかで、運動に関する三つの法則と、『万有引力に関する法則』を論じた。運動の三つの法則では、(1) 静止している物体は静止し続け、動いている物体は外部から力を加えられない限り、一定の速度で動き続ける（慣性の法則）、(2) 物体に力がはたらくとき、その物体の質量によって速度が変わる（運動の法則）、(3) 物体に力がはたらくときには必ず、作用と反作用が生じる（作用・反作用の法則）ことを説明した。また、万有引力の法則では、巨大な物体の間にはたらいている引力は物体の質量に正比例し、二つの物体の間の距離の2乗に反比例する（つまり二つの物体の間にはたらいている引力の強さは、物体の間の距離が2倍になると、4分の1になる）。

ニュートンが唱えた法則をすべて取り入れれば、ケプラーが立てた楕円軌道モデルをきれいに説明できた。もっとも、後に科学がさらに進歩して重力に関する偉大な発見がなされると、ニュートンの法則は塗り替えられることになる（p.46）。そうであっても、結論を導き出すために数式を使い、観測結果から理論を導き出して検証可能な予測を立てたニュートンの研究姿勢は、近代の科学的な手法を世に示した。

星までの距離
科学者を100年以上悩ませる

03

天文学の黎明期

- テーマ：太陽系からほかの星までの気が遠くなるほどの距離を測る方法。
- 最初の発見：1838年、フリードリッヒ・ベッセルが年周視差を利用して星までの距離を計測した。
- 画期的な発見：1989年、年周視差を測定するヒッパルコス衛星が打ち上げられた。
- 何が重要か：星までの正確な距離を手がかりに、星の性質や、宇宙における我々の位置が明らかになった。

行きたくても行きようがないあまりにも遠くにある物体までの距離を、どうにかして測れないものか。天の川銀河やその彼方で星や天体がどのように分布しているかを、天文学者たちは知りたかった。そこで、日常生活のなかで見られる現象に目をつけ、その原理を果てしなく遠い場所にある星との距離を求めるのに応用した。

コペルニクス的転回以来、夜空に輝く星は太陽と同じように、想像もつかないほど遠くにあることに人々は気づいた。太陽系の中心を占めるのは地球ではなく、太陽であることも知られるようになった（p.13）。17世紀後半にさしかかるころには、コペルニクスの考え方は広く受け入れられるようになっていた。だが、このときになってもまだ、天文学者たちの頭を悩ませていた、一つの大きな問題があった。恒星の視差が検出できなかったのである。

3D（立体）映像を見るときに、私たちは視差を体験する。ある映像が奥行きがあるように見えるのは、見る角度を最初の位置から変えたときに、手前のものが遠くの背景に対してずれて見えることから起こる。これは目で測った距離感を手足に伝えるときに欠かせない原理でもあり、人間は意識せずにこの原理を応用して体を動かしている。この現象が、超自然的な偏見を毛嫌いする啓蒙主義の天文学者たちを悩ませた。もし本当に地球が太陽の周りを気の遠くなるほどの長さの軌道を描いて回っているのだとしたら、なぜ1年を通じて夜空の星の位置は変わっていないように見えるのだろう。ティコ・ブラーエをはじめとする天文学者たちはこのことを、コペルニクスの考えた地動説に反論する論拠にした。ところが、コペルニクスの説を支持する有利な証拠が増えていくうちに、視差がほとんど感じられないことも地動説の正しさを表すものとして理解されるようになった。つ

(左) 日本では「すばる」の名で親しまれているプレアデス星団。星の明るさが一つずつ違って見えることを不思議に思っていた古代の人々に、こうした星団はヒントを与えてくれた。地球からだいたい同じ距離にある星が集まって群れを成し、文字通り「星団」となっているのだろうと天文学者たちは考えた。星団にある星の明るさの違いには、本来の星の明るさの違いがそのまま反映されているに違いないと推測した。

まり、視差が小さければ小さいほど、その星は当初考えられていたよりもはるかに遠くにあることを意味していた。

100年がかりで計測

　18世紀の初めから終わりまで、視差を何とかして求めようと試行錯誤が重ねられた。視差そのものの原理は極めてシンプルだ。まず、ある位置から3億km（地球の公転軌道の直径）の位置まで地球が公転したときに、遠くの背景に対する近くにある星の見かけ上の位置がどれだけずれたかを測定する。このときに、ごく簡単な三角法を使えば、地球からその星までの距離がずばり求められるはずだ。どの星が実際に近くにあるかを見分けるときに、多少勘に頼ることになるが、空を比較的速い速度で移動する（固有運動［天球上での天体の位置の移動］が大きい）星を探せばうまくいく。

ヒッパルコス衛星は、地球から1600光年の範囲にある数万個もの星たちの視差ですら、ミリ秒角（1秒角の1000分の1）のレベルまで測ることができた。

　英国の天文学者であるジェームズ・ブラッドリーは1720年代に、年周視差を求める研究で大きな成果を残した。星の見かけの位置について、視差そのものから生じる効果を打ち消してしまう光行差（光速と地球の公転が起こす、みかけの位置のずれ）という現象を発見したのだ。とはいえ、ブラッドリーが測定に使った観測装置は、光行差の影響を排除して年周視差だけを割り出せるほどの精度は備えていなかった。年周視差の研究は、その後しばらく棚上げにされる。何人かの優秀な学者たちが再びこの問題に対して真剣に取り組むようになるには、1830年代まで待たなくてはならなかった。ドイツの天文学者フリードリッヒ・ヴィルヘルム・ベッセルは何十年もかけてブラッドリーの研究に改良を重ね、星の見かけの位置に影響を与えそうな要素がほかにもないか洗い出し、それらを片っ端から排除しようとした。1838年にとうとう、二重星であるはくちょう座61番星の年周視差の測定に成功し、それが0.314秒角であることを発表した（1秒角は1度の3600分の1、または満月の直径の1800分の1）。ベッセルの数字をもとに計算すると、はくちょう座61番星は地球から10.4光年の距離にあった。これは、現代で推定されている11.4光年という値に極めて近い数字である。ベッセルの測定方法はたちまち広まり、地球から近いほかの星、ケンタウルス座アルファ星とこと座のベガまでの距離も求められた。天文学者たちはこのときから、天体の距離を表す単位にパーセク（星の年周視差1秒、3.26光年の距離）を使うようになった。

　しかし、視差を求めるのは依然として骨の折れる作業で、19世紀の終わりまでかけても、数十個の星の距離を割り出すのがやっとだった。20世紀になって高感度で天体写真を撮る技術が発達してようやく、望遠鏡の接眼レンズをのぞくことから離れて星の距離を天文学者たちは測れるようになった。このときに初めて、星を数多く観察し、視差をいくつも求めることができた。それでも、視差の効果があまりにもささやかだったため、測定できるのは地球から近い星の視差にまだ限られていた。

　こうした制約はあっても、視差を計測できれば、宇宙空間における距離を求めるのに欠かせない手がかりが得られたことになる。地球から星までの距離をもとにして、星の本当の明るさをはじき出せるようになった。また、星の明るさや色、スペクトルの特徴を比べ合わせていくうちに、星の分布には重要なパターンがあることも天文学者たちは発見した（p.78）。パターンがつかめたら、その原理を逆の順番で応用することで、ある星のスペクトルの種類や見た目の明るさから本当の明るさが求められる。地球

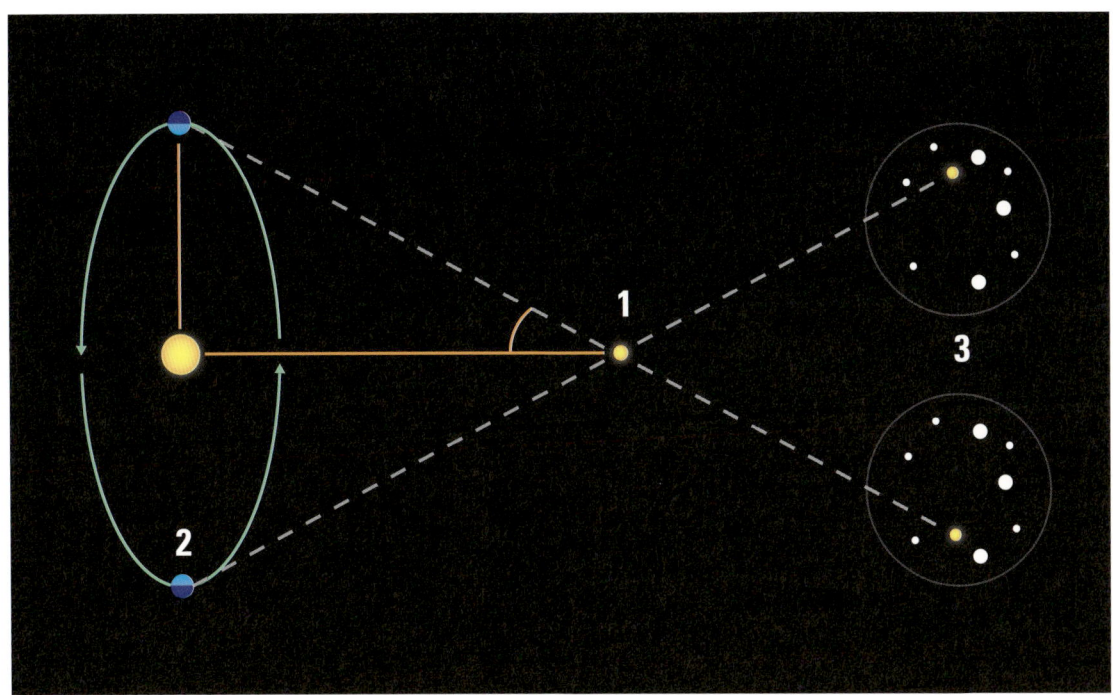

視差を使って地球からある星までの距離を求めるには、(1) 地球の近隣にある星の位置が見かけ上どれだけ移動したかを計算して、割り出す。(2) 地球が太陽の周りを回ってある一点から別の一点に移動すると、(3) その星はさらに遠くにある背景に対して位置を変えているように見える。

からの距離も導き出せる。

現代でも年周視差が最も正確

　現代でも、星までの距離を求めるのに最も精度が高いのは、年周視差を使う方法だ。ほかの方法だと、星間物質や宇宙塵のように予測のつかない影響から誤差が生じるリスクが常につきまとう。1989年になると、最新鋭の画像処理と衛星技術を駆使した「位置天文学」計画が始動し、欧州宇宙機関（ESA）がヒッパルコス衛星（高精度視差観測衛星）を打ち上げた。この高感度望遠鏡は地表から数百kmから数万kmにわたる高度の軌道を運行するため、大気にさまたげられて画像がぼやけるということがない。星の位置を抜群の精度で算出することができるのだ。ヒッパルコス衛星は、地球から1600光年の範囲にある数万個もの星たちの視差ですら、ミリ秒角（1秒角の1000分の1）のレベルまで測ることができた。もちろんこれでも、天の川銀河のほんの片隅を観測しているだけではあるのだが。

　2013年に打ち上げられた欧州宇宙機関のガイア衛星は、視差を使った技術に大きな一歩を記すはずだ。5年にわたる計画のなかで、ガイア衛星は10億個もの星を調べ、それぞれの特性を調査する。スペクトルや固有運動はもちろん、視差については1秒角の数百万分の1という精度の単位まで測定できる。ガイア衛星が観測したデータをもとに天文学者たちが作ろうとしているのは、天の川銀河の中心までを網羅した星の立体地図である。そこには、遠すぎて光が弱いため、これまでの視差測定技術では観測ができなかった星が無数に含まれる。その上、スペクトルを測定すれば観測している星のドップラー偏移を割り出すことができ（p.53）、地球に向かってくる、または地球から遠ざかっていく星たちの運動速度まで導き出せる。私たちの銀河系の運動の驚くべき姿が、こうして明かされていくのだ。

04 目に見えない宇宙
エックス線や紫外線に満ちていた

天文学の黎明期

- テーマ：紫外線や赤外線などの目に見えない光線。目に見える可視光線は、幅広いスペクトルのほんの一部にすぎない。
- 最初の発見：1800年にウィリアム・ハーシェルが赤外線放射を発見した。
- 画期的な発見：1864年にマクスウェルが、光は電磁波だという考えを発表した。
- 何が重要か：宇宙放射の可視光より広いスペクトルを調べれば、宇宙で起きている高い（あるいは低い）エネルギーの現象のプロセスについて多くのことがわかる。

光の正体は長い間、謎に包まれていた。人の目に見える光が、幅広い波長をもつ電磁波スペクトルのごく一部でしかないとは、いったい誰が想像できただろう。現在では、さまざまなエネルギーをもつ宇宙放射の特性を利用して、今までにない方法で宇宙を観測できるようになった。

1670年頃の英国では、アイザック・ニュートンが光の性質に関する一連の研究に取り組み始めていた。光をプリズムやレンズに通すと屈折し、いくつもの色の帯に分かれることにニュートンは目をつけた。色の違いは光によって作り出されていること、さらに多くの色が混ざると白い光になることを初めて示した。その後も光の反射について鏡を使って実験を重ねたニュートンは、光は分子や「微粒子」が連なってできているのだと確信した。この発見をまとめた論文を1675年にいったん発表したが、さらに多くを加筆して研究を集大成した書物『光学』を、1704年に刊行した。

ニュートンとは違う考えをもつ者もいた。ニュートンのライバルだったロバート・フックは1665年、そして1670年代後半にも、光を波動ととらえた理論を発表していた。オランダの天文学者クリスティアーン・ホイヘンスも独自の実験を始めていた。光には屈折や回折（屈折や放射）、さらには互いに重なり合っても干渉せずに直進する性質があることに注目し、光は波動であり、宇宙空間を満たしている「発光体のエーテル」を通して伝わっているのだと考えた。ホイヘンスは考えをまとめた書物を1690年に公刊した。その説はその後、数世紀にわたって、多くの科学者たちの間で支持され続けた。19世紀初頭になってようやく、英国の科学者トマス・ヤングが実験で二つの狭い切れ込み（スリット）を通る光が干渉しあうことを示し、光の粒子説に真正面から反論した。

見えていない光があるはず

この頃には科学者たちも、自分たちの目に見えているものとは別種の「光」が存在するのではないかと考えるようになっていた。その最初

(右) ケンタウルス座Aという名で有名な電波銀河NGC5128の見事な多波長画像 (p.183)。この銀河の複雑な性質がよく現れている。紫色に見える部分は銀河の中心部付近にある高温ガスから放出されたガンマ線で、オレンジ色の部分は電波ローブ。

NASA（米航空宇宙局）の紫外線宇宙望遠鏡GALEXで撮影した、木星状星雲。中心部にある死にゆく星の周囲に、可視光では見えない高温ガスが集まって大きな雲を作っているのがわかる。

のきっかけを作ったのは、ドイツで生まれ英国で活躍した天文学者であり、天王星を発見した功績もあるウィリアム・ハーシェルだった。太陽の光をプリズムに通してできる色の帯の温度を測ろうとしたときに、紫色から赤色の間で温度が目立って上昇することに気づいた。そこで試しに赤色の光の帯の外側にある色のない部分の温度も測ってみると、色のある部分よりも温度が高いことがわかった。ハーシェルはこの新しいタイプの放射線に「熱線」と名づけた。後の「赤外線」である。

その1年後、ハーシェルの発見に刺激を受けたドイツの化学者ヨハン・ヴィルヘルム・リッターが、スペクトルのもう一方の端にも目には見えない光線が存在していることに気づいた。実験では、さまざまな色の光をフィルムの感光剤に使われる塩化銀に当てて感光させ、その部分がどれだけ黒ずむかを調べた。それによって赤色の光線よりも紫色の光線を当てたときのほうがよりはっきりと黒ずむことがわかったが、それよりもスペクトルで紫色の外側にある目に見えない"化学線"、つまり「紫外線」に当たった銀塩が最も黒ずむことがわかった。

ほかにも、光の正体を何とかして突き止めようとした科学者たちは試行錯誤を続けていた。1817年にフランスの物理学者オーギュスタン・

24 ｜ 目に見えない宇宙

ジャン・フレネルは、光の波動と平行の角度に入れた切れ目、スリットを通る光が偏光（特定の方向のみの振動）を見せることから、光の波動は水平ではなく垂直に進む（音波よりも水の波に近い）性質があることを世に示した。

光は電磁波の一種である

1845年になると、磁場が偏光に影響を与えるという重大な発見を、英国の科学者マイケル・ファラデーが成し遂げた。これに刺激を受けたスコットランド人、ジェームズ・クラーク・マクスウェルは、光は電磁波の一種であるという考えを1864年に発表した。つまり、一対の電場と磁場は特定の角度で交わり、互いに作用して振動しながら空間を通り抜けていく。目に見える可視光や目に見えない放射の特性が、反比例の関係にある周波数と波長によって決まることを、マクスウェルの波動方程式は説明している。これらの方程式から、周波数が高く、波長の短い電磁波を生じさせるには、より大きなエネルギーが必要であることが示され、（電磁波の一種である）光の速度についても正確な数値が求められるようになった。

連続スペクトルのなかに、赤外線、可視光線、紫外線を配置してみると、それらを生み出す適切なエネルギーが作用してさえいれば、もっと周波数の高い（あるいは低い）電磁波が生じていてもおかしくないことをマクスウェルの方程式は示している。マイクロ波（波長の短い電磁波）は1888年にハインリヒ・ヘルツが発見し、スペクトル上の赤外線のちょうど外側にこの電磁波が収まることがわかった。ところが、エックス線（1895年にヴィルヘルム・レントゲンが発見）やガンマ線（1900年にポール・ヴィラールが発見）の振る舞いは可視光線とはあまりにも異なっていたせいで、電磁波だとはすぐに見なされなかった。後になってようやく、エックス線もガンマ線も紫外線の外側にある目に見えない電磁波であることが認められた。

地球の大気圏は、宇宙に存在する目に見えない電磁波のほとんどを吸収する。大気圏に開いたわずかな光の窓を通って地表に到達するのは、可視光や近赤外線、特定の周波数の電波に限られる。1932年には、1日ごとに発生する電波障害のサイクルが、天の川銀河の位置と連動していることを、米国人技術者のカール・ジャンスキーが突き止めた。とはいえ、宇宙空間を飛び回る目に見えない電磁波を研究する天文学が開花するのは、「宇宙時代」が幕開けしてからのことになる。1940年代後半以降、ロケット搭載型の探知機や人工衛星が開発されると、太陽よりもはるかに高温でエネルギーをもつ天体が放つエックス線や紫外線で、天空が満たされていることがわかった。

人工衛星の動きを追跡するために作られた

> 太陽の光をプリズムに通してできる色の帯の温度を測ろうとしたときに、紫色から赤色の間で温度が目立って上昇することに気づいた。

巨大なパラボラアンテナも、宇宙からやって来る電波源をより詳しく調べ、星間ガスでできた低温の雲のような天体の解明に大いに役立つことがわかった。赤外線を使った調査は、宇宙探査のなかでも最も難易度の高い分野に分類される。赤外線を使えば、褐色矮星（p.91）や星間ダストのように可視光線として光を放つほど高温ではない天体でも調べられるのだが、望遠鏡や観測装置本体は熱を帯びると、とたんに機能が低下する。初の赤外線宇宙望遠鏡がようやく打ち上げられたのは、1983年のことだった。冷却剤である液体ヘリウムを使い切るまでの数カ月間、赤外線天文衛星IRASは宇宙で観測活動を行った。活動期間は短かった。しかし、このときに新しい天文学への道が切り開かれたのである。

宇宙の化学組成
アマチュア天文愛好家の偉業

05

天文学の黎明期

- テーマ：天体から届いた光のスペクトルに現れる輝線や吸収線を手がかりに、天体を構成する元素の種類やその存在量比を知ることができる。
- 最初の発見：1814年、フラウンホーファーが太陽光のスペクトルに暗線があることを発見した。
- 画期的な発見：1859年、グスタフ・キルヒホフは、宇宙から届いたスペクトルと、地上の化学実験で放出させた光のスペクトルには関連性があることを証明した。
- 何が重要か：星の化学的・物理的特性について、莫大な情報が得られるようになった。

スペクトルを分析する分光法が登場すると、天文学者たちは星や惑星、銀河、星雲を作る元素の種類やその構成量の比率を調べられるようになった。さらには、原子が光に作用したときに生じる痕跡を手がかりに、そこで起きているほかの現象についてもたどれるようになった。

先を見通せない科学者は、ときにもの笑いの種になる。1835年、フランスの哲学者、オーギュスト・コントはこんなことを言い放った。「星について言えば……その星を作る元素の種類や割合を人類が知ることはこれからも断じてないだろう」。コントが間違っていることが証明されたのは、そのわずか数年後。星に存在する元素の種類と存在量の割合を解明する重要な手がかりが発見されるのだが、もちろん当時のコントはそんなことになるとは夢にも思っていなかった。

1814年に、ドイツの光学機器製作者だったヨゼフ・フォン・フラウンホーファーは、150年も前にニュートンが行ったある実験に改めて取り組んでいた。ごく細い一筋の太陽光をプリズムに通し、壁に映ったスペクトルをつぶさに調べていたのだ。そのとき、思いがけないことに気がついた。レンズを通る日光の焦点がしっかりと一点に結ばれた光を、ごく細いスリット（切れ目）に通して分光させた場合、虹色のスペクトルに暗線（吸収線）がいくつも入るのである。

フラウンホーファーはこれらの暗線の色が濃い（波長が長く赤い）ものから順に、アルファベットの記号を割り振った（以降、発見された線には発見者の名前や、吸収線を生み出す作用にちなんだ名前がつけられる）。また、回折格子を開発する先駆けにもなった。回折格子とは、たくさんの細い溝が刻まれたプレート（板）のことだ。この溝を通った光は回折（障害物の背後を回りこんで進もうとする波や波動の性質）するが、光が回折によって拡散しているため、このときにできるスペクトルは従来のプリズムを使ったスペクトルよりもより幅が広くはっきりとしている。発見者の名をとった「フラウンホーファー線」は、太陽を作っている元素の種類と存在比率を解明するきっかけとなった。さ

（左）太陽から届いた光を回折格子に通すと、波長と色によって幅広く分かれたスペクトルができる。平行に並んだ暗い色の筋は、太陽や地球の大気に混じった不純物の原子や分子が吸収したエネルギーを表している。

らにこの線は、宇宙全体にどんな元素がどれくらいあるのかを解き明かす手がかりになることもわかったのである。

　1832年に、スコットランドの物理学者デビッド・ブリュースターがフラウンホーファー線ができる二つの原因を突き止めた。沈んでいく太陽光のスペクトルを観測しているときに、日没が進むにつれて色が濃くなっていく線がいくつかあることにまず気づいた。そしてこの現象は、地球の大気が特定の色を吸収したことが原因で起きたことを見抜いた。もう一つの原因は、太陽そのものの大気も地球の大気と同じように、日光を吸収しているはずだと考えた。

線の正体を解明

　フラウンホーファー線の特性を解き明かす重要なヒントは、地上で行われたある化学実験から得られた。1859年に、ドイツの物理学者グスタフ・キルヒホフが、フラウンホーファーが過去に行ったある実験を再現した。単塩を使って

そのとき、思いがけないことに気がついた。レンズを通る日光の焦点がしっかりと一点に結ばれた光を、ごく細いスリットに通して分光させた場合、虹色のスペクトルに暗線がいくつも入るのである。

　無色の炎の色を変え、そこに太陽光を通過させた。このときにできたスペクトルのなかで、ある一つの線の色だけが目立って濃くなり、暗くなったことに彼は気づいた。このときに、炎から出ている光だけを分光器で分析すると、現在ではナトリウム特有の「輝線」であることがわかっている「D線」が、暗い背景に対して現れた。ナトリウム原子が太陽の光を吸収し、その部分が弱められて暗線（吸収線）となっていることが証明されたのだ。

　フラウンホーファーの吸収線は、元素を使った化学実験で作りだせる輝線と一致した。この発見は、太陽大気を化学的に分析する道を切り開いた。キルヒホフとその仲間の化学者であるロバート・ブンセンは実験を繰り返し、ほかのさまざまな元素についても輝線を調べた。1868年にはスウェーデンの物理学者アンデルス・オングストロームが、太陽光のスペクトルの写真をもとに、太陽大気を分析した研究成果を発表した。そのまさに同じ年、フランス人天文学者ピエール・ジャンサンと英国人天文学者ノーマン・ロッキャーが、太陽光のスペクトルを日食のタイミングを使って観測し、未知の物質から放出される線を発見した。この物質はやがて太陽神「ヘリオス」にちなんで、ヘリウムと名づけられた。

星たちの秘密

　一方、1861年には英国のアマチュア天文愛好家であり、天体写真撮影の草分けでもあるウィリアム・ハギンズが、光が微弱でより遠くにある天体を分光器を使って調査するときに、長時間露光を使い始めていた。このとき、観測した星は太陽と同じような元素からできていることが初めて示された。1864年、ハギンズは分光器を使ってりゅう座のキャッツアイ星雲のスペクトルを調べた。するとそこには、ほんの数本の光る輝線しか現れないことに気づいた。ハギンズはこのことから、キャッツアイ星雲はガスの固まりが光を放っているのだと見抜いた（p.135）。後に続いた者たちもたちまち、さらに多くの「輝線星雲」を夜空に見つけ出した。どの星雲のスペクトルもキャッツアイ星雲と同じかといったら、そうではなかった。連続スペクトルが現れ、そこに吸収線がうっすらと平行に並んでいる星雲も数多くあった。そうした天体の多くはらせん構造をしていて、キャッツアイ星雲とはまったく別の性質をもつ星雲であることが後に示された（p.30）。

天体によって放射の特性は実にさまざまだ。この点に注目すれば、天体を構成する元素の種類とそれが存在する量の割合がわかる。写真はスピッツァー宇宙望遠鏡がとらえたらせん星雲の異なる三つの赤外線波長による着色合成画像。赤い部分は最も低温の物質で、中心星のすぐ近くにある塵（ちり）だと考えられている。これよりも温度の高いガス（気体）は緑の部分で、さらに高温のガスは青で示されている。

　分光器に目をつけた天文学者たちは、天体について多くの情報を引き出せるようになった。スペクトル線（連続スペクトルに現れる輝線または吸収線）は、強い磁場のような現象（ゼーマン効果、下巻p.28）や、スペクトル線を発生させている物質の温度の影響を受ける。しかし何といっても分光技術に関連する発見のどれよりも天文学の発展に貢献したのは、星の光から得たスペクトル線に注目したドップラー偏移の分析だろう。予定した位置からずれて現れるスペクトル線を測定する技術なくしては、地球に向かってくる（あるいは地球から離れていく）天体が発する光の波長が伸び縮みするドップラー効果（p.53）は、測定できなかったはずだ。

　1868年にハギンズは、この分光技術をうまく使ってシリウスの動きを観測した。ほかの天文学者たちも、これに続いた。天体が宇宙空間を運行する経路の計測、分光連星（p.115）などの天体の発見、太陽系をはじめとする銀河の回転速度の計測、宇宙全体が膨張していることの発見（p.51）など、分光技術を活用した研究は現在も盛んである。

宇宙の化学組成 | 29

06 別の銀河
小さな宇宙を信じる一派と大論争

天文学の黎明期

■ テーマ：宇宙には銀河が無数にあり、私たちの銀河はその一つにすぎないこと。

■ 最初の発見：1864年頃、彼方にある銀河は星が密集してできていることにハギンズが気づいた。

■ 画期的な発見：1925年、ハッブルがセファイド変光星を利用して銀河までの距離を計算した。

■ 何が重要か：宇宙の大きさを把握して初めて、地球が宇宙に占める位置が理解できる。

「天の川銀河の直径は10万光年」といわれても、あまりにも遠すぎてイメージがわかない。さらに気の遠くなりそうな事実がある。太陽のような恒星がおよそ2000億個あるといわれている私たちの太陽系ですら、果てしない宇宙の砂浜にあるたった一粒の砂でしかないのだ。

18世紀から19世紀にかけて望遠鏡の技術が進歩すると、それまでよりはるかに多くの天体を観察できるようになった。人々はやがて、夜空のところどころにある光の染みのように見える天体にも目を向けるようになる。フランス人のシャルル・メシエをはじめとする天文学者たちは、そのような星ではない天体、つまり星雲・星団を観測し、史上初の天体の目録『メシエカタログ』を1774年に作成した。また、英国の天文学者、ウィリアム・ハーシェルとジョン・ハーシェルの親子も膨大な時間を費やして、こうした天体を観測し、その成り立ちを解き明かそうとした。星の集団の構造はさまざまで、星が互いに近い位置に並んでいるものもあれば、球状にぎっしりと密集しているものもあった。ほかにも、拡散した光がおぼろげに浮かび、そのなかにはっきりと光る星が見えるものや、泡に似た構造をしたもの、らせん状に渦を巻くものもあった。1880年代に、デンマーク生まれでアイルランドで活躍した天文学者ジョン・ドレイヤーが作成した星ではない天体、つまり星雲や星団を集めた目録『ニュージェネラルカタログ』は、後世にまで大きな影響を与えた。ドレイヤーはこのカタログのなかでこうした天体を、散開星団や球状星団、拡散星雲、惑星状星雲、渦巻星雲などに分類した。

渦巻星雲を探査する

19世紀も後半になると、天文学者たちはこうした星の集団の写真を長時間露光

(右) 暗い夜空にひときわ目立つ天の川銀河の帯。銀河が水平に広がる面に星雲が密集しているせいで、このように見えることが現在ではわかっている。しかし、私たちが住む銀河系は宇宙にあるおびただしい数の銀河の一つにすぎない。このことを天文学者たちが認めるようになってから、まだ100年もたっていない。

30 | 別の銀河

して撮影するようになる。こうした写真からは、接眼レンズ越しに肉眼で観察するよりもはるかに多くのことがわかった。1864年以降、天文学者のウィリアム・ハギンズは写真技術と分光法（p.27）を初めて融合し、さまざまなタイプの星雲のスペクトルを観測した。数種類の特定の波長の光を放つ輝線スペクトルをもつ星雲がいくつもあった。しかし大部分の星雲からは、暗線（吸収線）がいくつも入った連続スペクトルが検出された。このことから、拡散星雲は輝くガスからできていること、渦巻や球状、楕円形の星雲は星からできていることがわかった。

　なかでも渦巻星雲については何人かの天文学者たちが、比較的若い星が集まった形成期の太陽系だと考えた。そのほかにも、ひしめきあった渦巻星雲が天の川銀河を中心に軌道を描いているのだとする説や、それぞれ独立した遠くの星雲だとする説も登場した。渦巻星雲がよく見つかるのは、天の川銀河が水平に広がる面の上下にある比較的何もない空間であるという事実が、この謎を解く手がかりになる。

5年に及ぶ大論争

　1909年ごろから、アリゾナ州のフラグスタッフにあるローウェル天文台に所属し、のちに所長にもなったヴェスト・スライファーは、星雲のスペクトルを徹底的に調べていた。1912年に、スライファーは画期的な発見をした。夜空で最も明るく見えるアンドロメダ銀河に代表される渦巻星雲の吸収線が、通常の位置からスペクトルの赤（つまり低周波）寄りにずれて現れることに気づいたのだ。この「赤方偏移」はドップラー効果（波長の発信源が近づくと振動数は増加し、遠ざかると振動数は減少する。近づいてくる救急車のサイレンの音程が高くなり、遠ざかると低くなって聞こえるという現象で説明されることが多い）によって生じる現象だとス

アンドロメダ銀河は、夜空で最も目立つ「渦巻星雲」であり、最も観測しやすい銀河だ。写真の四角い枠のなかに、エドウィン・ハッブルが初めて観測したセファイド変光星がある。明るさが変化する周期を調べた結果、この銀河が地球から200万光年以上離れた位置にあることがわかった。

ライファーは理解し、故に渦巻星雲は高速度で地球から離れているという結論を導き出した。この発見をきっかけに、後にエドウィン・ハッブルが膨張する宇宙（p.51）を唱えることになるのだが、さらなる脚光を浴びることになる赤方偏移は、このときまだ渦巻星雲が天の川銀河の外側に広がっていることを固める有力な証拠としか認識されていなかった。

1920年代の初めには、天の川銀河の大きさとそれほど変わらないコンパクトな宇宙を信じる一派と、想像の及ばない大きさに膨張し続ける宇宙を信じる一派とが意見を戦わせた。天文学者のハーロウ・シャプリーとヒーバー・D.カーチスは1920年に、スミソニアン博物館において天文学の歴史に残る討議を行った。ヘンリエッタ・スワン・リービットや、アイナー・ヘルツシュプルング、さらにエドウィン・ハッブルらも巻き込んだこの「大論争」は、収束するまでに実に5年もの歳月を費やした。

予想よりはるかに遠くにあった大マゼラン雲

この少し前にリービットは、セファイド変光星という名で知られる、変光星の集団に注目していた。黄色に光る超巨星で1日から1カ月の周期で明るさの変わるセファイド変光星の特性に目をつけた彼女は、天体までの距離を測る物差しを編み出していた。これを使い、1912年には大マゼラン雲の中にあるいくつかのセファイド変光星の変化を観測・測定した。その結果、そこにある星はどれも地球までの距離に大きな差はないことがわかった。だとしたら、地上から見た星の明るさの違いには、もともとの星の明るさの違いが反映されているのではないかとリービットは考えた。リービットの研究は、セファイドの変光周期と明るさには関連性があることを示していた。星が明るければ明るいほど、その変光周期は長いのだった。

この発見の後に、スウェーデンの天文学者アイナー・ヘルツシュプルングが、天の川銀河の中で比較的近隣にあるいくつかのセファイド変光星までの距離を独自のやり方で突き止め、リービットの物差しの精度をさらに高めた。ヘルツシュプルングはさらに、リービットが観測した大マゼラン雲のセファイド変光星までの距離も求めようとした。その計算結果は驚くべき数字だった。大マゼラン雲は16万光年の彼方にあった。この星雲は天の川銀河のはるか向こうにあることが立証されたのだ。

1920年代になるとエドウィン・ハッブルが、カリフォルニア州のウィルソン山天文台にある口径2.5mのフッカー望遠鏡を使って、最も明るい渦巻星雲や、その中にあるセファイド変光星を観測し、結果をまとめた論文を1925年に発表した。その論文では、こうした変光星のほとんどが、地球から数百万光年、ときには数千万光年も離れたところにあることが示された。ハッブルはさらに、人々の宇宙観や人類が宇宙に占める位置の概念を変えてしまうような大

天の川銀河の大きさとそれほど変わらないコンパクトな宇宙を信じる一派と、想像の及ばない大きさに膨張し続ける宇宙を信じる一派とが意見を戦わせた。

きな発見を成し遂げた（p.53）。ハッブルに敬意を表して名づけられたハッブル宇宙望遠鏡（HST）は1990年に打ち上げられ、彼の業績を足がかりに探査活動を続けた。

私たちが住む銀河は、無数にある銀河の一つにすぎないことを、ハッブルは見事に証明した。天の川銀河に星が無数にあるように、宇宙には銀河がほかにいくつもあることを天文学者たちもようやく信じるようになった。ハッブル宇宙望遠鏡を含むさまざまな天文台や天文衛星が、地球や宇宙から観測を続けていてくれる。そのおかげで、今も太陽系の起源や構造について新しい知識が増え続けているのだ。

別の銀河 | 33

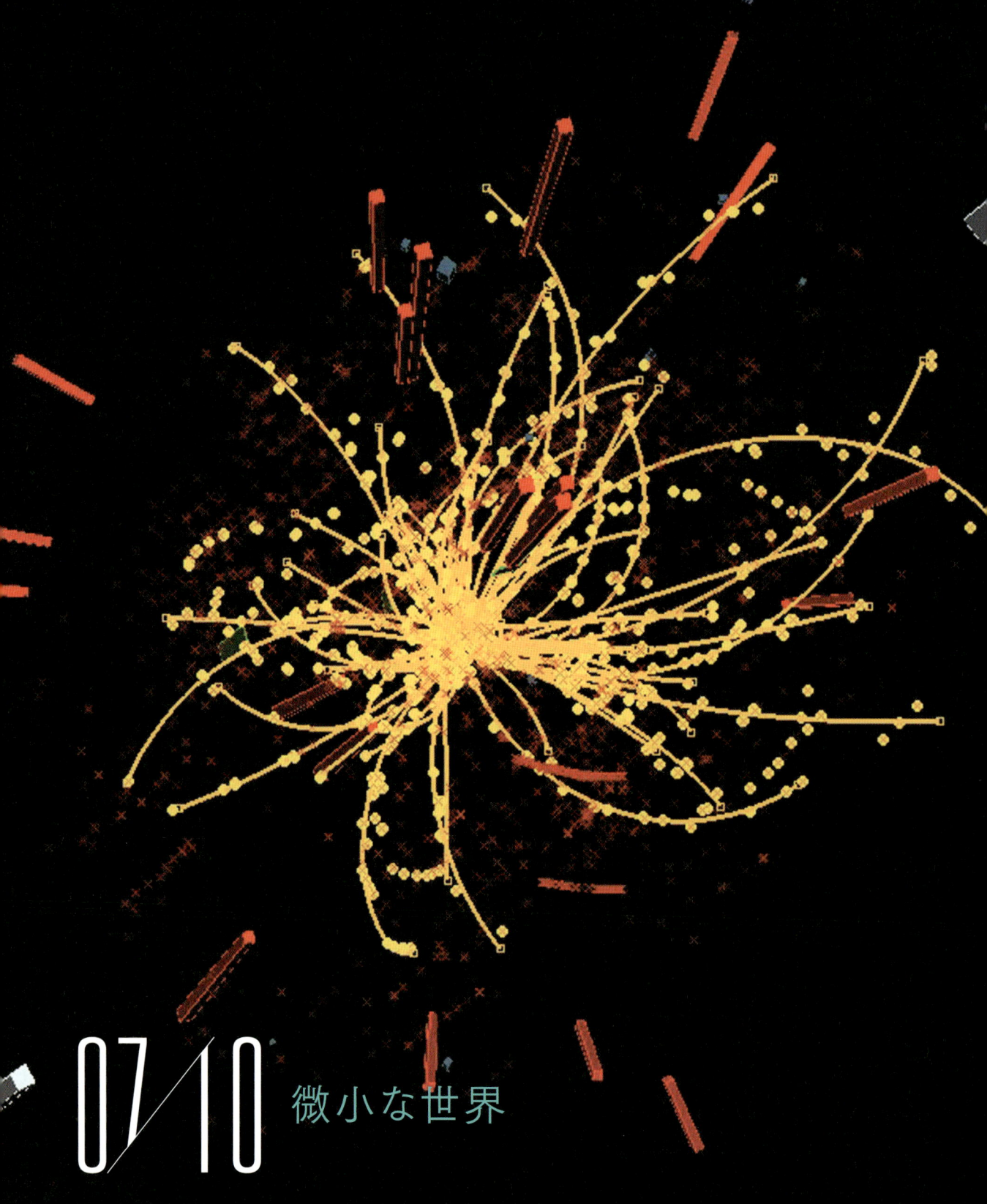

07/10 微小な世界

原子の正体
内部にはほぼ何もなかった

07

微小な世界

- テーマ：物質の正体。原子から素粒子に至るまでの微小な粒子が、自然界に存在する四つの力（重力・電磁力・強い力・弱い力）によって相互作用している。
- 最初の発見：1897年、最初の素粒子である電子が発見された。
- 画期的な発見：1964年、ゲルマンが陽子や中性子を構成する素粒子を提唱し、クォークと名づけた。
- 何が重要か：最小スケールから最大スケールまでの現象を説明できるようになった。

科学的な手法で原子の正体を探り始めてから、まだ100年ほどしかたっていない。それでも宇宙に存在するあらゆる物質の根底を支える仕組みが次第にわかってきた。それぞれに固有の性質をもつごくわずかな数の亜原子粒子（原子を構成する素粒子）が、自然界に存在する四つの力（重力・電磁力・強い力・弱い力）によって相互作用している。

あらゆる物質は、ごく小さな粒子が集まってできている——。古代ギリシャの哲学者デモクリトスは紀元前4世紀、こう予測していた。彼のいうごく小さな粒子、すなわち原子の正体が科学的に解明されるようになるには、18世紀から19世紀にヨーロッパで躍進的な発見が相次いで成されるまで待たなければならない。1860年代には、さまざまな元素を質量と化学反応の性質によって並べる独創的なシステム「元素周期表」をロシアの化学者ドミトリ・メンデレーエフが編み出していた。

原子は粒子でできている。そのことがわかって初めて、元素ごとに化学反応が異なる理由を、科学者たちは理解できるようになった。

最初に見つかった粒子は電子。1897年のことだった。発見したのは、英国の物理学者J. J. トムソンだ。熱した電極から放出される陰極線に、極めて軽量で負の電荷をもつこの粒子が含まれていることに、トムソンは気づいたのだ。そのうち、原子の化学反応は、特定の原子に結びつく電子の数によって定まることがわかった。例えば、電子を交換したり共有したりすると化学結合し、単体として存在する原子が電子を受け取ったり失ったりすると電荷を帯びたイオンが生じた。

電子はマイナスの電荷を帯びている。原子は電気的に中性なので、電子のマイナスの電荷を打ち消すプラスの電荷が原子のどこかに潜んでいるのではないか、というのが次に浮かんだ疑問だった。トムソンは、正電荷を帯びた原子全体の中（パン）に電子（ブドウ）が点在し自由に

(左) 大型ハドロン衝突型加速器CMS（コンパクト・ミューオン・ソレノイド）装置を使った実験で得たコンピューター画像。二つの陽子が高速で衝突した瞬間をとらえている。この衝突によって、両方の陽子の質量がエネルギーに変わり、ものすごい勢いで亜原子粒子が発生する。

動き回る「ブドウパン」モデルを考えた。このモデルがしばらくの間、広く支持された。この風向きを変えたのは、1909年にニュージーランドの物理学者アーネスト・ラザフォードが率いるチームが行った、ある実験だった。

薄い金箔を貼った紙に放射性粒子を当てると、ほとんどの粒子は紙を透過するが、たまにはじき返されるものがあった。このことに気づいたラザフォードは、新しい原子模型を提案した。その模型では、原子の内部にはほぼ何もなく、質量と正の電荷のほとんどが中心核に集中し、電子はその周囲で軌道を描いている。1932年になると、核が中性子（電荷をもたず、陽子とほぼ同質量でほぼ同数存在する）と陽子（電子と同数存在し、対になっているため原子全体

知られているハドロンはどれも、6種類の「フレーバー」、すなわちアップ、ダウン、ストレンジ、チャーム、トップ、ボトムというクォークの組み合わせで表わされる。

が電気的に中性になる）で構成されている原子構造が、一般に知られるようになった。

同じ頃、1913年にデンマークの物理学者ニールス・ボーアは、電磁放射は光子として伝わる（p.40）という新しい考えを原子模型に取り入れた。このなかでボーアは、電子がそれぞれ原子核から決められた距離のところで殻を作るように固有の「円運動」をしていると考えれば、元素によってスペクトルに固有の輝線と吸収線が現れることを説明できるという仮説を示した。ボーアの模型では、どの電子も原子内部でそれぞれ一定のエネルギー・レベルで運動を続けている。そのときに、特定の波長をもつ光子のエネルギーを吸収すると、電子の軌道は核から離れて外側の「円運動」の軌道に移動する。逆に電子がエネルギーを失ってより核に近い小さな「円運動」に軌道を変えると、目に見える光（光子）としてエネルギーが放出される（これが輝線となってスペクトルに現れる）。1925年、オーストリアの物理学者ヴォルフガング・パウリはこの円運動の原理について、同じ量子的性質をもつ二つ以上の電子は同じシステム（この場合は軌道）に同時に存在できない、という排他原理を取り入れて説明した。

「素粒子の動物園」を整備する

原子の内部構造についての研究は1930年代から1940年代にかけて急速に発展した。この研究分野で重要な役割を果たしたのは、粒子加速器である。粒子加速器は原子をはじめとする粒子を、電磁場を利用して極限まで加速してから正面衝突させて、そのときに放出される破片から粒子の構造を分析する装置だ。衝突して放出されたエネルギーは、アインシュタインの数式「$E=mc^2$」（質量「m」とエネルギー「E」は等価）に従って、ほかの希少な素粒子に変化する。実験を繰り返していくと、新しく発見された亜原子粒子の数が手がつけられないほど増え続けた。その状態は「素粒子の動物園」と呼ばれるほどになった。

粒子が次々に誕生して煩雑になることに手を焼いた物理学者たちは、こう取り決めた。自然界で作用する基本的な四つの力によって変化した粒子は、新しい粒子として数えないことにしたのだ。どの粒子もどうやら磁場と（ほんの軽微な）重力の影響を受けているが、このほかにも亜原子粒子同士の距離にだけ作用する核力（強い力と弱い力）の影響も受けている。ハドロン（陽子と中性子の仲間）と名づけられた質量の大きな粒子は四つの力すべての影響を受けるが、軽量な粒子レプトン（例えば電子）は、特に強い力の影響を受けやすい。

素粒子の仕組みがようやく明らかになってきたのは、1960年代のこと。どのハドロンも、クォークと名づけられた微小な粒子が2～3個組み合わさってできていると考えれば、その特

徴的な振る舞いについて説明がつくことを、米国の物理学者マレー・ゲルマンらのチームがモデルを作って示した。結局、知られているハドロンはどれも、6種類の「フレーバー」、すなわちアップ、ダウン、ストレンジ、チャーム、トップ、ボトムというクォークの組み合わせで表わされる。同様に、電子、ミュー粒子、タウ粒子と、この三つそれぞれに対応した反ニュートリノ（下巻p.24）という、合わせて六つのレプトンが存在する。これらは物質を構成する基本的粒子だと考えられ、総称してフェルミ粒子と名づけられた。こうした質量の大きな粒子の間で力が伝えられるときに、ボソンと呼ばれる質量のない粒子が力を伝達する役割を果たす。

物質と力に関する標準的な電子モデルは1960年代に提案されて以来、多くの検証に耐えて、その正しさを裏づけてきた。それでもわからないことは、まだまだある。例えば、自然界の基本的な四つの力の振る舞いや、これら四つの力を単一の「万物の理論」に束ねる（統一場理論）可能性、素粒子が示すとされる特徴の原因など、理論物理学者たちは依然として、こうした謎に答えを出せる仮説を導き出そうと日々頭を悩ませている。一方で実験物理学者たちも、2008年にフランスとスイスの国境に完成した大型ハドロン衝突型加速器（LHC）に代表される野心的な加速器プロジェクトで、日々実験を重ねている。理論物理学者たちが存在を予測している捉えにくい粒子が、新たに検出されることを夢見ながら。

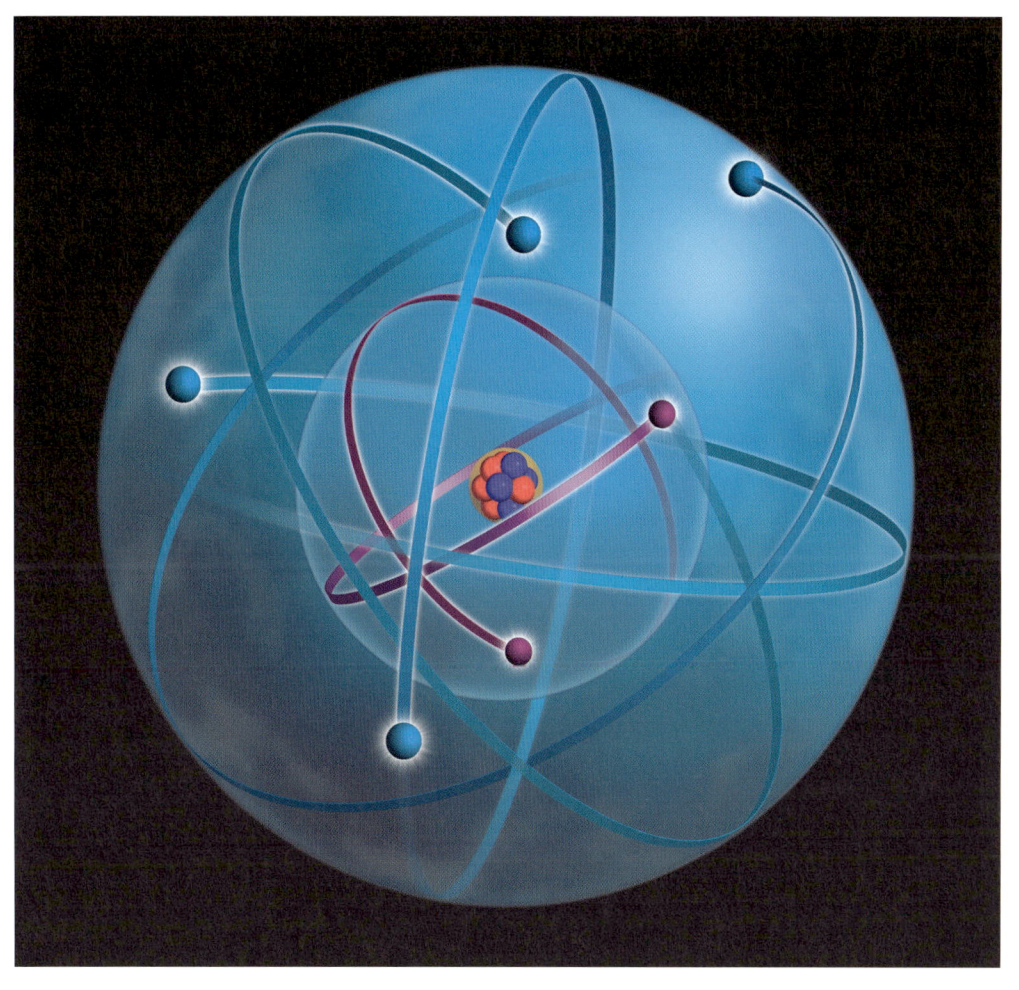

原子の内部構造。原子核（中心）は、陽子と中性子でできている。その周囲を、殻を作るように電子が回っている。電子のエネルギーは、描く軌道の殻によって決まっている。原子核に存在する陽子の数によって「原子番号」がつけられるため、元素一つ一つに固有の番号が割り振られている。また、陽子と中性子を合計した数は、原子の質量を表す。このイラストは、陽子と中性子、電子をそれぞれ六つずつもつ炭素12原子の構造を示している。

08 量子論

常識を根底から覆す

微小な世界

- テーマ：極端に小さなスケールでの粒子と放射の独特の振る舞いを説明する理論。
- 最初の発見：1905年、アインシュタインが実際に存在する物質として光子を最初に扱った。1924年、ルイ・ド・ブロイは光の粒子に波の性質があると考えた。
- 画期的な発見：1927年、ハイゼンベルクが亜原子粒子の世界を支配する不確定性原理を発見した。
- 何が重要か：量子論が登場してから、自然界で起こる出来事についての理解が根本から変わった。

量子論は、現代の宇宙論において重要な鍵を握る学問だ。量子論が取り扱うのは、極めて小さなスケールで起きる出来事。しかし、広大な宇宙の本質を理解するためには、物質とエネルギーの相互作用を扱う量子力学の考え方が欠かせない。

20世紀初頭、量子革命が巻き起こる。その背景には、19世紀後半から古典的物理学の限界を感じ始めていた科学者たちの苦悩があった。とりわけ電磁放射の振る舞いを説明した理論には無理があることに、当時の科学者たちは気づき始めていた。例えば、光が波の性質をもつことは観測データにはっきり示されていたが（p.25）、肝心の光を運ぶ媒質だとされた「発光エーテル」はどうやら存在していそうになかった。19世紀に白熱電球が発明されたおかげで、天文学者たちは「黒体放射」、つまりそこに当たる（例えば星のような）光を完全に吸収してしまうような光放射物体が、ある温度で発する放射を測定できるようになった。しかし、この現象をすっかり説明できる理論モデルを打ち立てられた者はいなかった。また、光を金属の表面に当てたときに電子が飛び出す光電効果と呼ばれる現象についても、理論予測と観測データが合っていなかった。赤い色（長波長）の光を大量に照射しても電流は発生しないのに、青い色（短波長）の光の場合はわずかな量でも電流が発生する現象が見られた。

光は粒子である

1900年に、ドイツの物理学者マックス・プランクがこの「黒体放射の問題」を見事に解決する理論を思いついた。プランクは、光源から出るエネルギー（光）は原子の振動で構成されていると考えた。ちょうどバイオリンの弦を軽く押さえると、もとの音の整数倍の音が響くハーモニクス奏法のように、それぞれ異なる周波数で振動している原子の固まりがエネルギーを構

（右）ボーズ＝アインシュタイン凝縮（BEC）の中にできた渦をシミュレートしたコンピューター画像。量子論でしか説明できない物質の状態だ。原子を絶対零度に近い低温にまで冷却すると、ボーズ＝アインシュタイン凝縮が起こる。そのときすべての原子は同一の量子エネルギー状態になり、摩擦のない「超原子」として振る舞う。

量子論 | 39

成していると予測したのだ。そのため、原子として放出されるエネルギー（光）も、原子の状態によってそれぞれエネルギー量や周波数、波長を変えるのだと考えた。このプランクのモデルは、実験の測定結果をうまく説明できた。ただし、これが光の本質を突いた真理だと考える人は当時誰もいなかった。これを一気に解決したのは、アインシュタインだった。1905年に発表した論文のなかで、光電効果に関する仮説を実験によって裏づけた。アインシュタインはまず、光はエネルギーの小さな固まり、または粒状の「量子（パケット）」が集まったものだと考えた。そして、その固まりにはそれぞれ固有のエネルギー、周波数、波長をもつ、波動に似た性質があるのだと仮定した。その上で、高エネルギーの青い（振動数が多く、波長が短い）光量子は微量でも電子を弾き、電流を生じさせることができるのに、低エネルギーの赤い（振動数が少なく、波長が長い）光量子を大量に照射してもそうならない理由を実験で示した。

現在では光子として知られる「光の量子」の存在は、現代の天文学に計り知れない影響を

宇宙論にこの考えを取り入れると、今までの常識が根底から覆される。時空全体が不規則な変動の影響を受けやすいことが、ここで示されているのだ。

及ぼした。遠くにある星や銀河、星雲の化学組成を特定するスペクトル線は突き詰めれば、光子でできている。ニールス・ボーアやヴォルフガング・パウリ（p.36）が説明したように、光子は電子が原子核の周囲を回る軌道を変えるときに光として放射または吸収されている。電子CCD検知器は光電効果を利用して、遠い銀河から届いた貴重な光子を集め、従来のフィルムではとらえることのできなかった画像を作り出している。ほかにも、星の表面から宇宙創成の残光に至るまでの間で起こるさまざまな現象も、プランクの黒体放射モデルで説明がつく。さらに、光は光子が集まって運動していると考えることの大きなメリットが、もう一つあることも忘れてはならない。光を運ぶエーテルの助けが、とうとういらなくなったのである。

粒子に波長がある

量子物理学が研究の対象にするのは光の性質だけではない。1924年にフランスの物理学者ルイ・ド・ブロイは、大胆な思いつきを提案した。もし光が粒子的な振る舞いをすることがあるのなら、逆に物質を構成する粒子が波動的な振る舞いをしてもよいのではないかというのである。ド・ブロイは粒子の波長を測定する理論上の計算方法まで編み出した。その数式で、粒子の波長と質量の反比例の関係が示され、その波長は素粒子より大きい物体では、ほとんど無視できるほど小さいことがわかった。ところがそれから数年後、別々の研究所に所属する科学者2人が行った実験で、特定の条件に置かれた電子にもまさしく、光と同じように回折し、かつ互いに干渉する性質があることがわかった。つまり電子は、粒子と波動の二重性をもつことが示されたのだ。

ところで、「粒子には波長がある」とは、どういうことだろう。オーストリアの物理学者エルヴィン・シュレーディンガーは、空間を占める粒子のエネルギーの分布は波長に現れているはずだと考え、1926年に物体の状態が波動になって現れるという性質を算出する「波動関数」と呼ばれる数式を考え出した。物理学者たちは以来、波動関数が示す真の意義について意見を戦わせた。シュレーディンガーは、どんな粒子も本質的にはエネルギーの波であることが根本的な自然摂理だと主張した。一方、ドイツのヴェルナー・ハイゼンベルクは、波動関数は特定の場所と時間にある粒子が現れる確率を示す中間的な値でしかないという考えを示した。

不確定性原理

波動関数は確率を示すと考えていたハイゼンベルクは、もう一つ重大な発見をした。粒子の位置が定まっていると、その波長は求められない。逆に、粒子の波長が計測できる場合には、その位置を正確に定めることができない。ハイゼンベルクが説いたこの関係は、不確定性原理と呼ばれる。ある粒子について、一対にしたり組み合わせたりした複数の特性(先の例だと「位置」と「波長」)を、絶対的な精度で同時に計測することは不可能なのである。例えば、ある粒子の位置を正確に測ろうとすればするほど限りなく静止の状態に近づくから、その粒子の運動量やエネルギーの測定精度は下がってしまう。宇宙論にこの考えを取り入れると、今までの常識が根底から覆される。時空全体が不規則な変動の影響を受けやすいことが、ここで示されているのだ。ひょっこりと現れた短命な「仮想粒子」(正確にいえば、粒子と反粒子のペア。p.66)が、気が遠くなるほど大きなスケールの影響を及ぼすこともあり得る。この考えを、宇宙の始まりで起きた急激な膨張(インフレーション)に応用してみよう。このときに現れた、一見平坦でムラがないように見える巨大な火の玉の中に(p.59、p.63)、温度と密度にほんのわずかな量子の揺らぎが生じたと考えられている。そのせいで、現在私たちがよく知る構造をもつ宇宙が生まれた可能性が示された。やがて日常的に見られる天文学的な現象も不確定性原理で説明できるようになり、これまでの物理学で説明するには無理があったさまざまなタイプの核反応や放射性壊変が起こり得る可能性も、受け入れられるようになった。

物質(粒子)に波の性質があるとわかったことをきっかけに、「宇宙はなぜ今このような姿をしているのか」という根源的な疑問に人々は向き合うことになった。量子論の登場以降、顕微鏡を駆使する量子の世界と、天文学的次元で語られる古典的物理学が協力しながら研究が進められ、さまざまな理論が登場した。

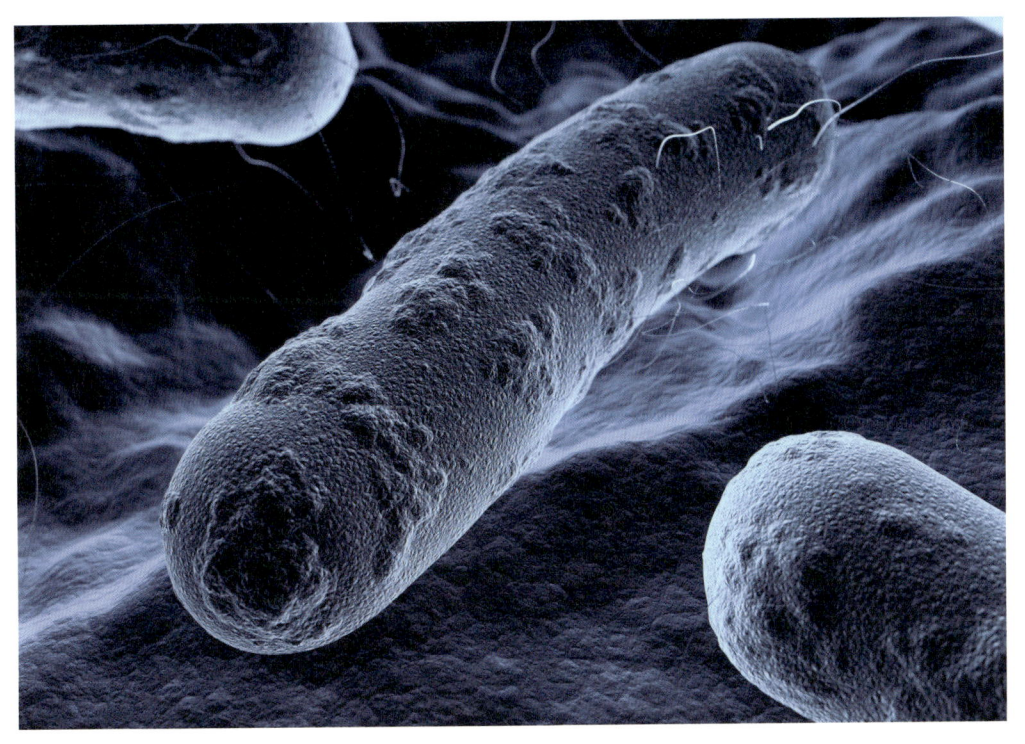

現代科学に欠かせない電子顕微鏡。写真のバクテリアのようなごく小さな構造を、驚くほど鮮明な画像で映し出す。この装置の作動原理も量子の性質、つまり特定の状況で電子が見せる波としての振る舞いをうまく利用している。

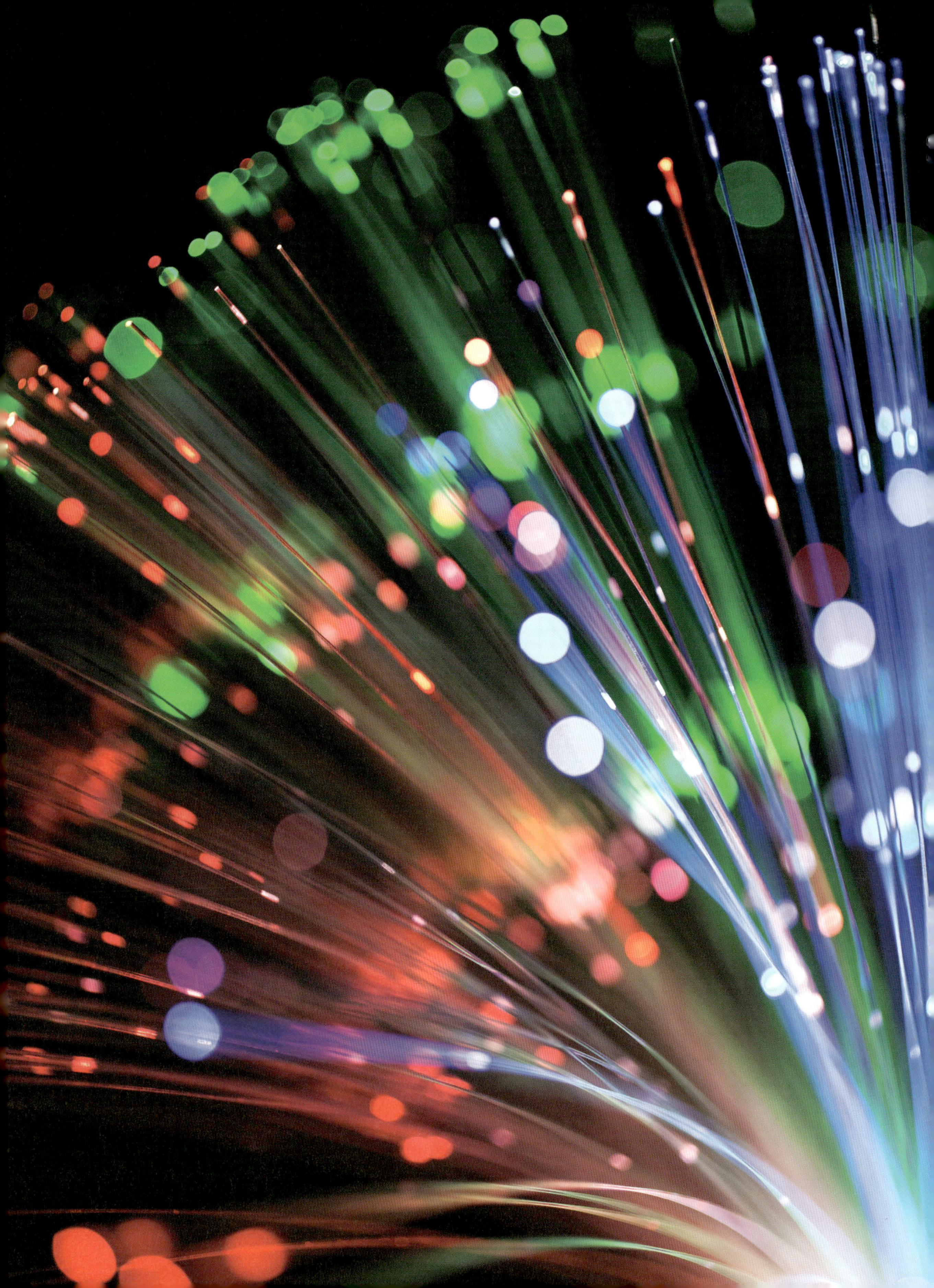

光のスピード
きっかけは木星の衛星

09

微小な世界

- テーマ：光源や観察者の動きに関係なく、光は一定の速さで進むという事実。
- 最初の発見：1887年に行われたマイケルソン・モーリーの実験で、特定の媒質の中では光の速さは常に一定であることが確かめられた。
- 画期的な発見：アインシュタインは特殊相対性理論のなかで、質量とエネルギーのような現象を説明するために、光の速度を一定と考えた。
- 何が重要か：光速は一定であるという発見は、宇宙を理解する重要な基盤となった。

真空の中では、光源や観察者がどう動こうと光は一定の速度で進む。その発見は、それまで通用していたあらゆる常識に反していた。この驚くべき事実を受け入れるには、それまで積み上げてきた宇宙に関する知識を一から見直さなければならなかった。

光の速度を科学的に求めようとした最初の人物はイタリアの物理学者、ガリレオ・ガリレイだ。1638年に行われたガリレオの実験は限定的で正確さも欠いてはいたが、光は音よりもはるかに速いことを証明した。皮肉にも、光の速さが一定であることを人々に初めて示してみせたのは、ガリレオのもう一つの発見、「ガリレオ衛星」と呼ばれる木星の四つの衛星の方だった。

1660年代になる頃には、木星の四つの衛星、いわゆるガリレオ衛星の軌道周期はすっかり知られていた。望遠鏡の技術が発達し、木星の衛星の木星面通過や、木星の表面に映る影、木星の陰に隠れてしまう食といった現象も観測できるようになっていた。イタリアの天文学者ジャン=ドミニク・カッシーニは木星の衛星が引き起こすこうした現象をパリ天文台から観察しようと調査に乗り出していた（カッシーニはパリ天文台の初代所長）。また、デンマークの天文学者オーレ・レーマーもウラニボリ天文台から似たような観測を行っていた。程なくしてカッシーニは、ある現象が起こるタイミングの予想と観測結果が思いがけずずれていくことに気づき、この差は地球から木星への距離が変化するのに応じて光が地球に届くまでの時間が変わることから生じているのだと考えた。レーマーは後にこれらの差について正確な数字を出し、現在計測されている光の速度のおよそ75％に当たる数値をはじきだした。

こうした発見があっても、1720年代になるまでは光速が一定であることを信じない科学者はまだいた。この頃ようやく、英国の天文学者ジェームズ・ブラッドリーが光の速度が一定であることを利用して、星の光行差、つまり地球の公転軌道のある地点と、反対側にある点の2点から星を観測したときに星の位置がごく

(左) 光ファイバー・ケーブルの先端から光を放つ虹色のスペクトル。さまざまなエネルギーの光の違いを、人の目はただ色の違いとして認識する。色の本質は、光の周波数、つまり波長そのものだ。高周波で波長の短い電磁波は青、低周波で波長の長い電磁波は赤く見える。

自然界の粒子で、真空を進む光よりも速いものはない。しかし、ほかの媒質の中にあるときの光はもっとゆっくりと進み、その中で速く進むことのできる別の粒子に時折追い越される。このときに、チェレンコフ放射といわれる異様な閃光が現れる。写真は、米国アイダホ国立研究所の新型実験炉で撮影されたチェレンコフ放射。

わずかにずれる現象を測定した。光行差を発見したブラッドリーが求めた光の速度は極めて正確で、現代の値である秒速29万9792kmとの誤差はわずか1％以内にまで縮まった。

19世紀になって計測技術が発達すると、科学者たちは奇妙なことに気づいた。光の速度は光源や観察者の動きに関係なく一定だったのである。私たちが日常で経験している感覚とは異なり、光源がこちらに向かって近づいているときに光が早く届いたり、光源から遠ざかっているときに遅く届いたりすることは決してなかった。1865年にジェームズ・クラーク・マクスウェルは、光を電磁波の一種だとした自身のモデル（p.25）のなかで、電磁波は真空では必ず、ある一定の速度で進むことを示した。

しかし、どのような基準系（観測の対象となる空間）において、光速は一定なのだろうか。空気が音を伝えたり、池の水面に波紋ができるように、媒質がなければ光の波動は伝わらないという点では、大方の科学者たちの意見は一致していた。謎の多い、真空を満たす光の媒質を考え出して「発光エーテル」と名づけ、発光エーテルの運動を基準とした絶対静止系が宇宙に存在すると当時の人々は考えた。1887年に米国の科学者アルバート・マイケルソンとエドワード・モーリーは、エーテルの中を進む地球の運動によって、さまざまな方向に進もうとする光の速度がどう変化するかを予測しようと、巧妙な実験を試みた。マイケルソン・モーリーの実験からは、認められるだけの速度変化が得られ

なかったことがわかると、エーテル理論はどうやら間違っているのではないかと物理学者たちは悩むようになった。

相対性理論の宇宙

1905年にアルベルト・アインシュタインは、物理学の世界に革命を引き起こすことになる歴史的論文を立て続けに発表した。平たく言えば、アインシュタインはたった二つの仮説——「相対性原理」と「光速不変の原理」を軸に、物理学全体を塗り替えてしまったのである。相対性原理では、いかなる慣性系（例：加速していない、静止か等速状態）においても、物理学の法則は変わらないことを予測した。一方、光速不変の原理では、光は必ず空間を一定の速度で進むことを前提とした。また、宇宙空間で光速よりも速く進むものは存在しないと考えた。なぜならば、何かが起きる前に私たちがそれを事前に見ることができたら、事象には必ず原因がある、とする因果律の法則が成り立たなくなってしまうからだ。

これらの原理を踏まえて生まれた特殊相対性理論では、相対的な速度で運動する（例：光速でこちらに近づいてくる）物体は、時の流れが遅くなったように見える「時間の遅れ（運動の速さによって、時間の進み方が異なること。『双子のパラドックス』『ウラシマ効果』とも呼ばれる）」や、フィッツジェラルド・ローレンツ収縮（エーテルのなかを運動する物体の長さが変わったように見える）といった奇妙な現象を予測し、説明した。さらに不思議なことに、ある物体が光の速度（c）に近づくと、速度よりも質量が加速度的に増えると述べた。有名な方程式 $E=mc^2$ は、質量（m）とエネルギー（E）は互いに置き換えられることを示している。ほかにも、真空のなかを光が一定の速度で進む性質は、アインシュタインのもう一つの偉大な発見、光量子仮説（p.40）で説明された。

アインシュタインのこれらの予測は一見、突拍子のないもののように見える。しかし、この内容は実験で何度も証明されている。現代の宇宙探査機や衛星ネットワークはこの相対論による効果を考慮に入れて設計されている。特殊相対性理論はまた、20世紀の物理学や宇宙学、ひいては1915年に発表したアインシュタイン自身の一般相対性理論（p.46）のなかで示された大発見を導くしっかりとした基礎を築いた。

一方で、アインシュタインの理論すべてが正しいわけではないと唱える説も、近年の科学の進歩に伴いいくつか出されている。1980年代以降には、アインシュタインの数式の光の速度（c）が時を経るに従って減速していると考える宇宙論学者たちが現れた。原初宇宙では、光は今よりもはるかに速かった。そう考えれば、現在の宇宙の姿を説明するときに生じるいくつかの矛盾点が解決できたのだ。さらには、ニュー・サウス・ウェールズ大学の天文学者チームが遠くにあるクェーサー（準恒星状天体）を調査し、光の速度に大きな影響を与える微細構造定数は大昔に変化していたという仮説を裏づける証拠が見つかったと1998年に発表し

> 19世紀になって計測技術が発達すると、科学者たちは奇妙なことに気づいた。光の速度は光源や観察者の動きに関係なく一定だったのである。

た。2004年にも別の研究者が、この光の速度（c）がつい20億年ほど前に変わっていた可能性がある、と述べている。光の速度が一定であることを疑うこのアイデアについてはいまだに論争が絶えないところに2011年、イタリアのグラン・サッソ（下巻p.25）の研究施設から、ニュートリノは光よりも速く進んでいるという報告も寄せられ、世界を驚かせた（後にこの報告は撤回される）。新たな論争の火種をまくニュースはまだまだ続きそうだ。

相対性理論

1905年、奇跡の年

微小な世界

- ■ ポイント：空間と次元の深い関係。
- ■ 発見：1907年、ミンコフスキーが特殊相対性理論を成立させる考えの枠組みとして「四次元空間」という概念を最初に唱えた。
- ■ ブレイクスルー：アインシュタインの一般相対性理論は、大きな重力場や物体の運動によって生じる時間や空間のゆがみを説明した。
- ■ 重要性：天体の振る舞いを読み解くには、空間と次元の仕組みを理解しなければならない。

特殊相対性理論を発表してからの10年間、アルベルト・アインシュタインは自分が編み出した理論が導き出す結果についてさらに研究を深めていった。そして、時間と空間についての常識をすっかり塗り替えてしまう新しい考え、一般相対性理論をまとめあげる。

1905年はアインシュタインの「奇跡の年」だとよくいわれる。わずか数カ月の間に立て続けに発表した4本の論文で、20世紀と21世紀の物理学のほぼすべてを網羅する基盤を早々と打ち立ててしまったのだから。

光電効果（p.38）では、光が波動と粒子の両方の性質をもつことを説明した。それにより、光の性質について長らくそのままになっていた疑問を解決した。

液体に大きな粒子を浮かべたときに起こる奇妙で予測できない動き、いわゆるブラウン運動についての研究では、この現象を目に見えない原子や分子が存在する何よりもの証拠として扱った。

また、特殊相対性理論および質量・エネルギー等価に関する論文（p.45）は光電効果とともに、量子物理学が発展する基礎を作った。

特殊相対性理論を一般化する

これだけの偉業を遂げても、アインシュタインは満足していなかった。とりわけ特殊相対性理論を成り立たせるために課していた条件を、何とかして取り外したかった。相対性原理は、物体と観測者の両方が加速したり減速したりする非慣性系でも通用するはずだとアインシュタインは確信していた。思考実験を重ね、次はより一般化した相対性理論を成立させようとしていたのである。

一般相対性理論で鍵となるのは、アインシュタインが1907年に発見した等価原理だ。等価原理とは、重力に干渉されずに観測者が自由落下している場合にも、非加速または慣性系における物理法則と同じ原理が当てはまる、という考え方だ。見逃してはならないのは、その逆

(右) 連続して撮影された、壮麗な皆既日食。太陽に近い星の観察で、太陽の重力によってゆがんだ空間の部分を光が通るときの見かけ上の位置の変化は、皆既日食のときでなければ観測できない。

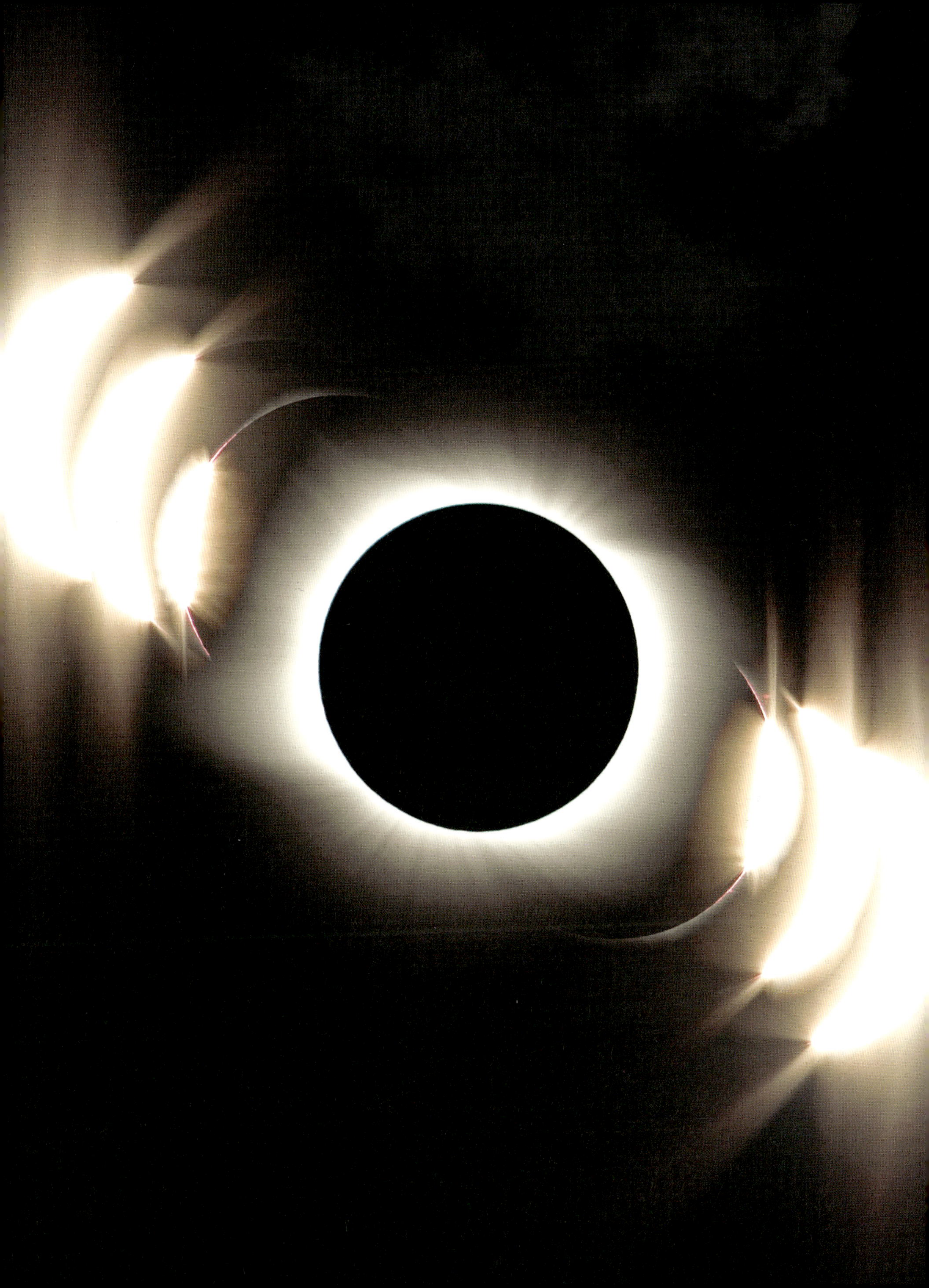

もまた真となる、という点だ。重力質量（重力場）による影響は、等加速度運動で再現できるはずだということになる。

　急速な加速運動に置かれた光は、必ず曲がったように見える。このことは特殊相対性理論の基盤となる部分で、すでに示されていた。加えて、極端な重力場に置かれたときにも光線は曲がるはずだとアインシュタインは予測した。この仮説をさらに発展させ、非慣性系のなかで二者が加速も減速もできる相対論的運動においても、強烈な重力が形や質量、時間をゆがませるのと似た現象が起こるのではないかと考えた。一般相対性理論の効果を説明するために、恩師であるハーマン・ミンコフスキーが1907年に特殊相対性理論に呼応して唱えた四次元の概念を積極的に取り入れた。

時間と空間を一つに

　ミンコフスキーが唱えた四次元理論は、世界を三つの「空間的」次元と一つの「時間的」次元が組み合わさったものとして説明している。私たちが日常見慣れている時空は、三次元のユークリッド空間と、これとは明らかに独自の流れをもつ時間軸が支配している。時間と空間のどちらも、やはり日常的になじみのある特性を備えている。相対性理論のなかでは、この空間的次元は縮み、時間的次元は（19世紀の終わ

二つの超高密度のブラックホール（p.152）が合体するときに生じる重力波を示したシミュレーション・モデル。重力波、すなわち宇宙空間で起こる強烈な衝撃や天体の衝突によって生じる時空のゆがみが、宇宙全体にさざ波を立てながら広がっていく。この現象は、一般相対性理論によって予測されているが、まだ直接証明はされていない。

りにオランダの物理学者ヘンドリック・ローレンツらのチームが考案した）ローレンツ変換という名で知られる方程式に従って延びていく。

相対的な速度によって時空がゆがむ現象を説明できるのなら、重力のかかる場で生じる現象も説明できるはずだとアインシュタインは考えた。非常に大きな質量をもつ物体はそれを取り巻く時空をゆがませて、その近辺を通過する物体の慣性運動に影響を与える。この現象は、時空をゴムシートだと考えるとわかりやすい。このゴムシートに対して、空間的次元が二つ横断し、時間的次元が縦に貫いている。質量の大きな物体をこのシートの中央に置くと、そこにくぼみ、つまり「重力の井戸」ができ、そのそばを通る物体の動きをゆがませる。三つの空間的次元のゆがみだけに注目すると、この現象はむしろ、砂時計の最も細い部分に砂が集まっている様子にもよく似ている。

一般相対性理論を証明する

1915年、アインシュタインは一般相対性理論を発表した。折しも第一次世界大戦の真っただ中。論文を発表しても、その内容が国境を越えて伝わっていくのに時間がかかった。この理論が有望であることを何とかして示したかったアインシュタインは、長らく原因がわからなかった水星の軌道が徐々にずれていく現象を、一般相対性理論を使って説明できることを自ら示した。

アインシュタインがこれほど頑張っても、この理論はなかなか広まらなかった。世界の注目がこの研究に集まったのは1919年のこと。英国の天文学者アーサー・エディントンが西アフリカのプリンシペ島に観測隊を引き連れて赴き、この予測を検証してみせたときだった。

一般相対性理論では重力を、質量をもつ物体にはたらく力というよりも、時空のゆがみによって生じる力としてとらえている。そのためアインシュタインは、極端に大きな重力がはたらいている場では、質量のない光の進路も影響を受けるはずだ、と予測していた。エディントンのチームは皆既日食が起こる貴重なタイミングを狙い、そのときにしか観測することができない、太陽の近くにある星の位置を記録した。確かに、その星が太陽の近くを通るときに、一般相対性理論が予言したように星の光が曲げられたことが確認された。

このときの計測精度を疑問視する声もあった。それでも、この後に起こった日食で、より高度な機材を使った実験でも似たような結果が出たため、エディントンらの観測結果は間違っていないことが裏づけられた。

一般相対性理論と四次元の時空という概念

この空間的次元は縮み、時間的次元は（19世紀の終わりにオランダの物理学者ヘンドリック・ローレンツらのチームが考案した）ローレンツ変換という名で知られる方程式に従って延びていく。

は、現代の宇宙論を支える屋台骨となった。極めつけに大きな規模で起こる、宇宙全体に影響を及ぼすほどの出来事についても、これらの概念で説明ができるようになった。重力レンズやブラックホール、ビッグバンによって宇宙が誕生したとする宇宙論（p.207、p.152、p.59）はどれも、アインシュタインが発見した理論ですべて証明できる。

これほどまでに偉大な発見をしたアインシュタインだが、彼ほどの人物でも判断を誤ったことがある。宇宙全体に存在する天体の重力に影響を受けない静的な宇宙という当時の理論的予想と実際の観測データを合わせることにこだわり過ぎて、「宇宙定数」と呼ばれる係数をひねり出したのだ。その後天文学が進歩し、これがまったく余計な小細工だったことがわかるのに、これまた10年もかからなかった。

相対性理論

11/15 宇宙の起源

膨張する宇宙
ハッブルが発見した仰天の事実

- ■ テーマ：宇宙が広がるにつれ、銀河同士の距離も広がっているという事実。
- ■ 最初の発見：遠くにある銀河から来る光の波長が赤方偏移していることに気づいたハッブルによって、宇宙の膨張が示された。
- ■ 画期的な発見：2001年のハッブル宇宙望遠鏡の観測で、宇宙膨張率の正確な数字が初めて割り出された。
- ■ 何が重要か：膨張する宇宙というモデルの登場は、現代の宇宙論の方向性を定め、ビッグバン理論への道が開かれるきっかけとなった。

11

宇宙の起源

宇宙全体が拡張しているという考えが1920年代に登場して以来、人々の宇宙観はがらりと変わった。この考えはやがて、ビッグバンがすべての始まりだと考えるビッグバン理論に受け継がれた。最近では、宇宙の起源はもう少し複雑だったことが数々の発見によって示され、宇宙モデルがまたもや作り替えられている。

地球は比較的若い天体で、今の形になったのは割と最近、宇宙が大激変していた頃、という説が20世紀初頭まで長らく信じられていた。この説は、地質学的な発見によって根底から覆された。代わりに登場したのが、億という単位の年数にわたって緩やかだが容赦ない力にさらされ続けた古代の惑星、というモデルだ。一方、天文学者たちの間でも、星の寿命やその星のエネルギー源（p.78）に関する従来の常識を見直す動きが出始めた。宇宙論に至ってはこれまでとはまったくの対極にある可能性に注目するようになった。宇宙論者たちはこんなふうに考えている。もし宇宙が想像を絶するほど昔からあるのだとしたら、それが実は「生まれた」ことなど一度もなく、その前からずっと存在していたことを示す証拠はないのだろうか。

ものすごいスピードで地球から離れていく

アインシュタインの相対性理論が登場したのを境に、時空論はがらりと変わった。新たな時空論に沿って考えると、宇宙は姿をずっと変えない静的な存在ではあり得なかった。それどころか、重力のおかげで計り知れないスケールで常に成長し続ける動的な存在だという結論を導き出す者が多かった。1922年になると、ロシアの宇宙論学者アレクサンドル・フリードマンは宇宙が膨張していることを示す二つの方程式を発表した。同じ頃、アインシュタインが重力場を説明する自らの方程式に宇宙定数を取り入れた。これは、静的な宇宙を成り立たせるた

（左）ハッブル宇宙望遠鏡が探査したハッブル超深宇宙領域（p.75）にある、空のほんの狭い領域にひしめく幾千もの小さな銀河。最も遠い銀河は地球から100億光年以上離れたところにあり、光の速度にかなり近いスピードでさらに地球から遠ざかっている。

めに、当時の観測データに理論を無理やり合わせようとした、いわば小細工だった。アインシュタインは宇宙定数を取り入れたことを、生涯最大の過ちとして後に後悔することになる。

この頃、渦巻星雲の性質と宇宙の大きさをめぐっての「大論争」に、多くの天文学者が巻き込まれていた。この論争は結局、エドウィン・ハッブルが近くの銀河までの実際の距離を求めたことで決着した（p.30）。ところがハッブルのこの研究は、さらに驚くべき大発見をたぐりよせた。宇宙全体が膨張していることが裏づけられたのである。

そもそものきっかけは、銀河における赤方偏移、つまり遠くの銀河から来る光の波長がドップラー効果によって赤外線寄りに引き伸ばされる現象の計測だった。こうした赤方偏移とその意味を発見したのは、アリゾナ州フラグスタッフにあるローウェル天文台に勤務していたヴェスト・スライファーだった。1912年、論争の

膨張宇宙モデルはビッグバン理論を裏づける重要な証拠だと考えられている。天体が互いに離れ続けているのならば、逆に果てしなく遠い過去に時計を巻き戻したらすべてが一点に集中していたはずだ。

的となっていた渦巻星雲のスペクトルを計測していたスライファーは、この大発見のきっかけとなる暗い色の吸収線に目をとめた。この線からは星を構成する元素の種類と量がわかる（p.27）のだが、それが何であれ、そのときの観測の目的には関係ないものだった。そのうち、この暗線が実は定位置から赤寄りにずれた場所に現れていることに、スライファーは気づいた。これは、天空のさまざまな場所に散在している遠い星雲はどれも、ものすごいスピードで地球から離れていることを意味していた。

1929年、ハッブルとミルトン・ヒューメイソンは銀河について、地球からの距離とその銀河が放つ光の赤方偏移を観測し、その二つを対比させた結果を発表した。これを見ると、この二つが正比例の関係にあることがはっきりとわかった。銀河が遠くにあるほど赤方偏移が大きくなるということは、地球から遠ざかる速度も速くなることを意味していた。この結果を一般相対性理論の数式と結びつけて考えると、こうとしか説明しようがなかった。私たちの太陽系がある天の川銀河だけが特に疎まれて遠ざけられているのでは決してなく、宇宙全体が膨張しているので、どの銀河も（ブドウパンの生地に練り込んだレーズンのように）互いに引き離され続けているのだ。もし宇宙が一定の速度で膨張しているのなら、遠くにある銀河はおのずと近くにある銀河よりも速いペースで地球から遠ざかっていることになる。ここで押さえておかなければいけないポイントは、宇宙を支配する物理的な運動ではなく、宇宙の膨張そのものによって銀河同士の距離が広がっている点だ。つまり、ある光がはるか遠くにある銀河を出た当時、その銀河は今よりも地球に近かったのだとしても、膨張し続けている宇宙を数十億年かけてはるばる横切ってようやく、光は地球にいる私たちに届くのである。

どれくらいのペースで膨張しているのか

宇宙全体の膨張率は通常、km/s/Mpc（km/秒/メガパーセク）という単位で表す（1メガパーセクは326万光年）。この単位はハッブル定数（H_0）と呼ばれるようになるが、測定が難しく、すこぶる評判が悪かった。その原因として、セファイド型変光星を基にして銀河同士の距離を測るのではカバーしきれないほど遠くにある銀河が無数にあることや、銀河群や銀河団の中では重力がはたらく領域が局所的にある（p.198）ため、膨張の効果がわかりにくい、という理由が挙げられる。ハッブル自身も、ハッブル定数の値を実際よりもだいぶ大きい

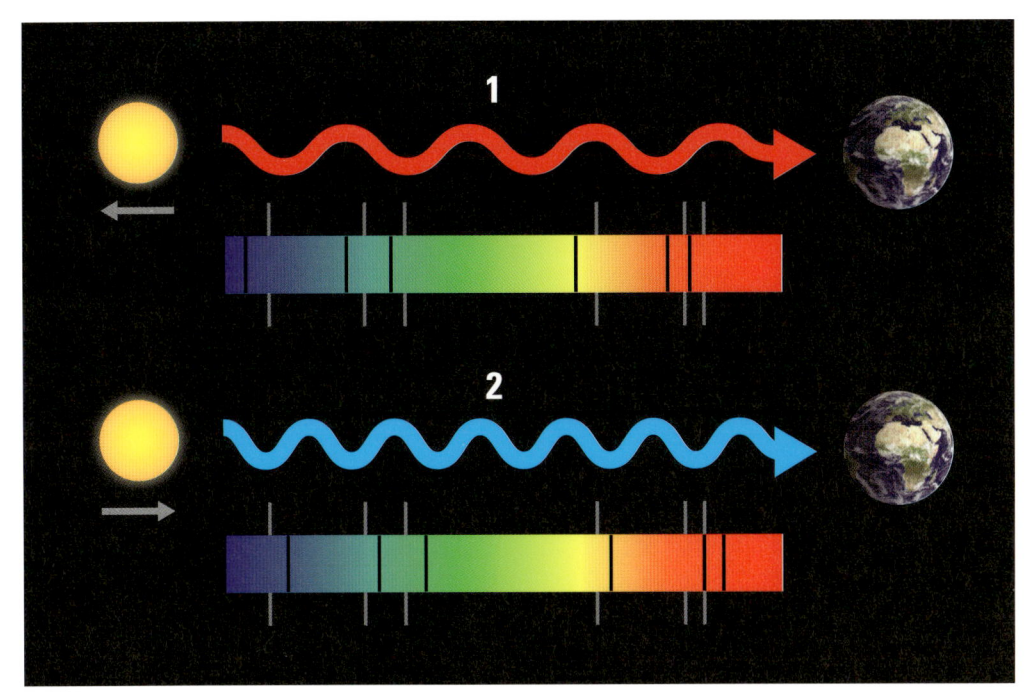

(1) 光源が観測者から離れていくとドップラー効果により波長は長くなり、(2) 近づいていくと短くなる。スペクトル線、つまり輝線や暗線、または吸収線（このイラストでは連続スペクトルを横切っている黒い線）が通常予測される定位置（白い線）からどれくらいずれているかを計測すると、この現象が最もよくわかる。

250km/s/Mpcだととらえていた。1958年、ハッブル定数がおよそ75km/s/Mpcであるというまずまずの精度の予測値を発表したのは、米国の天文学者アラン・サンデージだった。ハッブル定数の値は、その後も大きく変動し続けた。

そこで、セファイド型変光星の測定範囲を今までよりもずっと広げ、究極に正確なハッブル定数の値を求めることを最大のミッションとするハッブル宇宙望遠鏡（HST）が1990年に打ち上げられた。カーネギー天文台のウェンディー・L・フリードマンが陣頭指揮を取り、2001年に完了した「ハッブル主要観測計画」では、サンデージが出した数字と驚くほど近い72±8km/s/Mpc（1メガパーセク、つまり326万光年離れるごとに、秒速が72km 速くなる）という、数値が得られた。

これ以降、天文学者たちはチャンドラX線観測衛星やNASA（米航空宇宙局）が打ち上げた宇宙マイクロ波背景放射探査衛星（WMAP、p.57）、ハッブル宇宙望遠鏡に搭載した機材などを駆使して、定数を何度も計測し直した。そこで得られた結果はおおむね、ごくわずかな誤差の範囲で一致した。

宇宙マイクロ波背景放射（p.54）とともに、膨張宇宙モデルはビッグバン理論を裏づける重要な証拠だと考えられている。天体が互いに離れ続けているのならば、逆に果てしなく遠い過去に時計を巻き戻したらすべてが一点に集中していたはずだ。このように考えるのがごく自然だし、日常感覚でもすんなり理解できるはずだ。別の可能性として挙げられる宇宙モデルのなかには、いまだに無限の時間が存在し、膨張もあらかじめ組み込まれた宇宙像も示されているのだが、こうした仮説では宇宙の一面しか説明できない。

最後にもう一つ、重要な点がある。膨張宇宙モデルがいったん広く受け入れられた途端、赤方偏移は距離測定の代わりとして、好んで使われるようになった。ハッブル定数の値が定まる前から、銀河までの距離や銀河と銀河の地球からの距離の比を示すのに、赤方偏移の測定結果（zで表される）が活用される実績があったのである（例えば赤方偏移が2倍の銀河は、2倍の距離にあることになる）。

膨張する宇宙 | 53

12 宇宙マイクロ波背景放射
ビッグバンの決定的な証拠

宇宙の起源

- ■ テーマ：天球の全方向からやって来る弱々しい光。ビッグバンが起きていたことを示す決定的な証拠。
- ■ 最初の発見：1964年、ペンジアスとウィルソンが宇宙マイクロ波背景放射を発見した。
- ■ 画期的な発見：1989年から1992年、COBE衛星が宇宙マイクロ波背景放射を観測した地図を作成し、宇宙の大規模構造のもとを作ったといわれる宇宙のさざ波（揺らぎ）を発見した。
- ■ 何が重要か：宇宙マイクロ波背景放射を手掛かりにすることで、ビッグバン直後の宇宙を知ることができる。

天球のあらゆる方向からやって来る弱い光は、ビッグバン理論を裏づける最も有力な証拠の一つだ。初期の宇宙の様子を探るのに、天文学者たちはこの背景放射を大いに活用している。

宇宙マイクロ波背景放射（CMBR）を発見したエピソードは、天文学の歴史のなかでも指折りに有名だ。1964年、ベル研究所に勤務していた2人の物理学者、アルノ・ペンジアスとロバート・ウィルソンが、電波天文学の観測で使う新しい高感度のホーンアンテナを点検していた。このアンテナは使うたびに、かすかだが途切れることのないノイズを記録していることに2人は気づいた。鳩が落とす糞から発生する放射線も含め、この電波雑音の原因と考えられるものを根こそぎ調べたペンジアスとウィルソンの結論はこうだった。この信号は自然界から発生していて、全天のあらゆる方向から届いている。

ビッグバンが起きた後の残照

この電波天文学者たちが知らないことがあった。まさしく同じ頃に宇宙論学者たちがこのような信号を探し求めていたのだ。信号の正体は、ビッグバンが起きた後の残照だと宇宙論学者らは予測していた。ビッグバンから百億年以上たった今も、この高温状態の名残は星や銀河を超え、観測可能で最も遠い宇宙の果てからあまねく届いているはずだった。ペンジアスとウィルソンによる発見の噂は、すぐにプリンストン大学の物理学者ロバート・ディッケの耳に届いた。ディッケには、これが長らく探していた宇宙放射であることがすぐにわかった。

宇宙マイクロ波背景放射は、マイクロ波領域の短い波長で輝く電波。その放射温度は、低温の下限である絶対零度よりもほんの2.73℃高いマイナス270.4℃であることが示されている。これほどの低温になっているという事実からは、こんなことがわかる。

宇宙マイクロ波背景放射を発している物体

（右）ウィルキンソン・マイクロ波異方性探査機（WMAP）が2003年に観測第1フェーズでとらえた全天の宇宙マイクロ波の分布。わずかな揺らぎがあることがわかる。

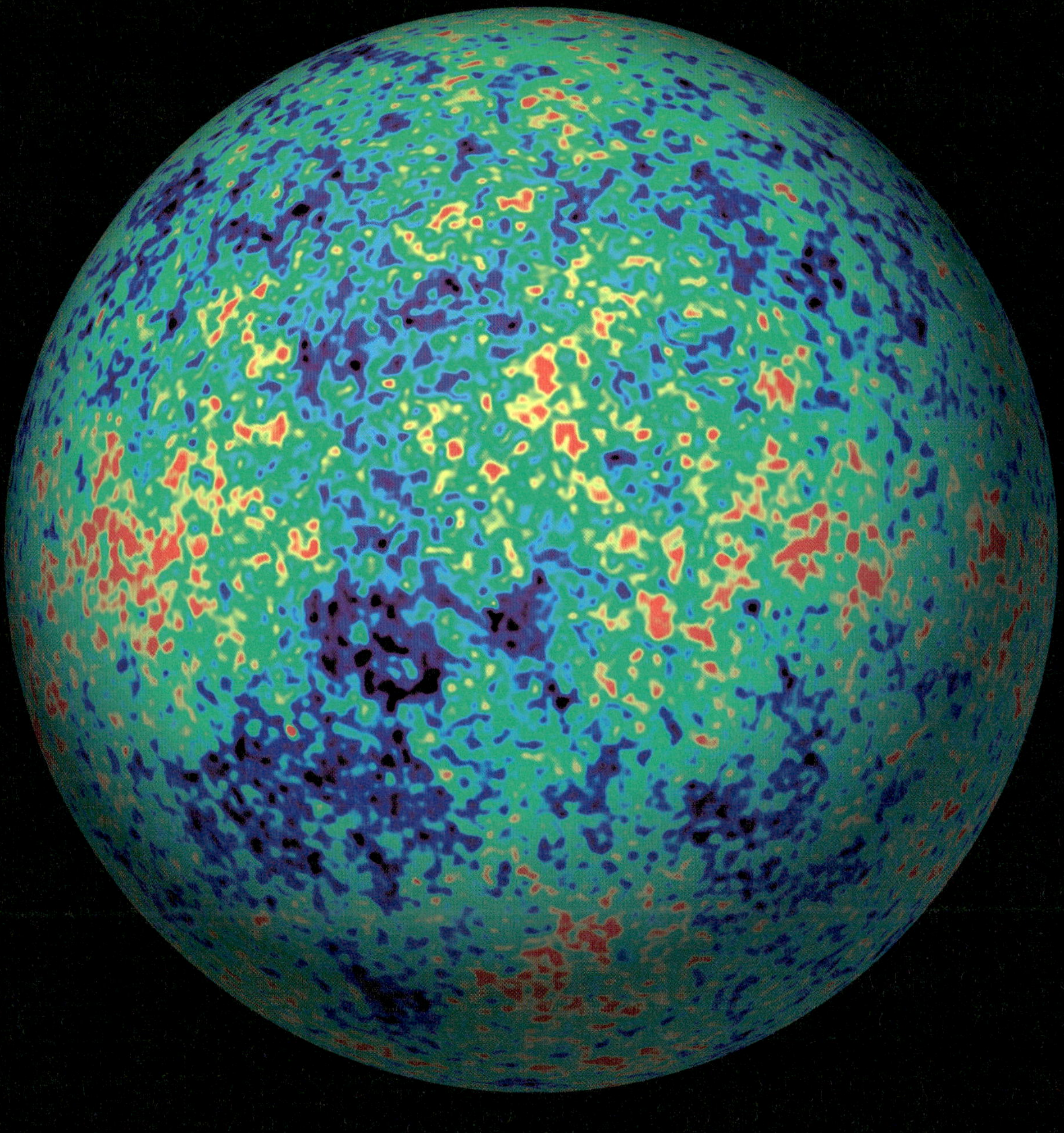

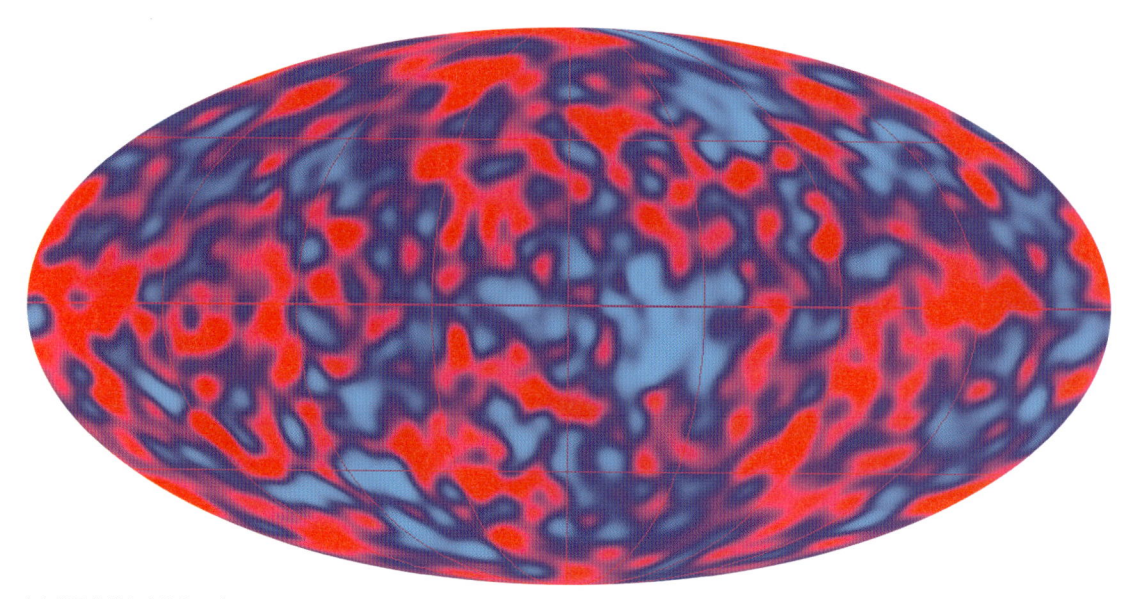

宇宙背景放射探査機衛星（COBE、コービー）によって得られた歴史的な画像。超銀河団など宇宙の大規模構造ができた謎を解き明かす、宇宙マイクロ波背景放射のさざ波（揺らぎ）を初めてとらえた。

が光速に近いスピードで地球から離れている間に、地球に向かってくる放射に赤方偏移が起こり、波長が伸び続けた（周波数が低くなり続けた、つまり低温になり続けた）のである。宇宙マイクロ波背景放射は、宇宙の「最後の散乱面」から発せられた。ビッグバンが起こってからおよそ40万年後、宇宙は低温になり、陽子と電子が結びついて中性の水素原子ができた。それまで荷電粒子に進路を阻まれていた光が、このときからまっすぐに進めるようになり、宇宙が晴れ上がった。宇宙マイクロ波背景放射は、このときに発せられた光だといわれる。宇宙が誕生した瞬間を私たちが観測できないのは、宇宙が晴れ上がる前の光をとらえることが不可能だからだ。

COBEのミッション

宇宙マイクロ波背景放射の発見は、ビッグバン宇宙論を支持する人たちに計り知れない勝利をもたらした、として一躍脚光を浴びた。だが、すぐに一つの問題が天文学者たちを悩ませることになる。

空の彼方からやって来るこの光は、のっぺりと平坦で、均一であるように見えた。あたかも火の玉が膨張し続ける間もずっと、亜原子粒子（原子を構成する素粒子）の放射圧が均一に保たれていたかのように思える。この放射は宇宙が誕生してすぐの姿を伝えていると考えてよいのだが、現在の宇宙はどう見ても、どこをとっても、均一ではない。銀河が一カ所に固まった銀河団や超銀河団が散在し、見たところ何も存在しない巨大な銀河ボイド（空洞、p.200）の周辺にはローカルシート（壁状構造）や銀河フィラメント（繊維状構造）もある。生まれたばかりのときにはつるりとしていた宇宙が瞬く間に形を変え、凸凹が随所にある大規模構造の宇宙に成長し、数十億年も昔に発せられた光を数十億光年離れたところに届けた——という説明ではとうてい説得力がなかった。

この疑問を解決しようと、1989年にNASAが宇宙背景放射探査機衛星（COBE、コービー）を打ち上げた。小型で超高感度のマイクロ波望遠鏡を搭載したCOBEのミッションは、大気圏外で活動し、数年間かけてマイクロ波の地図を作ることだった。1992年に発表された

COBEの活動報告は世界中の新聞の一面を飾り、多くの疑問に答えを出した。

宇宙のしわ

だが、新たなる疑問も提示した。COBEの観測によれば、宇宙マイクロ波背景放射は均一どころではなかった。実際は、平均温度で10万分の1前後の温度ムラ、つまり「異方性」を示すさざ波（揺らぎ）に覆われていた。カリフォルニア大学バークレー校の主任研究員ジョージ・スムートと、NASAのゴッダード宇宙飛行センターのジョン・マザーは、後にスムートが「宇宙のしわ」と呼んで有名になったこの現象を発見して、ノーベル賞を受賞した。検知できたのはほんのささやかなものであったが、この温度ムラは、初期の宇宙が均一ではあり得なかったことを示すには十分だった。高温の領域には物質が固まり、低温の領域はあまり混み合っていないことが示されていた。宇宙のしわは宇宙誕生の頃から存在していて、現代見ることのできる超銀河団や銀河フィラメントや銀河ボイドを形作る種となった。

では、いったいこれはどこから発生したものなのだろう。できたばかりの宇宙から生じる強烈な放射が、広い範囲で物質を引きはがしていたのなら、答えは一つしかない。この物質の固まりは、ダークマター（暗黒物質）に違いない。この謎めいた物質は放射とはほとんど相互作用しないため、宇宙がまだ誕生したばかりの頃から不均一な固まり同士がくっつきあって大きくなっていくことができたのだ。宇宙が晴れ上がってからは、種としての準備を整えたダークマターの周囲に通常の物質もくっついていった。

WMAP、さらにその先

COBEが成功してからというもの、地上にある望遠鏡や気球に機材を搭載したいくつもの実験が、宇宙マイクロ波背景放射のごく狭い領域を詳しく調査した。2001年、より大きなミッションを担った人工衛星ウィルキンソン・マイクロ波異方性探査機（WMAP／ダブルマップ）をNASAが打ち上げた。WMAPは7年にわたって運用され、この宇宙の揺らぎを今までにない高解像度、高感度で測定した。その測定結果を現在受け入れられている宇宙進化モデル（p.59、p.219）に当てはめたWMAPチームは、初期と現在の宇宙に関する数々の重要な特徴の数値を求めることができた。

この探査機のデータは、ハッブル宇宙望遠鏡

> 空の彼方からやって来るこの光は、のっぺりと平坦で、均一であるように見えた。この放射は宇宙が誕生してすぐの姿を伝えていると考えてよいのだが、現在の宇宙はどう見ても、どこをとっても、均一ではない。

が導いた膨張宇宙モデルと非常に近く、宇宙の年齢をだいたい137億年と推定した。また、現在の宇宙を構成するエネルギー比率については、「通常の物質」が4.6％で、あとはダークマター（暗黒物質、p.211）が22.8％、そして72.6％がダークエネルギー（暗黒エネルギー、p.217）であるとした。

一方、宇宙マイクロ波背景放射が放射された時代の宇宙の構成比率は、通常の物質が22％（ニュートリノ10％を含む、下巻p.23）で、あとは電磁波15％、そしてダークマターが63％であるとし、明らかにダークエネルギーは無視できることが示された。

2009年に欧州宇宙機関（ESA）が、宇宙マイクロ波背景放射のより詳しい地図を作成するためにプランク宇宙望遠鏡を打ち上げた。宇宙論学者たちは今後も、宇宙誕生の謎がさらに解き明かされることを待ち望んでいる。

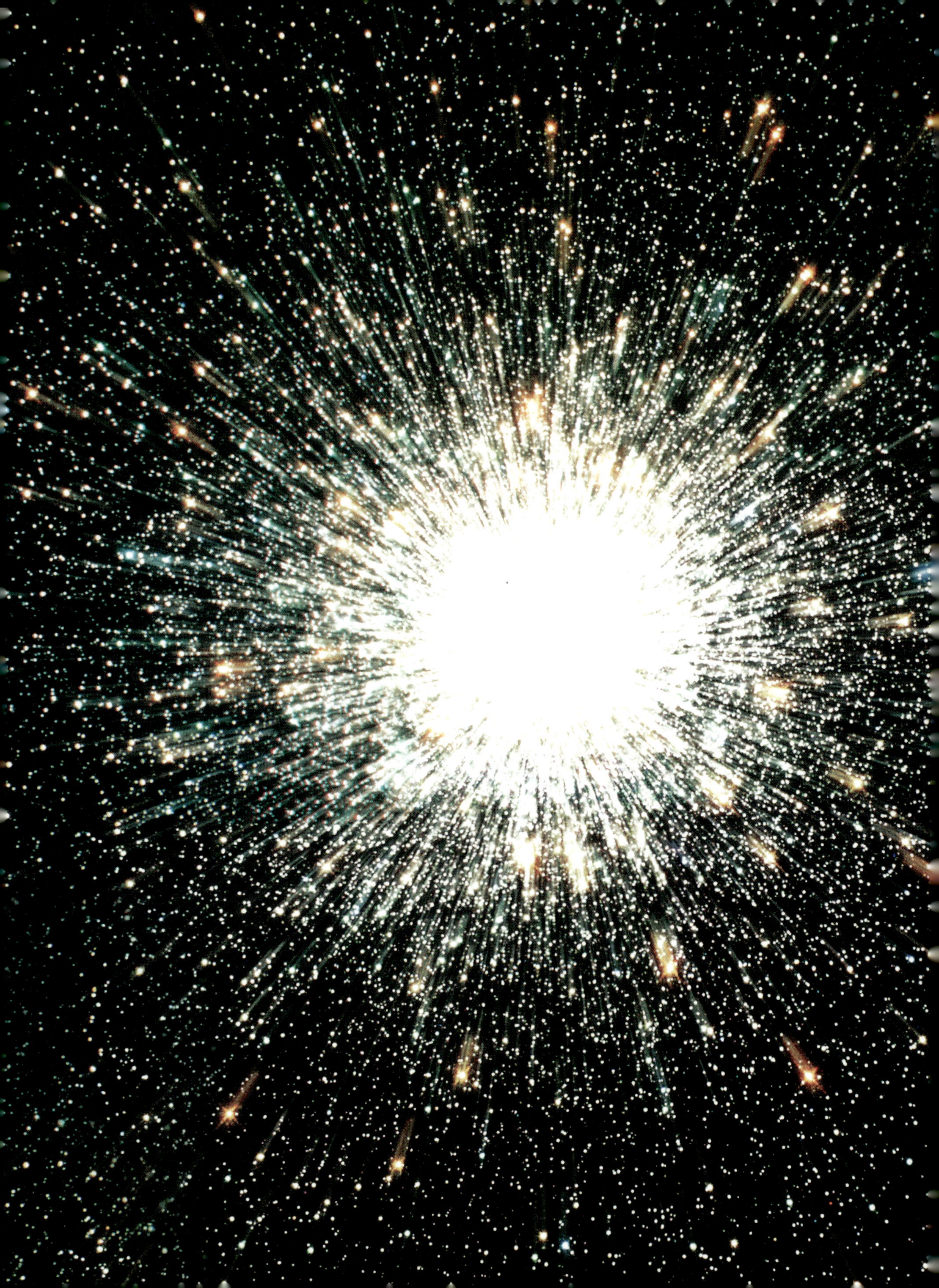

ビッグバン理論

語源は「おおぼら」

13

宇宙の起源

- テーマ：宇宙の始まりや物質の起源を示す、最も有力なモデル。
- 最初の発見：1931年、ジョルジュ・ルメートルが宇宙は「原始的原子」から誕生したと提唱した。
- 画期的な発見：1948年にジョージ・ガモフとラルフ・アルファーが、ルメートルのモデルを使って、どのようにして現在観測できる宇宙の化学組成が生まれたのかを示した。
- 何が重要か：ビッグバン理論は、微小な粒子の性質や振る舞いとともに、宇宙の大規模構造の性質を説明する。

天地創造の激しい一瞬が過ぎると、宇宙が産声をあげた。この「ビッグバン理論」は、科学史を振り返っても20世紀最大の発見だとされている。これまでにこの理論は数々の厳しい科学的検証に耐えてきた。それでも、未解決の疑問はまだまだ残っている。

ビッグバン理論の最初の提唱者としてまず挙げられるのは、ベルギーのカトリック教会の司祭にして物理学者だったジョルジュ・ルメートルだ。ルメートルは、ケンブリッジ大学ではアーサー・エディントンの下で、ハーバード大学天文台ではハーロー・シャプレーの下で天文学を学んだ人物。一般相対性理論（p.46）に関する考えを述べた1927年の論文で、宇宙が膨張していることを予言した。アインシュタインをはじめとする当時の学者たちは最初、ルメートルの理論を受け入れなかった。これとよく似た仮説を述べたロシアの物理天文学者、アレクサンドル・フリードマンの理論にも否定的だった。それが1929年、エドウィン・ハッブルが宇宙が膨張していることを裏づける観測結果を示して見せたことで、その評価は一変する（p.52）。

ルメートルはまた、宇宙は遠い昔、現在よりもはるかに小さく極めて高温だったということも最初に提唱した。これは膨張宇宙説が正しければ、そこからごく自然に導かれる結論だった。「原始の原子」と自らが名づけた一粒の原子のたった一度の爆発から宇宙が誕生したのだと、ルメートルは考えた。ところが科学界の権威らは当初、ルメートルの意見をはなから疑った。この説は、科学的証拠というよりルメートルの宗教的信条の産物ではないかというのが大多数の意見だったのだ。

当時の宇宙モデルは「永遠で静的な不変の宇宙」という考えが主流で、その考えに即して膨張する宇宙を説明しようとし

（左）宇宙は、急激に膨張したビッグバン、つまり火の玉から始まった。この説を裏づける証拠が続々と見つかっている。物質とエネルギーだけではなく、時空全体を形作る材料も、この爆発のときに作られた。

ていた。代表的な例が、フリードマンが唱えた、拡張と収縮を周期的に繰り返す「振動宇宙」モデル（p.220）や、新しい物質をひっきりなしに作り続けながら膨張し続ける「定常宇宙」モデルだ。皮肉なことに、ルメートルの理論の名づけ親は「定常宇宙」の熱心な支持者の一人、

「原始の原子」と自らが名づけた一粒の原子のたった一度の爆発から宇宙が誕生したのだと、ルメートルは考えた。

英国の天文学者フレッド・ホイルである。1951年に彼はこの理論が「おおぼら（ビッグバン）」だと片づけたのだった。

ビッグバン理論、勝利する

しかし、その名前を賜るころには原子物理学も進歩し、ルメートルの理論は着々と裏づけられていた。1948年、ビッグバン理論の勝利の決め手となる論文が発表される。ビッグバンのときに放出された膨大な量のエネルギーがどのようなプロセスを経て、元素のなかでも軽い元素、特にその後変化していない銀河間で現在も見られる水素とヘリウムをどうして作れたのかを、物理学者のジョージ・ガモフとラルフ・アルファーが説明したのである。また、宇宙全体がいまだにビッグバンのときのかすかな残照、いわゆる宇宙マイクロ波背景放射（p.54）の光に満たされていることもガモフとアルファーは予測した。1950年代と1960年代には、この流れをくんだ多くの科学者が、ビッグバンのモデルを進化させ続けた。彼らは原子の構造や自然界にある基本的な力（p.35）に関する最新のアイデアをモデルに取り入れていった。なかでも、目覚しい貢献をしたのは、米国人の数理物理学者ハワード・ロバートソンと英国人の数学者アーサー・ウォーカーの2人である。

ビッグバン・モデルをあえてシンプルに説明するならば、そのエッセンスはこうなる。温度とエネルギーが高ければ高いほど、質量とエネルギーは互いに置き換え可能になる、という事実（この事実はアインシュタインの有名な式、$E=mc^2$ に示されている）。また極度の高温にさ

らされた物質は、極小の単位にまで粒子が分解していく。水素などの分子は高温によって分解して原子になり、それがまた電離した陽子や電子になり、さらに分解して、その構成物質であるクォークになる。

天地創造を再現すると

ビッグバンが起こった最初の瞬間は、あまりにも強烈な高温と高圧によって物質がひっきりなしに作られては、破壊されていた（具体的には物質と反物質がこのときに作られる）。物理学における四つの基本的な力、すなわち重力、強い力、弱い力、電磁力が一つの力としてこのときに現れるが、この力はたちまち四つに枝分かれし、それぞれ異なるやり方で素粒子に影響を及ぼしていく。

宇宙が膨張し続けるうちに、温度が下がっていく。すると原子核の材料（陽子と中性子）となる重たいクォークのような粒子が自然にはできにくくなり、クォークの集団は1ナノ秒のうちに「凍結」する。一方、これよりもずっと軽量な粒子であるレプトン（電子や陽電子、ニュートリノ）は、この段階ではまだ現れたり消えたりしている。

約1マイクロ秒後、強い力でクォークが結びつくところまで温度が下がり、原子核を構成する粒子（陽子と中性子）ができる。できたのは陽子がほとんどだが、中性子も作られた。これらの中性子が、最初の1秒が過ぎると陽子と結びつき、水素の重い同位体である重水素やトリチウム、ヘリウム、リチウムといった元素ができた。しかし、陽子の大多数は手つかずのまま、単体の水素原子核として残った。

ビッグバンから3分程たつと、電子を作れるほどのエネルギー・レベルでさえもはやなくなる。そのため、電子などのレプトンの集団もまた凍結する。この時点で宇宙は、物質とエネルギーでできた膨張し続ける球体になる。この膨張は38万年ほど続き、その間に宇宙の温度は2700℃にまで下がった。この時点で原子核と電子が結合し、最初の水素原子ができた。原子ができると粒子の密度が急に低くなるため、宇宙は晴れ上がり、その表面からとび出した光子が何もない空間に差し込む。この光子こそが、宇宙マイクロ波背景放射なのである（p.54）。

ビッグバンでは、大爆発が突如起きた。そのときに、時間や空間、そして宇宙に存在するあらゆるエネルギーが一気に生まれた。まずインフレーション（p.63）と呼ばれる急激な膨張のフェーズがあり、それを過ぎると宇宙は安定したペースで膨張し始め、エネルギーのほとんどが物質に転換した。宇宙の「暗黒時代」が訪れた後、収縮したガスの密度が高くなって核融合が起き、ファーストスター（最初の恒星）が誕生する。その光によって、宇宙の闇が再び照らされた。

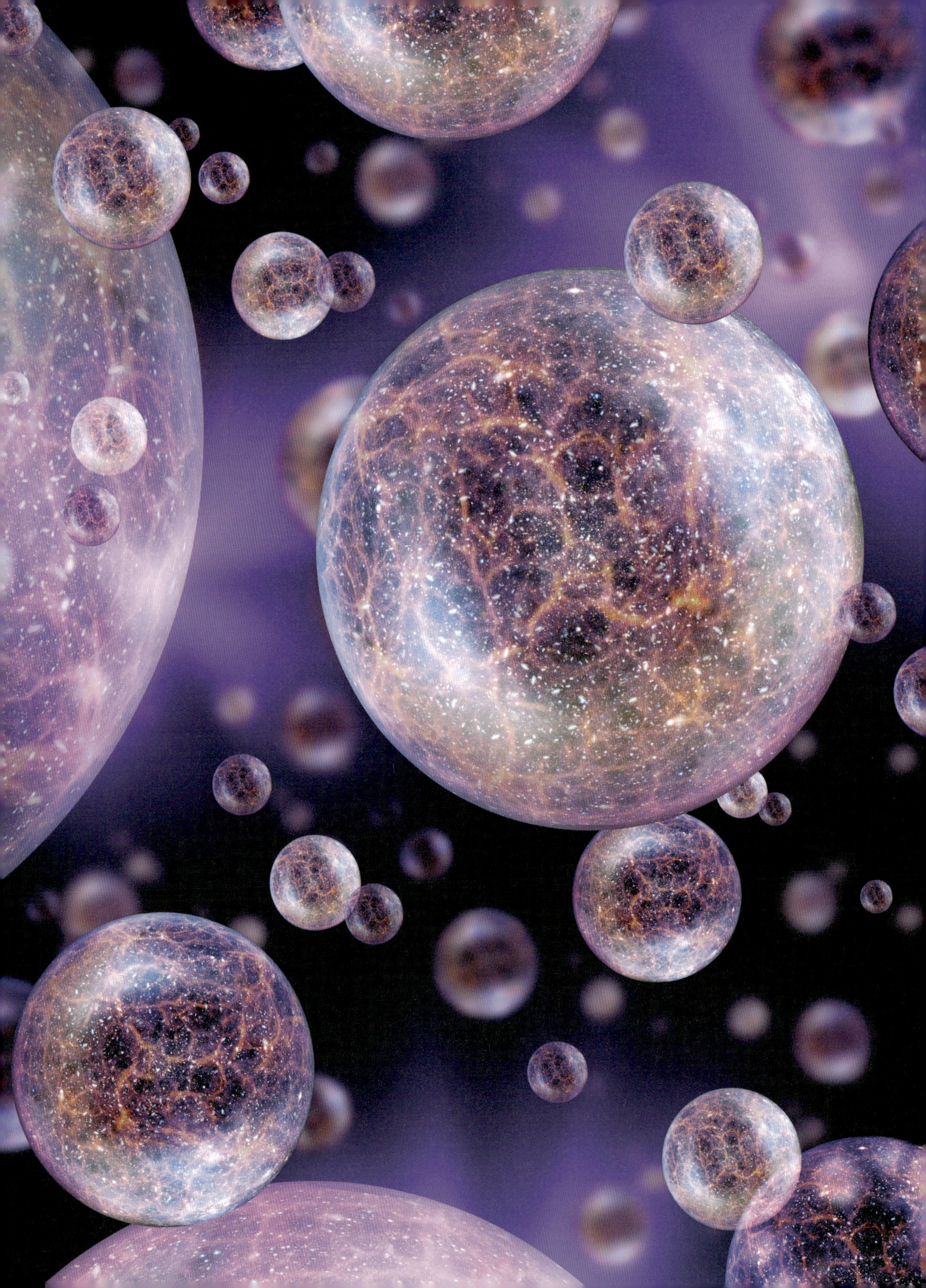

ビッグバン以前の宇宙
宇宙背景放射に痕跡が刻まれている

14

宇宙の起源

- ■ テーマ：ビッグバンを引き起こした原因などを提案する最新の理論の数々。
- ■ 最初の発見：1986年にアンドレイ・リンデが「カオス的インフレーション」を提案した。
- ■ 画期的な発見：欧州宇宙機関（ESA）が打ち上げたプランク宇宙望遠鏡は、こうした理論を検証したり、反証の材料となるデータを集められたりするのではないかと期待された。
- ■ 何が重要か：ビッグバンが起こる前の宇宙の状態がわかれば、ビッグバン理論のなかで未解決とされている、いくつかの疑問を解くヒントが得られるはずだ。

ビッグバンがなぜ起きたのかという疑問は、無意味だと思われやすい。時間と空間はビッグバンから生まれたのだから、それ以前に何があったのかを問うこと自体がナンセンスだというのだ。それでも宇宙論の研究者たちは、ビッグバン以前の宇宙についての推測を決してやめなかった。理論によっては、どうにか検証可能であることもわかってきた。

量子物理学の世界では、最も高度に発達したビッグバン・モデルでも遡れる過去には限界がある。宇宙が産声をあげた瞬間から10^{-43}秒後までは、原始の火の玉は特異点だった。大きなエネルギーをもちながら極限まで小さく、プランク長よりも短い一点に凝縮していた。プランク長とは、これ以下だと予測可能な古典的物理学の法則がはたらかなくなるとする自然界の基礎定数である。

そのため、最初の特異点の環境、ましてやそれ以前に起きていたことを知ろうとするのはそもそも無理だとする論調が、ビッグバン理論にはつきものだった。一般に受け入れられているビッグバンの説明というのは、こうだ。空間や時間の概念もまだない太古の真空状態でビッグバンがいきなり起こった。その原因として最も有力だと考えられているのは量子レベルでの揺らぎ（p.41）である──。ところが1980年代以降になると、特異点から生じる問題を回避できる三つの理論が登場し、その正しさを互いに競い合った。

宇宙を急激に膨らませる

最初の理論は、急激な膨張（インフレーション）という考えからごく自然に生まれた。この説によると、原始宇宙のごく一部がすさまじい勢いで膨張した。おそらく、ビッグバンの直後に自然界における基本的力が四つに枝分かれしたことも後押しをして、その膨らみ方はあまりにも急激だった。その大きさは想像をはるかに超え、現在観測している宇宙ですらもともとの大きさのごくほんの一部に過ぎないのだとまでいわれている。現在の宇宙で物質が比較的均一に分布していることを

（左）宇宙の始まりは「カオス的インフレーション」だったとするモデルによれば、私たちのいる宇宙も原始宇宙で起こったインフレーション（急激な膨張）から生まれたおびただしい数の「泡」の一つにすぎないのだという。

ビッグバン以前の宇宙 | 63

説明する手立てとして、インフレーションという言葉を1981年に最初に論文の中で使ったのは、マサチューセッツ工科大学のアラン・グースである。インフレーションを起こす前の混沌とした宇宙も、ほんの小さな部分を拡大してみれば、偏りもある程度ならされている点を指摘した。宇宙マイクロ波背景放射（CMBR、p.54）で検出されたかすかな揺らぎは、インフレーションが起きたときの宇宙にあった量子レベルでのばらつきが増幅したこだまなのだと述べた。

インフレーションの概念を取り入れてみると、宇宙について観測できる大規模構造の特性がずいぶんと予測できる。そのため、ビッグバンのプロセスの一部として広く受け入れられてきた。それでも、見過ごせない矛盾点もいくつかあった。ロシアと米国で活躍する物理学者アンドレ

カオス的インフレーション理論に従って考えれば、こちらの宇宙にぶつかってこようとするほかの泡宇宙の確かなサインを見つけられる可能性がある。

イ・リンデは1986年という早い時期に、致命的な問題点を指摘した。そもそも、インフレーションが終わるタイミングは、量子レベルの揺らぎに影響される。すると、最初に膨張した領域の中には、ほかの部分の膨張が止まっても膨張を続けざるを得ない部分も現れ、もともと膨張した宇宙のほかの部分よりも急速に大きくなり続ける。膨張し続けている部分の中にもまた、膨張し続ける箇所と、膨張を終える箇所とがまだらにできる。そして、これらが次々に繰り返される。これをリンデは「カオス的インフレーション」と呼んだ。構造がそれぞれ独立していて、それぞれの構造の中では独自の物理法則が支配する「宇宙のバブル（泡）構造」が延々とでき続けるのだと考えたのだ。

カオス的インフレーションにも、一つ難点がある。それぞれの泡宇宙を支配する物理法則における基本物理定数の組み合わせが適切でない場合、その多くが早い時期に消滅してしまう点である。私たちがいる宇宙が生き残り、その後も繁栄したのは、その組み合わせがたまたま適切だったからにすぎない。一部の宇宙科学者は、カオス的インフレーションはインフレーションがそもそも科学的理論として成り立つかを大いに疑わせる考えだとしている。というのは、もしインフレーションからさまざまな種類の宇宙が無数に生まれ続けたのだとしたら、私たち今がいる宇宙のこの絶妙な環境はこのインフレーションの偶然の産物だという説は、たちまち説得力を失うからだ。

その一方で、カオス的インフレーションという概念を大歓迎した宇宙論研究者たちもいた。その概念を受け入れれば、特異点が宇宙の始まりだと考えなくてもよくなり、永遠の宇宙というかつての考え方を再び取り入れることができるからだ。これに対して、インフレーションが起きたこと自体の信ぴょう性を根底から疑っている宇宙論研究者もいる。インフレーションが起こるには整っていなければならない一定条件がいくつもあるはずだ。彼らに言わせれば、そうした諸条件がそろう難しさに比べたら、私たちの宇宙が今ある姿になったのはまったくの偶然のなりゆきだと考える方が、はるかにあっさりと受け入れられやすいという。

振動理論

次に注目された理論は、ソ連の宇宙論研究者アレクサンドル・フリードマン（1920年代に宇宙が膨張していることが発見される前に、これを予言した。p.51）が行った研究にまで遡る。フリードマンは、「振動する宇宙」を唱えた。このモデルでは、かつて存在していた宇宙に「ビッグクランチ」（p.220）と呼ばれる収縮・崩壊が起こり、その後にビッグバンが起きた、と提案している。

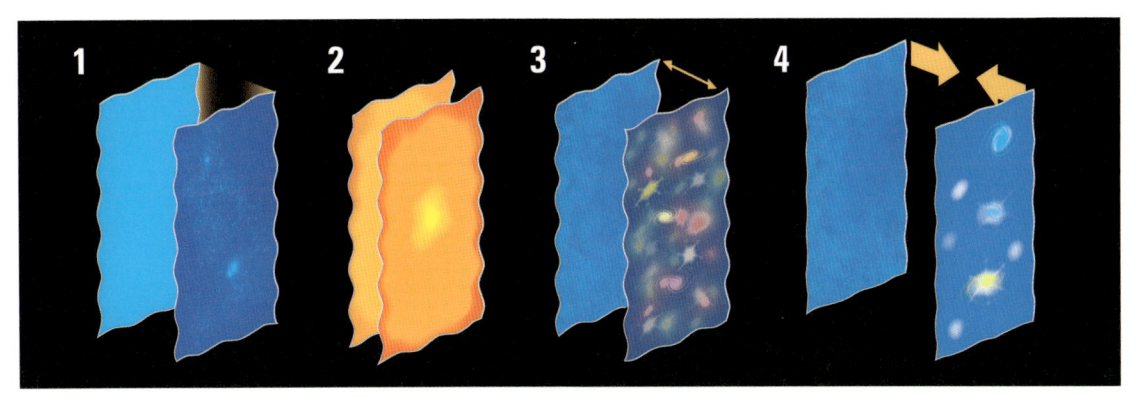

理論物理学の一説「M理論」では、(1) 私たちがいる宇宙は多次元の空間によって互いに隔てられた四つの次元をもつ単一の「ブレーン（膜）」の上に存在しているらしい。(2) ブレーン同士が衝突したときにおそらくビッグバンが引き起こされ、そのせいで (3) ブレーンが互いに離れるときに、私たちの宇宙のさざ波（揺らぎ）が引き伸ばされた。(4) やがてブレーンはふたたび接近し、同じサイクルが最初から繰り返される。

この説によく似た、ループ量子宇宙理論と呼ばれる理論もある。これはループ重力理論から派生した説で、重力をほかの三つの力とまとめようとする試みから生まれた（p.36）。ループ量子宇宙理論モデルでは、時空そのものが量子化される。この時空は「下部構造」を作るごく微小な1次元のユニットからできていて、その中をほかの物質が運動する。宇宙を満たす物質は、宇宙の最後に関するモデルに昔からつきものの制約（p.221）となるが、それがどういうものであれ、このモデルでは下部構造が拡大すればこの宇宙は大きくなり、この次元ユニットが縮小すれば宇宙は小さくなる。それぞれの量子ユニットにある物質の密度が臨界点に達すると、時空ははね返り（リバウンド）、新たな振動が始まる。

ブレーンが衝突すると

1990年代になると「サイクリック宇宙論」という名で知られる、また別の理論が登場した。このモデルは、宇宙には人類がまだ見たことのないいくつかの次元があるとする「万物の理論」として知られるひも理論から派生して脚光を浴びた。カナダの理論物理学ペリメーター研究所に所属するニール・トゥロックとプリンストン大学のポール・スタインハートをはじめとする宇宙論研究者によると、私たちが今いる宇宙というのは、単一で四つの次元をもつ「ブレーン（膜）」または次元であり（p.46）、別の次元は近くに存在するが、別の次元に存在するわずかだが乗り越えられない隔たりのせいで、ほかの同様のブレーンから切り離されている。サイクリック宇宙理論では、これらのブレーンが1兆年という単位の周期で衝突するたびにビッグバンが繰り返し起こる。この理論に従った場合も、先行する宇宙には何も存在しなかったことが無理なく説明できるため、インフレーションが起こる必要性がなくなる。

驚くべきことに、これらの理論は宇宙背景放射を正確に求められれば検証ができるはずなのである。古典的なインフレーション理論やサイクリック理論では、いずれも宇宙が平坦になっていくフェーズに強力な重力波が生じたことを予言しているが、その指紋ともいえる痕跡が背景放射に残されていることが予測できる。カオス的インフレーション理論に従って考えれば、こちらの宇宙にぶつかってこようとするほかの泡宇宙の確かなサインを見つけられる可能性がある。2009年には、欧州宇宙機関（ESA）がプランク宇宙望遠鏡を発射し、宇宙背景放射の地図を作る計画を進めた（2013年に終了）。この先、こうしたミッションが謎を解き明かしたり、せめて選択肢を絞ってくれたりすることを、宇宙論研究者たちは期待している。

15 物質と反物質

研究者を魅了する"消えた物質"

宇宙の起源

- ■ テーマ：電荷が正反対である以外は、普通の物質（正物質）とほぼ同じ性質をもつ粒子。
- ■ 最初の発見：1928年にポール・ディラックが反物質の存在を予測した。反物質を検出できたのは1932年。
- ■ 画期的な発見：1967年にアンドレイ・サハロフが、正物質が反物質よりも圧倒的に多い現在の宇宙の姿になるために必要な条件を挙げた。
- ■ 何が重要か：今は姿を見せない反物質に関する疑問から、宇宙論の研究と粒子物理学が大きく発展した。

最新の研究によって、ビッグバンからは普通の物質（正物質）と同じ数だけの反物質が生まれていたはずだということがわかった。しかし現在では、反物質はほとんど見つからず、宇宙では正物質が圧倒的に多いように見える。反物質は、いったいどこに消えたのだろう。

反物質とは、普通の物質（正物質）と逆の電荷をもつこと以外は、正物質とまったく同じ素粒子でできている物質である。こうした粒子の存在について1928年にいち早く取り組んだのは、英国の理論物理学者ポール・ディラックである。電子を量子論的に説明（p.40）しようとしているうちに、負の電荷をもちながら電子と同じ性質をもつ「反電子」の存在を同時に予測できることに気づいた。米国の物理学者カール・アンダーソンは1932年、カリフォルニア工科大学（カルテック）で（陽電子として知られる）これらの粒子を生成、検出することに成功した。現在、陽電子は特定のタイプの放射性元素の壊変からひとりでにできることがわかっている。これよりも大きな反粒子が自然界にあることは知られていなかったが、1955年にエミリオ・セグレとオーウェン・チェンバレンが反クォークからできた反陽子を作ることに成功した。このほかにも、荷電されていない粒子で逆の電荷をもつ反クォークからできた反中性子も見つかっている。

理論上では、反粒子は結合して反原子や反分子を作ることができる。もっともそれは簡単なことではなく、反陽子と陽電子からひと握りの反水素原子をようやく作り出せたのは、1995年になってからだった。スイスにあるCERN（欧州原子核研究機

（右）数種類の波長で撮影した、かに星雲の中心部にある中性子星の合成画像。大量の電子と陽電子が粒子のビームとして、パルサーの磁極から光速の半分の速さで噴出している。この画像ではジェット噴流となって見えている。

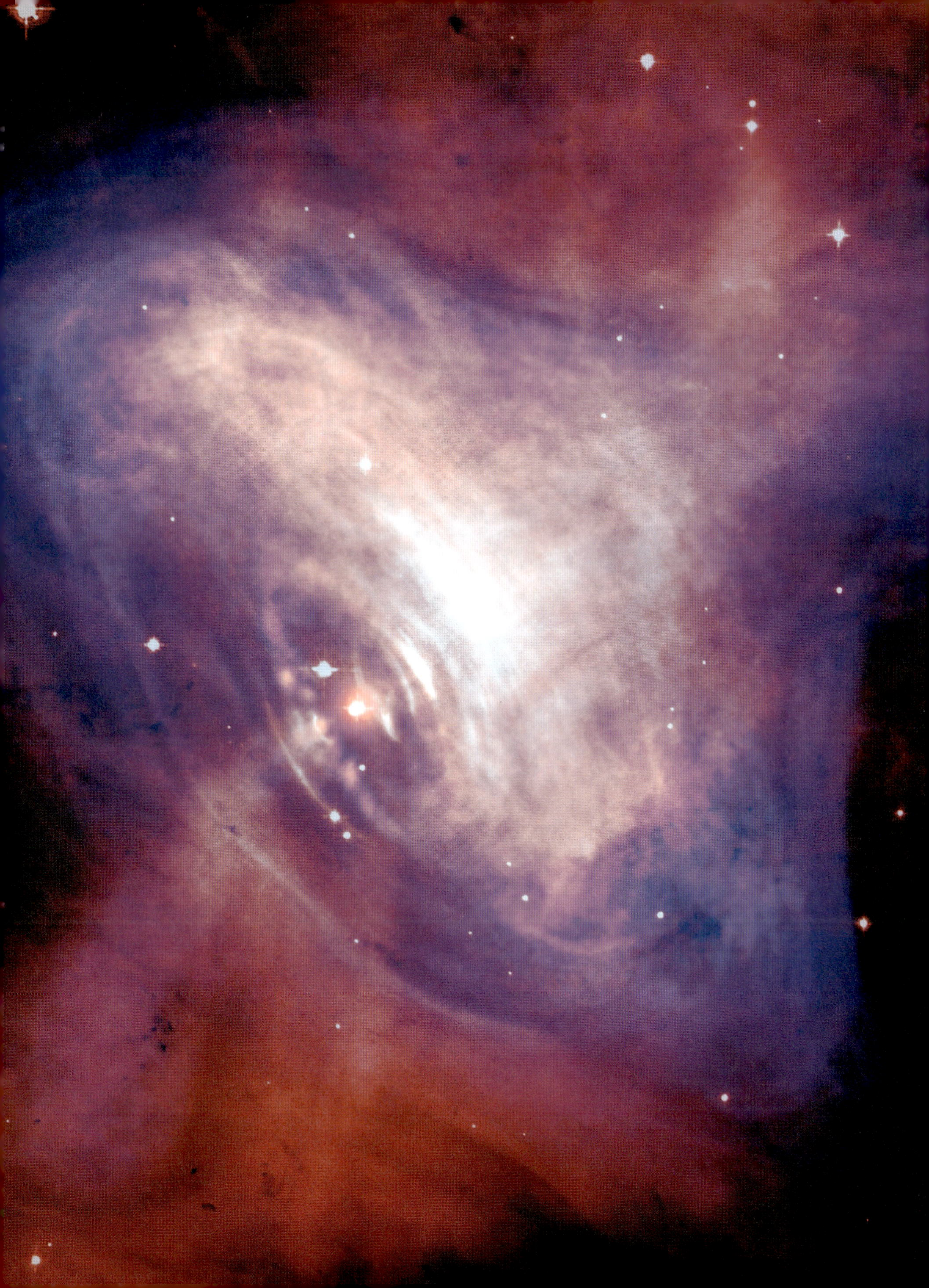

ヨーロッパのCERN研究センターにある大型ハドロン衝突器。こうした装置の内部で光に限りなく近い速度まで加速した粒子同士を衝突させると、反物質を比較的大量に作り出せる。

構）の低エネルギー反陽子リング粒子加速器を使った実験でのことだ。

瞬時の出来事

　反物質粒子の特性で最もよく知られているのは、かたわれである正物質に出合うと「対消滅する」性質である。この現象の間、両方の粒子の質量はエネルギーに直接転換され、ディラック方程式や、アインシュタインの有名な式 $E=mc^2$ で示されるように、強力なガンマ線が爆発的に発生して消滅する。反物質のこの性質は当然ながら観測しにくく、強力な磁場を作って正物質と対消滅させなければ検出できない。

　反物質の性質は、理論物理学者たちを魅了した。一方で宇宙論の研究者たちには疑問を突きつけて、彼らを悩ませた。まさしくビッグバンのような極限の状況では、物質とエネルギーは本質的に交換可能になる。したがって、エネルギーが物質に変換されると安定した粒子が作られる。つまり、互いに対消滅するはずの一対の粒子と反粒子ができ、質量に応じた量のエネルギーを放出すると考えられる。やがて宇宙の温度は粒子がひとりでにできることのないレベルにまで下がる。しかしこの時点でもまだ、密な状態で粒子と反粒子が対消滅を起こす均衡は保たれていたはずだ。

アンバランスな宇宙

　この通りのことが起こったのだとすると、現在の宇宙はなぜ、正物質に支配されているように見えるのだろう。一説には、これはそう見えるだけであって、多くの遠くの星や銀河は実は反物質でできているという考え方がある。1908年に起こったツングースカ大爆発（下巻p.84）

は反物質でできた小さな天体が引き起こしたのだ、といわれたことさえある。確かに、単独の反物質は本質的に正物質と見分けがつきにくい。ところが、星や銀河同士の間に広がる宇宙空間には、見かけ通り何もないわけではないし、正物質と反物質が出合った領域で対消滅が起きたサインが見つからないとも限らない。ところが実際には、そのようなサインはどこにも見当たらない。そのため宇宙（強いて言えば観測可能な宇宙。これは必ずしも宇宙そのものと同義ではない、p.63）は、基本的にほとんどが正物質で満たされているのだと多くの天文学者たちは考えた。

ビッグバンという出来事のなかで、正物質と反物質の量が不均衡だったことははっきりしている。なかでも注目すべきは、「バリオンの不均衡」と呼ばれる、クォーク物質が過剰な状態だ。理論モデルによれば、最初の10億分の1秒にこの不均衡が生じ、10億個の反物質クォークごとに、10億1個の普通のクォークができていったのだという。1967年に、原始宇宙がバリオンの不均衡状態になるために必要な三つの条件を、ソ連の物理学者アンドレイ・サハロフが考え出した。

非対称を説明する

サハロフが提示した条件のなかで最も重要な点は「CP対称性の破れ」である。「高エネルギー条件ではCP対称性が保たれる」という基礎物理学の前提条件があるのだが、これが破られることを指している。CP対称性とは、ある粒子の電荷を反転（反粒子を作る。Chargeの頭文字をとってC変換と呼ぶ）させても、空間座標を反転（鏡像を作る。Parityの頭文字をとってP変換と呼ぶ）させても、物理的振る舞いは変わらない（対称である）ことを指す。電磁気力、重力、強い力（p.36）がかかわる相互作用では、CP対称性が保たれていることを証明する証拠は山ほどある。ところが、放射性元素の壊変のときに起きる弱い力の相互作用では、CP対称性に破れが生じる（つまり、通用しなくなる）ことが知られている。しかし、現在わかっている弱い力のときに起きるCP対称性の破れでは、初期の宇宙にバリオン非対称を起こすにはあまりにも微弱すぎる。これを受けて、まだ見つかっていないCP対称性の破れを起こしている別の要因が素粒子物理学の標準モデルと大きく食い違った振る舞いをしているか、または姿の見えない反物質が宇宙のはるかどこかにまだ隠れているかのどちらかだと考えられている。いずれにせよ今のところ、私たちの観測の目に留まってはいないことだけは確かだ。

現実には、反物質は現在の宇宙でもほどほど

> やがて宇宙の温度は粒子がひとりでにできることのないレベルにまで下がる。しかしこの時点でもまだ、密な状態で粒子と反粒子が対消滅を起こす均衡は保たれていたはずだ。

に作られていることがわかっていて、それらが対消滅するときに放出するエネルギーを手がかりに、その存在が確認されている。陽電子は、中性子星やブラックホール（p.152）のような、超新星の残骸の周辺にある極限の環境で作られる。天の川銀河の中心の上空で起きた対消滅によって発生した巨大なガンマ線を発生させる雲を、1997年にNASAのコンプトン・ガンマ線観測衛星が発見した。これは最初、銀河系の中心にあるとてつもなく巨大なブラックホールがそう遠くない過去に反物質を勢いよく噴出させていた証拠だと考えられていた。ところが詳しい観測を続けていたESAのインテグラル人工衛星によって、この雲の偏った形と、天の川銀河の中心を取り巻くたくさんの超新星残骸の分布が関係していることが、2010年になってわかったのである。

16/22 星の誕生

ファーストスター（初代星）
宇宙最初の星は巨大だった

- テーマ：宇宙で最初に重い元素を生み出し、現在の銀河を作る種をまいた、第一世代の大質量星たちの存在。
- 最初の発見：1970年代、宇宙の歴史には第一世代の星の存在が不可欠であることに気づいた。
- 画期的な発見：2002年、ダークマター（暗黒物質）の周りでファーストスターが誕生した経緯を、科学者たちが示した。
- 何が重要か：宇宙が現在の姿になるのに、ファーストスターは重要な役割を果たした。

16

星の誕生

ビッグバンからおよそ40万年後、物質とエネルギーが分離した後、宇宙は「暗黒の時代」に突入する。このときにファーストスター（初代星）が姿を現した。現在知られているどの恒星よりもはるかに巨大なこの星たちは、宇宙の進化を知る上で重要な鍵を握っている。

原始の宇宙を満たしていた高温度の霧が晴れ渡る（p.61）と、宇宙は「暗黒時代」と呼ばれる光のない時期に入った。このときに放射圧が突然取り除かれたため、重力に引っ張られた物質がくっつき始めた。そのほとんどが質量の軽い水素とヘリウムで、重い元素であるリチウムとベリリウムはごく微量しかできなかった。この物質が、宇宙創成の早い時期から形づくられていたダークマターの固まりの周辺で融合し始めた。コンピューターを使ったモデルや観測から得られた証拠をもとにその後の宇宙の様子を考えると、最初にできたのは銀河のような複雑な構造体ではなく、桁外れに巨大な恒星だった。

巨大太陽の時代

巨大な恒星、ファーストスターが宇宙創成の初期に存在していたはずだと考えられるのは、次のような理由からだ。まず現在、私たちが見ることのできる恒星は「種族Ⅰ」「種族Ⅱ」という二つのグループに分けられる。このうち古い星は、種族Ⅱに分類される。種族Ⅱの恒星は宇宙の歴史の初期に生まれ、最も軽い元素である水素とヘリウムで主にできている。球状星団や銀河の中心には、この種族Ⅱの恒星が集まっている領域がある。そこには、なぜか原始宇宙で恒星を形づくったと考えられる元素の割合よりもはるかに多い割合で、重い元素が含まれている。もしビッグバンの少し後に生まれた寿命の短い星、いわゆる「種族Ⅲ」とでもいうべき恒星が種族Ⅱに先立つ第一世代として存在していて、それが最初の銀河を構成する素材として重い元素の種をまき散らしたと考えれば、謎は解ける。

種族Ⅲのような恒星があったはずだと考

（左）原初の宇宙を照らす、最初に生まれた星の光を描いた想像画。こうした恒星のほとんどは爆発し、超新星となった。そのときの衝撃波によって、質量の重い元素が宇宙全体に行き渡った。

ファーストスター（初代星） | 71

られるようになったのは、1970年代後期のことだった。1990年代になり原始銀河を含む遠方の宇宙の様子が明らかになると、原始銀河がすでに重い元素に満たされていたことがわかった。この事実に沿って考えると、種族Ⅲの恒星がかつて存在し、それが宇宙の進化のなかでも特別な役割を果たしていたとする考えが有力になった。

　ビッグバンからおよそ1億5000万年後に種族Ⅲ、すなわちファーストスターができた。そのときの状況を詳しく分析した結果を、イェール大学のボルカー・ブロム、パオロ・S・コッピ、リチャード・B・ラーソンが2002年に発表した。当時の宇宙は比較的高温だったため、恒星ができるもととなったガスは動きが速すぎて、なかなか星の形にはまとまれなかった。ところが、一つ一つの水素原子核が互いに結合して水素分子になったことで、ダークマターの核の周囲に集まったガスの固まりが冷やされた可能性が

興味をそそられる理論を唱えた。原始の恒星を光らせていたのは、ダークマターの正体かもしれないとされるニュートリノの対消滅が起きたときに生じたエネルギーだというのだ。

あることを彼らは示したのだ。こうしてできた動きの遅い水素分子ガスは収縮して原始星となり、周囲からさらにガスを引き入れられるほどの重力をもち始めた。原始星が高温になると、分子は再分離した。そのうちに核融合が始まり、水素からヘリウムが作られた（下巻p.16）。このとき新しくできた恒星には質量の重い元素が含まれていなかったため、核融合反応を抑制しながらも、桁外れに巨大化していった。こうしてできたファーストスターはたった一つでも太陽数百個分の質量があり、分裂することもなかったため、現在観測できるどの星よりも大きか

った。これほどまでに巨大な星は自分の内部にあるエネルギー源をすさまじい勢いで消費する。恒星の寿命が訪れるまでの間に核融合が進み、内部にあったヘリウムが重い元素に変化していったのである（p.133）。

最初の超新星

　誕生してから数百万年ほどで、原始の巨星たちは核に蓄えていた燃料を使い果たした。自らを内部から支えていた外向きの放射圧がなくなると、巨星は崩壊し、今日宇宙で観測できるどんな現象よりも破壊力のある超新星爆発が起こった（p.146）。そのときの超新星爆発からどんなことが実際に起きたのかは、詳しくはわからない。現在でもさまざまな説が代わる代わる登場している。この爆発で恒星は完全に破壊されたため、ブラックホールすら一つも残らなかった、とする説もあれば、太陽数十個分の質量のブラックホールがその後にできた、とする説もある。こうしたブラックホールの名残は融合あるいは結合し、現代の多くの銀河の中心部にあるとてつもない規模のブラックホールができる理想的な環境を作った、という考えを2002年に発表したのは、カリフォルニア大学サンタクルーズ校のピエロ・マドーとケンブリッジ大学のマーチン・リーだった。どのプロセスを経たとしても、巨大な星たちが崩壊したおかげで、初期の銀河に存在する重元素が宇宙空間にまき散らされたことは、ほぼ間違いないと見られている。

　種族Ⅲの恒星が果たしたもう一つの役割は、銀河間物質の再電離（再イオン）化だ。水素分子がいったん生成された後に、宇宙を暗黒時代に突入させる重要な役割を果たす一方、現在の銀河間に存在するガス雲の大半は電荷を帯びた水素イオン、平たく言えば結合していたのが再び分離した原子でできている。こうしたイオン化は通常、強烈な紫外線によって引き起こされる。原始の星も、強烈な紫外線を照らして

いたことになる。

　初期の宇宙に種族Ⅲの巨大星、ファーストスターがあったと考えれば、宇宙論学者たちが抱えていた問題のいくつかは解決する。しかし、それですべてがうまく収まるわけではない。これほど高温の環境でガス雲が収縮して恒星が生まれた具体的なメカニズムについては、まだわからないことがたくさんある。水素分子ができたことで温度が下がったという説明に誰もが納得したわけでもなかった。2008年に、カリフォルニア大学サンタクルーズ校のダグラス・スポイラー率いる天文学者のチームは、興味をそそられる理論を唱えた。原始の恒星を光らせていたのは、ダークマター（暗黒物質）の正体かもしれないとされるニュートラリーノの対消滅（物質と反物質が衝突して消滅する現象）が起きたときに生じたエネルギーだというのだ。この物質がダークマターを通常の物質に変え、核融合反応を起こせるほど恒星の核を凝縮させたと彼らは考えている。

　もう一つ、ファーストスターは現在広く考えられているほど巨大だったわけではなかったとする説もある。NASAのジェット推進研究所の細川隆史のチームが2011年に、新しいシミュレーション結果を発表した。それによると、原初の宇宙に形作られようとしていた巨星は、膨大な量の物質を噴出していた（p.87）。中心の核めがけて落下する物質の供給はやがて止まるため、35太陽質量を超えて大きく育つことはなかった。このモデルの恒星は、種族Ⅲとほとんど同じ役割を引き受けることができたし、ブラックホールを作った超新星が果たした仕事のかなりの部分についても、ひけを取らないほどの役割を果たせたと考えられている。

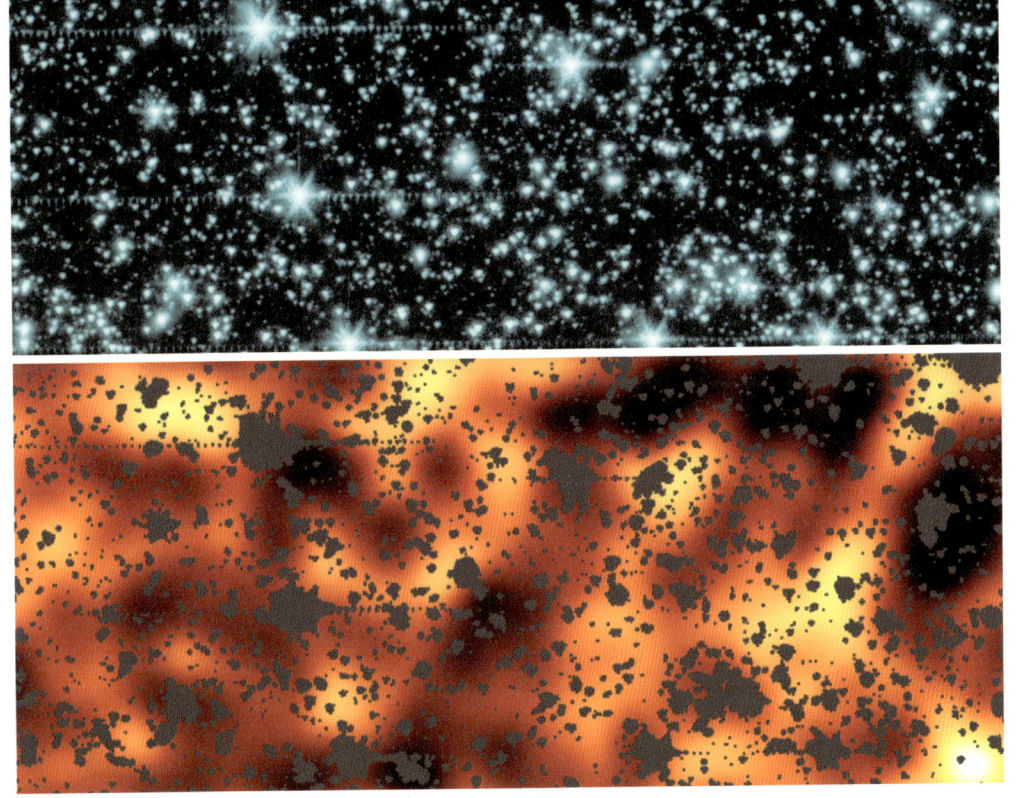

天体が発するかすかな熱、宇宙赤外線背景放射。最も高性能な望遠鏡を使っても地上からは決して見ることはできない。2005年、科学者たちはNASAのスピッツァー宇宙望遠鏡を使ってこれを測定しようとした。こうした天体が発する赤外線（上の画像）を天空の全体画像から抜き出すと、微弱な赤外線シグナルを検出できる（下の画像）。この光は第一世代の星、つまり宇宙が誕生して後、一番最初に現れた星が発しているものと考えられている。赤方偏移しているため、目には見えない。

ファーストスター（初代星） | 73

17 原始の銀河
最近の銀河とはまったく違う

星の誕生

- ■ テーマ：現代の技術を結集して観測できた、ビッグバン後に最初に生まれた銀河。
- ■ 最初の発見：1996年、ハッブル宇宙望遠鏡が原初の銀河を観測した。
- ■ 画期的な発見：2011年1月、ビッグバン後わずか5億年後に現れた銀河が発見された。
- ■ 何が重要か：原始の不規則銀河は、後に登場する天の川銀河のようなより複雑な銀河を構成する基本素材となった。

ハッブル宇宙望遠鏡がとらえた「ディープ・フィールド（ハッブル深宇宙）」の画像によって、第一世代の銀河の様子を突き止められるようになった。それら幼い星の集団の姿は、最近の銀河とはまったく違う。それがどのようにできて成長したかについては、核心部分がまだわかっていない。

1996年、米国メリーランド州ボルチモアにある宇宙望遠鏡科学研究所。天文学者たちは、北の空にあるおおぐま座を、ハッブル宇宙望遠鏡（HST）で観測した。肉眼では星が見当たらないごく小さな領域にある深宇宙から届く光を、ハッブルの広域惑星カメラ（WF/PC2）に装備した高感度検出器が集め、10日間かけて342枚の画像を出力した。地上に送信されたデータを電子的に現像してみると、人類の観測史上最も遠いところにある宇宙の姿が現れた。

宇宙の果てを目指して

ハッブル・ディープ・フィールド（ハッブル深宇宙）は、恒星や近隣の明るい銀河に妨害されることがない。この歴史的画像が見せてくれたのは、遠くにある3000もの銀河が見渡す限りひしめいている空だった。これらのなかには最も遠くにある、言い換えると特定できないほど昔にできた銀河も含まれていた。観測は大成功した。その後、ハッブル・ディープ・フィールド・サウス（きょしちょう座のある領域）が1998年に、そしてろ座矮小銀河のある領域を100万秒（約12日間）露光して撮影したハッブル・ウルトラ・ディープ・フィールド（ハッブル超深宇宙領域）が2004年に相次いで観測された。その後もハッブル望遠鏡は、NASAのチャンドラX線観測衛星とスピッツァー宇宙望遠鏡、そして欧州宇宙機関のXMM-ニュートン（X線天文衛星）とハーシェル宇宙望遠鏡と協同した大天文台深宇宙オリジン・サーベイ（GOODS）と呼ばれる計画を遂行し、多波長の画像を得ることに成功している。

古代の不規則宇宙

こうした驚くべき画像を使ったり、重力レン

(右) 発達しそびれた珍しい銀河、ヒクソン・コンパクト銀河群31。より大きく、より高度に進化した大規模な銀河に組み込まれるのを今までどうにかまぬがれてきた、原始の不規則銀河の一群である。

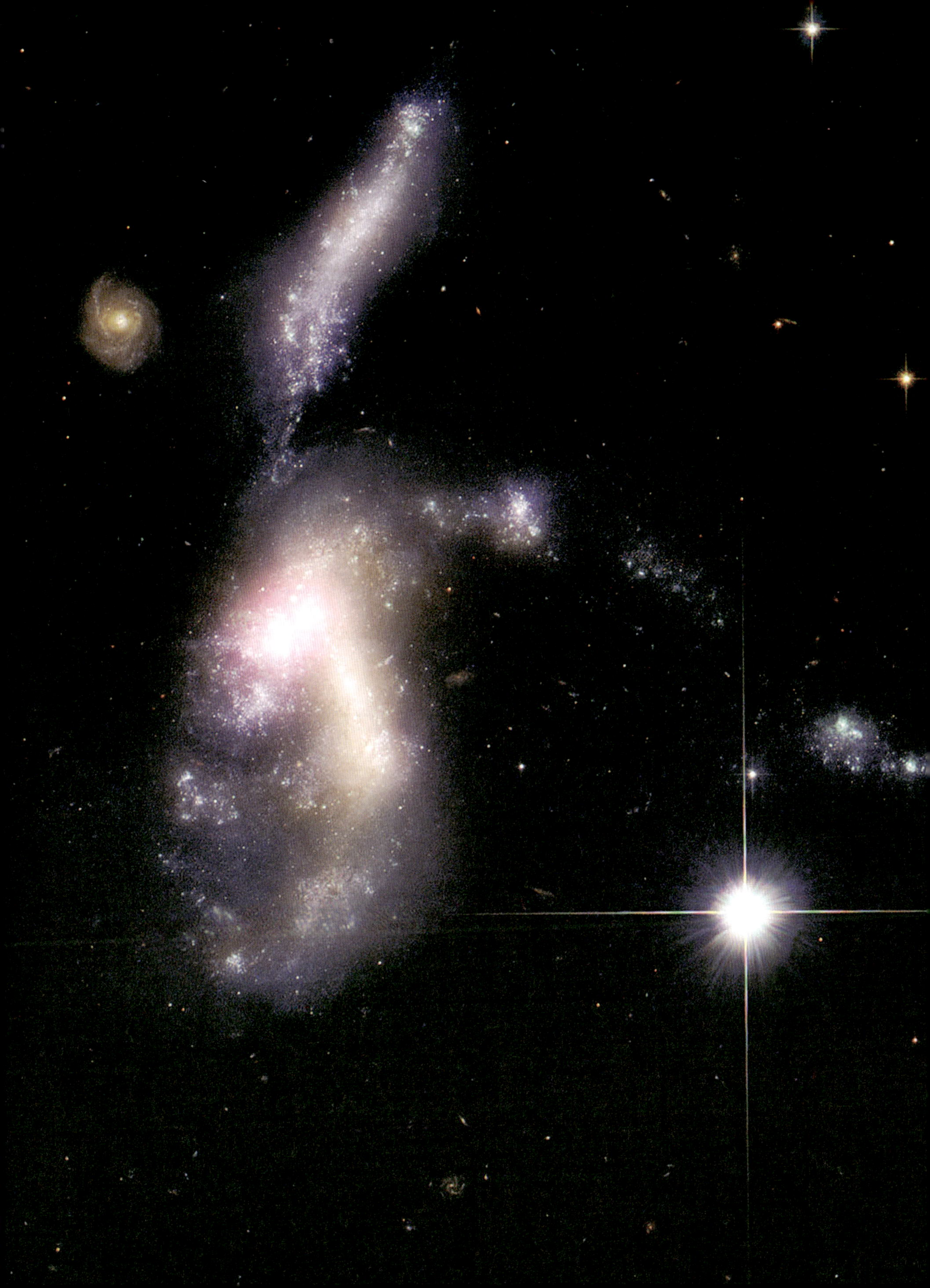

ズ（p.206）の焦点を合わせたりすれば、さらに遠方にある銀河から届く光でも増幅して観測できる時代になった。天文学者たちは今や、約132億光年ほどの時空を超え、最初の銀河が誕生した時代にまで遡れるようになった。

　地球から数十億光年という、あまりにも遠くにある銀河。そこを出た光が地球に届くまでの間、この光は宇宙の膨張によって起きる強いドップラー効果の影響を受ける（p.52）。この効果によって、遠くにある銀河は近隣から見るよりもはるかに赤く見える。

　もっと言えば、この現象に沿って考えると、いわゆる「青色過多」として知られるように、原始の銀河は青から白い星に大きく偏っていることがわかった。ほんの数ピクセル幅の画像を取り上げてみても、現在、近い宇宙に存在する渦巻型や楕円形の銀河（p.178）のような組織だった構造は、原始の銀河にはほとんど見られないこともはっきりとわかった。手前でも、こうした小さな銀河が寄せ集まり、より大きな、より組織立った大規模な銀河が形作られて渦巻型を作ろうとしている例を、天文学者たちはいくつも見つけた。こうしたパターンを見ていけば、長い時間をかけて銀河がどのように発達したのかを解明するための重要なヒントが得られる（p.203）。

原始の隣人

　2010年、ハッブル宇宙望遠鏡のチームが驚くべき画像を発表した。はるか宇宙の彼方ではなく、言ってみれば私たちの存在する太陽系のほんの鼻先、1億6600万光年ほどの距離のところに、太古の原始銀河が見つかったのだ。このヒクソン・コンパクト銀河群31は古代から変わらずに生き残った四つの矮小銀河の群れである。

　今になって急に寄り集まり、より大きくより複雑な構造を作ろうとしている。銀河同士の衝突をきっかけに星の生成活動が次々に始まり、わずか1000万年ほど前に明るく若い星の集団が生まれた。融合しつつある原始の銀河を近隣で見つけることは、「生きた化石」を発見したのとほぼ同じだといえる。

2011年にハッブル宇宙望遠鏡は新たに、地球から90億光年を超える彼方に存在する銀河の小さな集団を発見した。原初の宇宙で灯台のように光を放っていたこれらの不規則銀河では、周囲にある銀河間空間を満たしていた物質を引き寄せたり、引力によって急速に質量を蓄えたりして、爆発的に星が生まれている。

赤外線の波長で検出

　遠方の銀河からの光のドップラー効果もまた、新たな問題を作り出した。地球から最も遠い位置にあり、高速度で地球から遠ざかっている銀河には、可視光の範囲では収まらないほどの赤方偏移が起こるため、赤外線の波長を使わないと検出できない。

　2009年、ハッブル宇宙望遠鏡の最後の修理ミッションでは、スペースシャトルのアトランティス号に乗ってかけつけた宇宙飛行士たちが、新しい機材である広域惑星カメラ3を取り付けた。このカメラに託された重要な使命の一つが、高性能の赤外線機能を使ってより高画質のハッブル・ウルトラ・ディープ・フィールド領域を再びとらえることだった。

　高画質で撮影したウルトラ・ディープ・フィールドを分析した天文学者たちは原始銀河から出ている電波を新たに発見し、宇宙の誕生にさらに迫ることができた。2010年10月、赤方偏移に基づいて計算すると131億光年離れていることになる銀河を発見したことを、パリ大学のチームが発表した。その後、ヨーロッパ南天天文台が運営するチリにある超大型望遠鏡の観測がその数字の正しさを裏づけた。

　その3カ月後には、この銀河がさらに1億年ほど古く、ビッグバンが起きた（宇宙的尺度からいえば）「わずか」5億年後に誕生したことを裏づける証拠をオランダの天文学者でライデン大学のリチャード・ボーウェンスとカリフォルニア大学サンタクルーズ校のガース・イリングワースが発表した。

ハッブル宇宙望遠鏡の後継機

　こうした銀河は、あまりにも小さく、遠くにある。そのため、その構造を調べることは難しい。それでもそこにはおそらく2億年ほど前にできた星がぎっしりと詰まっていることが、スペクトル分析によってわかっている。この銀河はビッグバンのときに作られた元素からできているので、塵はほとんど含まれていないと予測されている。

　さらには、日本の国立天文台の運営のもと、ハワイ島に設置された巨大なすばる望遠鏡の観測結果からは、これらの銀河は紫外線放射を過剰に放出していることがわかった。この点は重要である。原始の銀河は、巨大な種族III（p.71）の恒星の第一世代のときと同じように、銀河間を満たしていた気体の再電離化に欠かせない役割を果たしていたことがここで示されているのだ。

> 手前でも、こうした小さな銀河が寄せ集まり、より大きな、より組織立った大規模な銀河が形作られて渦巻型を作ろうとしている例を、天文学者たちはいくつも見つけた。

　どれだけ修理を重ねても、ハッブル宇宙望遠鏡にもやがて寿命は訪れる。この望遠鏡を使った最近の発見よりも遠くを観測するのはもはや無理だろう、というのが多くの天文学者たちの一致した意見だ。

　これよりも遠いところにある銀河から地球に届く光の赤方偏移は、あまりにも大きすぎるのだ。その赤外線波長は、ハッブル宇宙望遠鏡がとらえるにはあまりにも長すぎる。それでいて、最新の専用の赤外線望遠鏡がとらえるには短すぎる。宇宙の歴史の始まりにできた銀河と、それよりも前にできた種族IIIの星の光をとらえることが、ハッブル宇宙望遠鏡の後継機となるジェイムズ・ウェッブ宇宙望遠鏡が担う主要ミッションの一つになる。直径6.5mで、低温に冷却した一つの鏡をもつこの巨大赤外線天文台は、2010年代の終わりに打ち上げられる予定である。

18 恒星の進化
H-R図がきれいに説明

星の誕生

- テーマ：さまざまなやり方でエネルギーを放出しながら一生を終える、恒星の変化や進化。
- 最初の発見：恒星はそのスペクトル型と明るさの間には一定の関係があることを、1910年頃にヘルツシュブルングとラッセルが発見した。
- 画期的な発見：恒星はH-R図の主系列に沿って進化するわけではないことが、アーサー・エディントンによる恒星の質量と明るさの関連性の発見によって示された。
- 何が重要か：恒星の進化のパターンがわかれば、一つひとつの星の特性が把握できる。

数百万年、時には数十億年という時間をかけて、恒星は進化し、その一生を終える。人間の寿命はそこまで長くはないが、観察を通じた大発見や常識を覆す学説の蓄積によって、現在見えている銀河の姿から、恒星が進化していくモデルを天文学者たちは類推できる。

星の色や明るさはどれ一つとして同じではない。古代の天文学者たちは、星の色や明るさの違いがそれぞれの星の個性なのだと考えた。星はどれも地球から一定の距離のところにあり、ドームのような天井の壁にピンで留められていると考えていたのだ。14世紀から16世紀頃にヨーロッパがルネッサンス期を迎えると、星たちが実はだだっぴろい空間の広い範囲に散らばっているということを天文学者たちは悟り始めた。星までの距離を正確に求められるようになったのは、19世紀中頃のこと（p.20）。このときに、地球から見た星の明るさ（見かけ上の明るさの等級）は、地球からの距離と本来の明るさ（絶対等級）の組み合わせによって決まることが確認できた。

ハーバードの『コンピューター』たち

写真と望遠鏡の技術が発達した19世紀の終わり頃になると、遠くの天体であってもスペクトルを計測できるようになった。1888年には、ハーバード大学天文台のエドワード・C・ピッカリング台長が野心的なプロジェクトに乗り出す。天体を撮影した画像から星のスペクトルをつぶさに洗い出してカタログを作成する、というものだ。ピッカリングは女性の天文学者らを雇い入れ、チームを編成した。このメンバーは

（右）地球から2万光年離れた領域にあるイータカリーナ星雲では、さまざまな発達段階にある恒星を見ることができる。中心部には、散開星団のNGC3603がその母親であるガスの星雲の残りに包まれており、その中では生まれたばかりの高温の白い星がたくさん見える。明るく光る赤い星は寿命を終えようとしている赤色巨星だ。ハッブル宇宙望遠鏡が撮影した。

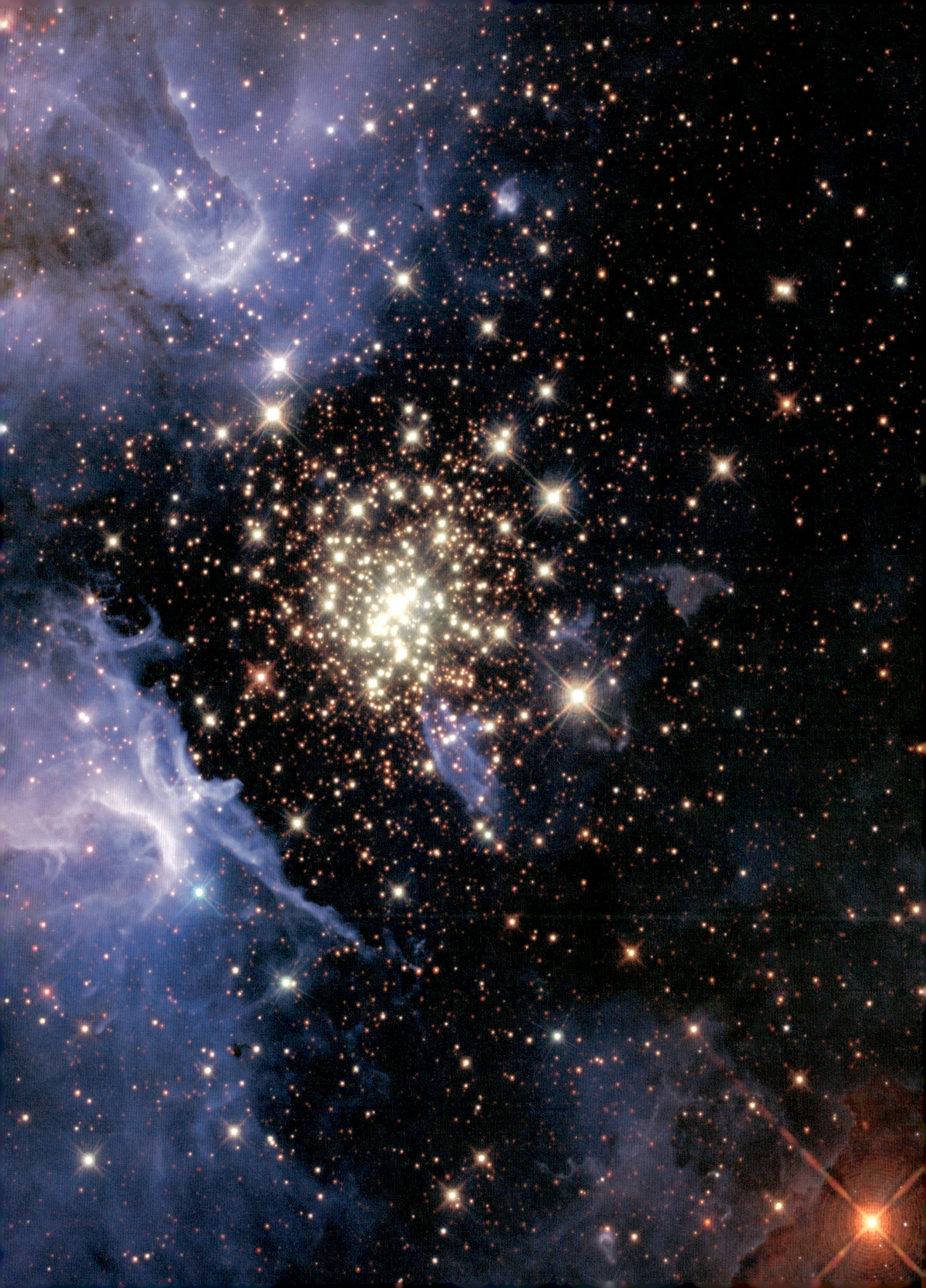

「ハーバードのコンピューター（当時は「データ計算担当者」くらいの意味）と呼ばれ、当時ピッカリングの家で家政婦をしていたウィリアミーナ・フレミング（p.132、p.151）がリーダーに任命された。メンバーには、後に天文学者として華々しい業績を残すことになるアニー・ジャンプ・キャノンやヘンリエッタ・スワン・リービットもいた（p.33）。

彼女たちの努力は、ヘンリー・ドレイパー・カタログと呼ばれる天体カタログに結実する。ヘンリー・ドレイパーはこの研究に遺産を寄付したアマチュア天文家で、彼に敬意を表してカタログには彼の名前がつけられた。貴重なスペクトルのデータが集められたことで、天文学者たちは広い範囲に散らばる星の特性を分類・比較できるようになった。なかでもキャノンによる星のスペクトルの分類は、スペクトルに応じて恒星を分類する現代の体系の基礎となった、ハーバード分類体系を後に発展させた。

1910年頃、スウェーデンの物理学者アイナー・ヘルツシュプルングと米国の天文学者ヘンリー・ノリス・ラッセルは、恒星のスペクトル型をそれぞれの星の明るさで比較する方法をそれぞれ独自に考案した。二人の考えを組み合わせたものは現在、ヘルツシュプルング・ラッセル（H-R）図として広く用いられている。

ヘルツシュプルングは、特定の星団の中にある恒星の見かけ上の等級を、本来の明るさの代わりに使った。一つの星団の中にある恒星はどれも地球からだいたい同じ距離にあるため、見かけ上の明るさの違いは、その星たちが本来備えている明るさの違いを反映していることに目をつけたのだ。ヘルツシュプルングよりも少し遅れて研究に取り組んだラッセルは、求めた視差を手がかりに星をプロットすることで地球からの距離を割り出し、それを基にして実際の光度を求めた。

H-R図を読み解く

二人の発想を合わせて作ったH-R図には、見逃せないあるパターンが現れていた。高温で強く光る青い星たちと、低温で赤く弱い光を発する星たちを結ぶと、右下がりの線が現れたのだ。太陽よりも著しく明るい星を「巨星」、著しく暗い星を「矮星」とヘルツシュプルングは名づけ、この二つをつないだ帯を「主系列」と呼んだ。この領域に含まれない恒星も、それぞれの特徴によっていくつかのグループに分けられた。青や白色でかすかに光る星（白色矮星）や、オレンジや赤の明るい星（赤色巨星）、数は少ないがさまざまな色で明るく輝く「超巨星」などがあった。

ラッセルは、自分の考えた図をロンドンの王立天文学会に1912年に提出した。それはたちまち、星を分析するときに有効な新しい手法として受け入れられた。この図に表れるパターンを見た多くの天文学者たちは、すぐに連想したことがあった。これは実は恒星が生まれてから死ぬまでのプロセスを表しているのかもしれない。現在見えている星の姿は、そのプロセスの一瞬を切り取った姿なのではないか。そのような前提に立って考えたら、あらゆる恒星は主系列に沿って発達していることは明らかだった。この図のなかで最も目立つのは、高温の青と低温の赤とを結ぶ対角線だ。この点に注目した天文学者たちは、星は赤色や橙色の巨星として生まれ、それがやがて収縮して主系列に仲間入りし、年月を経るにしたがって対角線を下がっていく、というモデルに行き着いた。この時点では、このモデルは当時の天文学者の大多数が太陽の動力源だと考えていた重力収縮のメカニズムともさほど食い違ってはいなかった。

> 星雲の中で星が収縮し、その質量に応じて主系列に合流する位置が決まり、その一生の大部分を同じ領域で過ごす。

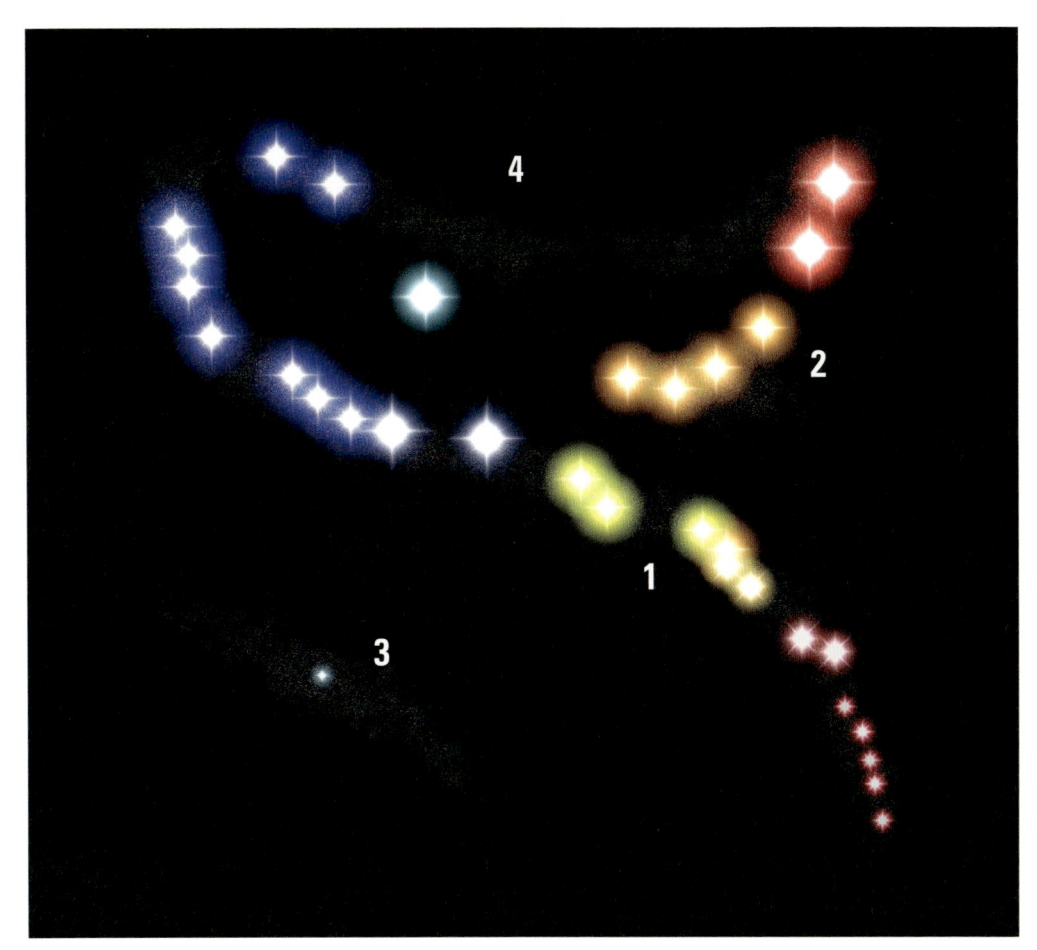

恒星の色と表面の温度（横軸）とその明るさ（縦軸）の関係を示すヘルツシュプルング・ラッセル図（H-R図）。ほとんどの恒星が(1)主系列星に沿った対角線上にある。対角線上にはないが、注目すべきグループとして、(2)赤色巨星や橙色巨星、(3)白色矮星、(4)超巨星などがある。

エディントンとその後

　当時ケンブリッジ大学に所属していた天文学者、アーサー・エディントン（p.49）も、この図から星の特性についてあるアイデアを思いついた。恒星の色や温度の違いは、表面の特定の場所を温めている熱量の違いだ。仮に、青く見える恒星と赤く見える恒星の明るさが等しいとしよう。より低温の赤い恒星が青い恒星と発している光量が同じなのだとしたら、赤い星はより大きく、つまり表面積も広くなければ青い星の放つ光量と等しくなれない。この発想をヒントに、エディントンは恒星の内部構造に関して歴史に残る発見を成し遂げた（下巻p.19）。さらに1924年になる前には、主系列にある恒星の質量と本来の明るさには正の相関がある、すなわち重い星ほど明るく主系列の上の方に位置していることも証明した。この発見は、恒星を光らせているエネルギーが重力収縮ではあり得ないことを示していた。エディントンが提案した核融合は、今では重力収縮に代わる太陽の動力源として本格的に注目されている。

　1920年代のうちに、H-R図の解釈はほぼ定まった。この図はまさしく恒星の進化を示していた。つまり星雲の中で星が収縮し、その質量に応じて主系列に合流する位置が決まり、一生の大部分をだいたい同じ領域で過ごす。核燃料が残り少なくなったところで赤色巨星となり主系列から離れていく（p.132）。主系列からそれた恒星に関する謎は残るが、それは後の大発見によって解き明かされていく（p.151）。

恒星の進化 | 81

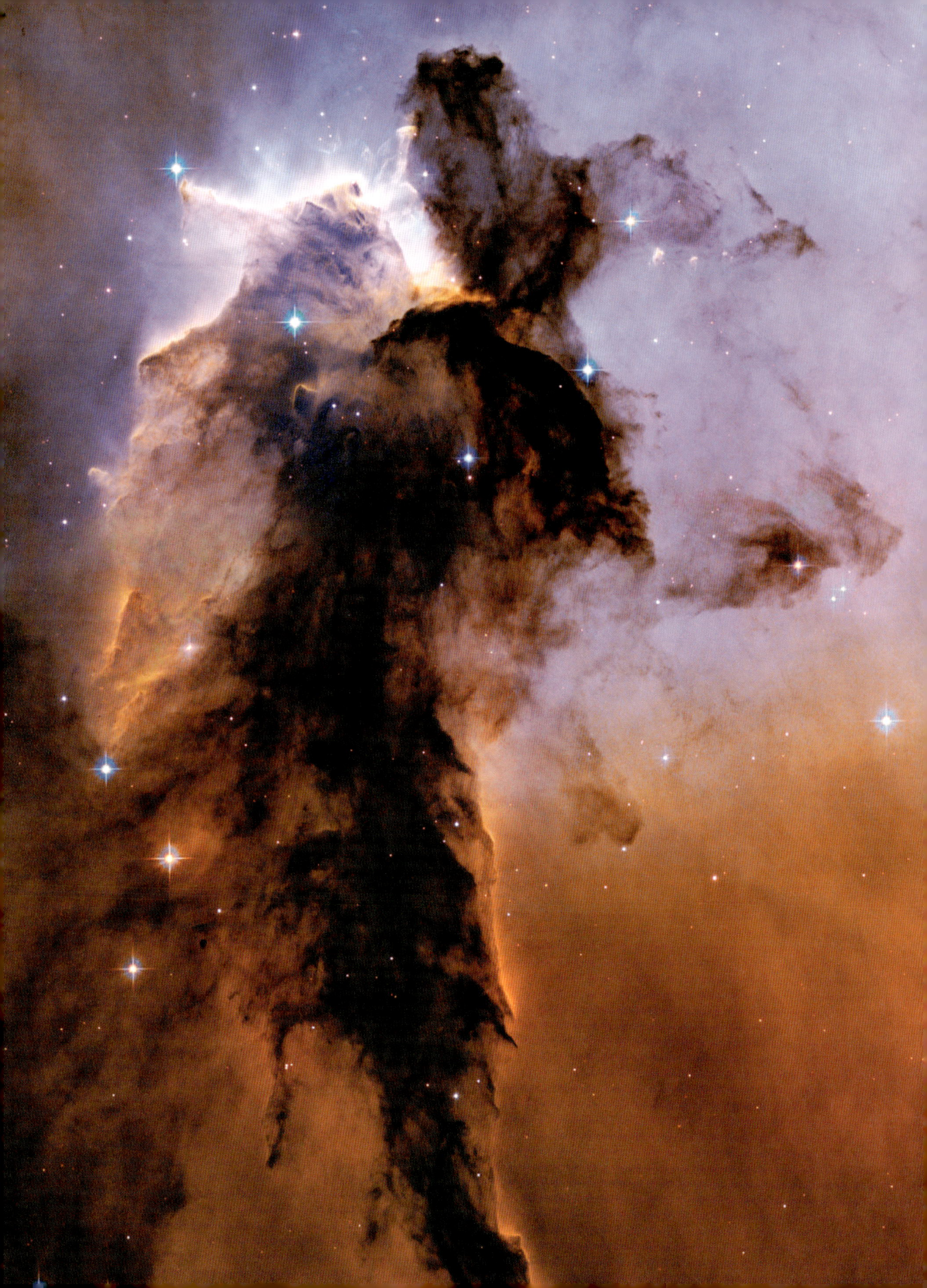

わし星雲
星が生まれる瞬間が見られる

19

星の誕生

- テーマ：星の誕生にまつわるさまざまな謎を解く鍵を秘めた、星間ガスや塵が集まってできた巨大な雲。
- 最初の発見：1745年と1764年、2人のフランス人天文学者がわし星雲の別々の部分を発見した。
- 画期的な発見：1995年、ハッブル宇宙望遠鏡がこの星雲の中にある星を形成するガスでできた柱を初めて詳しく撮影。画像を地球に送信した。
- 何が重要か：星が形成されるプロセスのうち、初期に起きる出来事について、今まで知り得なかったヒントがわし星雲からいくつも得られる。

星を生み出す星雲は、天の川銀河の広い範囲に散在している。なかでも、へび座に含まれる、ガスや塵、幼い星が集まってできた雲は、星ができるプロセスや、そのときにはたらく力がよくわかる格好の観測対象だ。

明るさは、裸眼で見えるか見えないかという程度。地球からおよそ7000光年離れた所にあるわし星雲は、光を発するガスに包まれた美しい星雲だ。オリオン大星雲（p.91）とよく似たバラの花飾りのような形をしているが、中心部分にある塵の雲が作るシルエットが、この星雲の名前の由来となる特徴的な形をしているので、オリオン大星雲と見分けることができる。この星雲の中心部に星団があることに1745年に最初に気づいたのは、フランス人天文学者のフィリップ・ロワ・ド・シュゾーだった。1764年にはまたこの星雲の別の部分を、やはりフランス人のシャルル・メシエが発見した。彗星ハンターとして名を馳せ、星雲・星団・銀河をつぶさに調べたカタログの制作者としても知られるメシエは、ここにある星たちをうっすらと包む星雲を初めて発見した。この領域を横切るほかの彗星と見間違えてしまうことを心配したメシエは、これに「M16」と符号をつけて、自らが編さんするメシエ・カタログに天体として登録した。

ところがその後2世紀ほどの間、わし星雲（後に「IC4703」という符号をつけられ、M16が指す星が集まった領域と区別された）はほったらかされて、冷や飯を食わされることになる。オリオン星雲やイータカリーナ星雲、あるいは見事な星形成プロセスを見せてくれるいて座の星雲の数々といった華々しい存在と比べられ、明らかに"格下の星雲"として扱われたのだ。1995年にようやく、アリゾナ州立大学のジェフ・ヘスターとポール・スコーエンがハッブル宇宙望遠鏡をこの天体に向けた。このときの発見が世間を驚かせ、わしは空に高々とはばたいた。ヘスターとスコーエンが撮った写真は、世界中

（左）わし星雲の「尖塔」部分の画像。この画面よりも上の方にある、新しく生まれたばかりの星から間断なく放射される紫外線などで徐々に外側が侵食されているガスでできた巨大な柱。紫外光によって励起（よりエネルギー状態の高い状態になる）された酸素が柱の上の方で青く光り、柱の下の方に近い水素は赤く光る。ハッブル宇宙望遠鏡が撮影した。

わし星雲 | 83

ハッブル宇宙望遠鏡が1995年に撮影した「天地創造の柱」の画像。星が誕生する様子、特に「蒸発するガス状グロビュール」（EGG）と呼ばれる、ほぼ球状の固まりができるときのプロセスが詳しくわかる。

のメディアでトップ記事として取り上げられた。そこには、星ができるときのプロセスでわかっていなかった部分が写っていた。まさに誕生しようとしている幼い星が漂う、指の形にも似た塵の柱を詳しく見て取ることができた。この柱は「天地創造の柱」と呼ばれるようになった。柱の写真が発表された年には、地上の望遠鏡も宇宙を飛ぶ望遠鏡も幾度となく波長を変えてこの星雲を緻密に調べた。こうしてこの星雲は、できたての星を世界が見守るという前例のないフィールドになった。

「柱」と「尖塔」

一夜にして有名になったこの柱の長さは4光年ほどあり、おびただしい数の星が次々に生まれていると信じられている領域を取り囲んでそびえ立っていた。その中では、よどんだガスが収縮すると、ものすごく強い重力が生じる。今から数十億年前に太陽ができたときと同じように、この重力は周囲の物質を取り込み始める

（下巻p.11）。

2005年には、ハッブル宇宙望遠鏡のチームがこの星雲を再び観測し、「尖塔」と名づけられた渦巻状のガスがさらに長く伸びた突起の様子を詳しく撮影した。尖塔の長さはだいたい9.5光年で、近くにあるできたばかりの星の集団M16からの放射によって急速に侵食されていた。M16を構成する星は、この星雲から作られた第1世代の星で、いずれも青白くて質量が重く、強烈な放射と恒星風を放出していると考えられている。ここから放出された紫外線放射が、星雲の外側にあるガスに反応してエネルギーが上昇し、異常な光を放ち始める。放射がさらに星雲全体にしみ渡ると、両極端な影響が現れる。収縮が繰り返されて星が次々と作られていくのと同時に、星を新たに作るための素材を提供してくれるガスの多くも吹き飛ばされてしまうのだ。おそらくそのときに、星雲の中で形作られつつある星は、現在の太陽よりも大きくなることができなくなる。そのような状況でも、尖塔には周囲よりも水素濃度の濃い雲

が含まれているため、放射がほとばしる中にあっても長い期間、持ちこたえることができる。

　最初にできた恒星たちが、自分たちの子孫の成長を阻むためにたくらんだ仕掛けは、これだけではない。2007年にフランスの天文学者ニコラス・フラジェイがNASAのスピッツァー宇宙望遠鏡を使ってこの星雲を赤外線で調査したところ、もともとあった柱の横に、高温の塵が塔の形に積み上がっていることに気づいた。この塵は熱にさらされ、質量の大きな第一世代の星が壮絶な最期を迎えた超新星から届いた衝撃波に削られていた。しかも、衝撃波はこの先、柱と衝突する経路を進んでいた。すでに衝撃波は柱に届いているかもしれない。しかし星雲は地球からあまりにも離れているので、その波が柱を破壊し、そこで形成されつつあった星の成長が突然止まるのを私たちが目の当たりにするのは千年ほど後のことになるだろう。

神秘的な「蒸発するガス状グロビュール」

　それまでの間、次々と星が出来上がるこの大鍋の中で起こっていることを、天文学者たちは調査し続けることができる。とりわけ注目の的となったのは、どの大きな柱の表面にも、小さな巻きひげのような突起が一面についていることだった。突起は、最も高い柱の上に行くほど目立っている。蒸発するガス状グロビュール（EGG）と名づけられたそれらの突起は、柱から生えているように見えたが、実際はちょっと違っていた。周囲にある柱のてっぺんを侵食させる放射圧に耐えられるほど、ガスと塵の密度が濃くなった領域に現れていたのだ。黒っぽいグロビュール（球体の固まり）の大きさは、太陽系の直径とだいたい同じくらいで、柱の大部分とつながっている。その橋渡しをしているのは、EGGそのものの影があるおかげで侵食されずに残っているガスの細い構造である。

　EGGの中にある物質は、EGGによって放射による侵食から守られている。そのためEGGは卵から無事に星を誕生させる理想的な孵卵器だと考えられている。この孵卵器だったら、単体の恒星であろうが、主星と伴星のある連星であろうが、二つ以上の星団であろうが、卵を孵すことができる。ハッブル宇宙望遠鏡での観測によって、わし星雲をはじめとする星雲の中に数え切れないほどのEGGが見つかった。そこでは生まれたての星たちがちょうど殻から顔を出し、円錐状になった黒っぽい物質の上に鎮座していた。

　2001年には近赤外線を使った調査が行われた。ヨーロッパ南天天文台の超大型望遠鏡（VLT）の観測によって、さらに込み入った実態がわかった。ドイツのポツダム大学の天文学

> 超新星の衝撃波が柱を破壊し、そこで形成されつつあった星の成長が突然止まるのを私たちが目の当たりにするのは千年ほど後のことになるだろう。

者マーク・マッコーリーンとモレン・アンダーソンによると、星が作られたことを示す赤外線の痕跡が見られたEGGは、73個のうちたった11個しかなかった。逆に何も入っていなさそうなものが57個あった。EGGの中からまさしく生まれた星にしても比較的小さく、光も弱々しかった。おそらく利用できる物質の量が限られているせいではないかと考えられる。多くの明るい星が生み出される中心部はどうやら、主な柱の一番上の部分に横たわっているらしかった。

　2007年に、コロラド大学のジェフリー・リンスキーはNASAのチャンドラX線観測衛星を使って、星雲から発せられているエックス線源を撮影した。その画像から、この領域で最も高温のエックス線を放出している恒星とEGGの柱との間で相関がほとんどないことがわかり、この星雲から次々と星が生まれるピークはすでに過ぎてしまっているという仮説が裏づけられた。

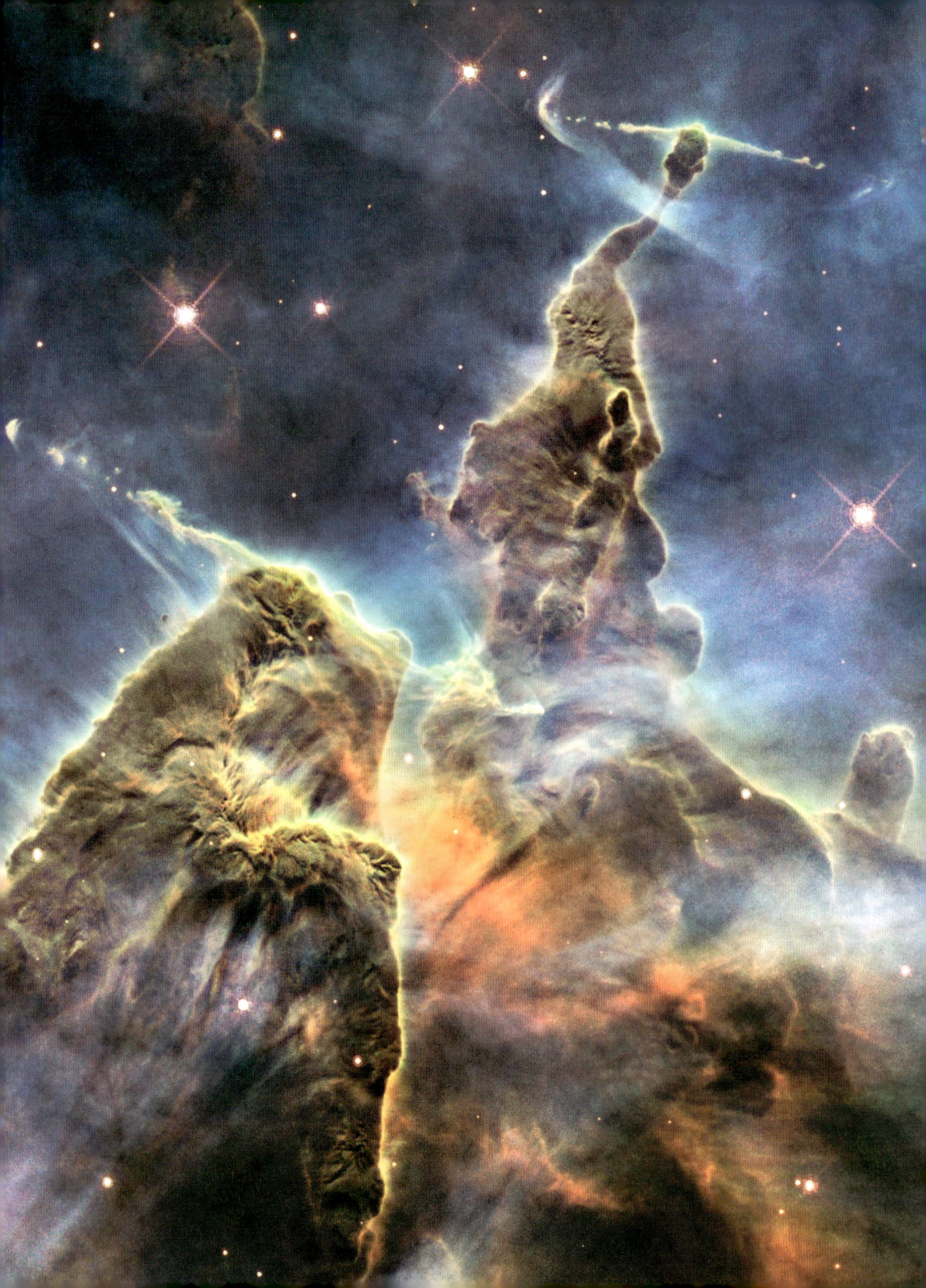

幼い星
数々の試練をくぐり抜ける

- ■ テーマ：混沌とした星の幼年期。このときに同時に起こっている拡散と集積。
- ■ 最初の発見：1852年に、明るさの変化が予測できないTタウリ型変光星をジョン・ラッセル・ハインドが発見する。
- ■ 画期的な発見：Tタウリ型星が、できてからまだ間もない星であることに気づいたのはジョージ・ハービッグ。周辺にある星雲は、中心にある星からガスが噴出してできたとリチャード・D・シュワーツは説明した。
- ■ 何が重要か：質量降着や放出のプロセスによって、原始星が今後どのような特性をもつかが決まる。

20

星の誕生

星間ガスの雲の収縮・崩壊が、星が生まれる最初の一歩だ。だが、そこから星の進化プロセスのなかで、主系列にたどり着くまでには、まだ数々の試練をくぐり抜けなければならない。ガスや塵(ちり)がどんどん落下し、星の表面では突然の爆発が相次ぐ。両極からすごい勢いで物質がほとばしるなど、ドラマチックな運命が待ち構えている。

18 52年10月のある晩のこと。おうし座のなかにかすかな光を放つ星があるのを、英国の天文学者で小惑星ハンターでもあったジョン・ラッセル・ハインドが見つけた。当時の星図にはまだ登録されていなかったこの天体は新しい変光星だとわかり、「Tタウリ型星」という名前で登録された。この星の近くには反射星雲があり、星そのものの明るさの変動と連動してやはり変化していることにも、ハインドは気づいた。1890年に、この星の明るさがひどく落ちた。米国カリフォルニア州にあるリック天文台のシャーバーン・ウェズリー・バーナムは、この星が実は自身を取り巻く小さな星雲の中に埋もれていることに気づいた。また、近くに輝く星雲（輝線星雲）があること

にも気づいた。だが、この天体が果たしている重要な役割までは理解できなかった。

1940年代初期、米国人天文学者のアルフレッド・ジョイは、こうした弱々しい光を発する変光星について研究を重ね、そこに共通の特徴があることを発見した。周囲には必ず星雲があること、全体的に暗いこと、そして明るさがだいたい10〜20倍も変動し、そのスペクトルは太陽ととてもよく似ていることだ。1945年、こうした特性はTタウリ型変光星のグループに特徴的に見られるものだとジョイは考えた。

原始星について知る

ジョイの研究を引き継いだのは、リック天文

(左)「ミスティック・マウンテン（神秘の山）」と名づけられたイータカリーナ星雲の星形成領域。ハッブル宇宙望遠鏡が撮影した息をのむ画像だ。この画像の上の方で、塵とガスの雲に埋もれた原始星から、余った物質が噴出している。

幼い星 | 87

台のジョージ・ハービッグだ。Tタウリ型変光星は、自分を生み出した星雲状物質を周囲にまとっている幼い星ではないかとハービッグは考えた。現在では、Tタウリ型変光星そのものは天空のなかでも比較的若い星で、できたのはほんの100万年ほど前であることが知られている。こうした恒星の質量を計測すると、大ざっぱにいって太陽にとてもよく似ている。太陽の質量の2倍よりも少し小ぶりで、星の進化の主系列のスタート地点にはまだ少し届かない。およそ1億年かかる成長の旅のさまざまな段階にいるのが、このグループだ。

Tタウリ型星の核では、まだ水素の核融合は起きていない。できたばかりの原始星のエネルギー源はおそらく重力収縮だった。こうした星は暗いことから、エネルギーの主な移動手段は、

核の中で低レベルの核融合が起こると、この原始星の外側の層が急速に膨張する。木星くらいの大きさから太陽のサイズの何倍もの大きさにまで膨れ上がると、重力が再びはたらき始める。

対流であることがわかる。これが、自転の速さとの相乗効果で、質量の小さい閃光星（フレア星、p.97）と同じような振る舞いを見せる。やがて磁場がもつれた箇所の表面に大きな黒点（恒星の表面の温度の低い部分にできる斑点）ができ、ここから強烈な恒星フレアや爆発が起こる。

Tタウリ型星のような恒星の多くは、生まれた場所の周囲にあった塵の雲に包まれている。だから外からは見えない。幸い、この雲の中は低温である。そのため大量の赤外線放射や電波が放出されるTタウリ型星は濃い塵を通して光る。この原理に沿って1981年以降、Tタウリ星の近くで二つの赤外線伴星が発見されている。そのうち原始星の周囲にある物質が薄くなり、星そのものが明るさを増していくと、やがて可視光でも原始星が見えるようになる。

Tタウリ型星の約半数は、円盤状になったガスや塵に取り囲まれている。こうした円盤に含まれている物質の多くは依然として中心にある星に向かって落下し続ける。この系の中心の質量が収縮すると星の回転ピッチは上がり、どんどん速度を上げていく（運動量の慣性を現す角運動量保存の法則のはたらきによる。アイススケートの選手が回転するときに腕を自分の方に引き寄せると回転速度が増すのと同じ原理）。二つの力が中心にある星の成長のペースを遅くする。一つは、星の表面から強い恒星風が吹き出すこと。もう一つは、いわゆる「遠心力」がはたらいて、動きの早い赤道の上にガスが溜まっていく効果だ。この遠心力がドラマチックな結末を招く。

ハービッグ・ハロー天体

ジョージ・ハービッグはさまざまなタイプのTタウリ型天体や、原始星と似たような振る舞いを見せる天体を数多く観察した。Tタウリ型変光星の近くに星雲があることにバーナムが気づいたように、こうした天体の片方、または両脇にはたいがい特徴のある星雲が見つかり、それが変光星と連動した動きを見せていることに気づいた。この点に注目したハービッグの分析によると、こうした星雲は水素や酸素、硫黄と関連した、特徴のある波長を出していた。同じ点に注目して1940年代から独自に調査を重ねていたメキシコ人天文学者のギィエルモ・ハローは、赤外線放射がないという大きな共通点にも気づいた。これは、この星雲が非常に高温であることを意味していた。2人の研究者にちなんで名づけられたハービッグ・ハロー（HH）天体は最初、そこに埋もれている弱い光の幼い星からエネルギーをもらっているのではないかと予測されていた。

1970年代中盤になると、この幼い星全体か

できたばかりの連星系おうし座XZタウリの連続写真。膨張していく噴出したガスでできたらしい巨大な柱が、3年かけて膨らんでいく様子をハッブル宇宙望遠鏡がとらえた。この動きの早い気泡は、まだできてから30年程しかたっていないらしい。

ら出た物質が星間ガスにぶつかったときの衝撃波から生じた熱によってこの天体は高温になったという説を、米国セントルイス州にあるミズーリ大学のリチャード・D・シュワルツが提案した。1980年代に撮影された何枚もの画像には、極めて細いジェット噴流のような構造が、HH天体とその中心にある星とをつないでいる様子が写っていた。

では、こうしたジェット噴流はどのようにできたのだろう。原始星が十分な高速で回転していれば、その赤道に落下した物質も速く動く。これがやがて引力よりも強くなれば、宇宙空間に弾き返されてしまうこともあるに違いないと天文学者たちは考えた。これが、幼い星をいまだに取り囲んでいる落下する物質からできた環に当たると、外側に飛んでいこうとする物質は、その星の両極とだいたい平行に二手に分かれたジェット噴流になる。星の内部から吹き出たこの大きな速度の、二極に分かれた噴流の滞留が周辺の宇宙空間にあるガスの雲と相互作用し、雲の中にエネルギーを与えることで、光が派手に放出する。

双極ジェット噴流が出るのは、星の一生のなかでもほんの限られた期間である。ふらつきながらもわずか数千年後には収まる。落下する物質と放出される物質との間で均衡をとろうとするはたらきによって、原始星の内部構成は大きく変動する。つまり、星ができたばかりのある時期に星を光らせたプロセスの反応性の強弱によって、その星の明るさは激しく変動するのである。

その間、星の内部はまだ変化を続けている。主系列に近づくにつれて、負担の少ない核融合が始まる。核の中で低レベルの核融合が起こると、この原始星の外側の層が急速に膨張する。木星くらいの大きさから太陽のサイズの何倍もの大きさにまで膨れ上がると、重力が再びはたらき始める。すると、星の外側の層がゆっくりと収縮し始め、同時に核はどんどん高温・高圧になっていく。

核が十分に高温に達して水素の核融合がついに始まると、膨張はやっと止まる。このときに、星の大きさと明るさが安定し、その質量によって主系列に参加する位置、すなわち恒星としての一生のほとんどを過ごす場所が定まるのである。

一番小さい恒星

一番小さい恒星

恒星と惑星を分ける境界線は？

- テーマ：水素の核融合によって光を発生するには質量が少々不足している矮星。
- 最初の発見：赤色矮星のなかで最も有名で、しかも地球に最も近いプロキシマ・ケンタウリが1915年に発見された。
- 画期的な発見：1994年に、最初の褐色矮星グリーゼ229Bが発見された。
- 何が重要か：恒星のほとんどは褐色矮星や赤色矮星である。それなのに、その正体はあまり知られていない。

21

星の誕生

どれくらいの大きさがあれば、恒星と呼べるのか。可視光と赤外線、どちらの望遠鏡からもさまざまなことがわかり、恒星となるために必要な条件が見えてきた。恒星になるか、惑星になるかの分かれ道は、なかなかややこしいことがわかった。

主系列の恒星となるために最低限必要な大きさを調べるには、高性能な最新技術を取り入れた望遠鏡を使ってもかなり手こずる。

末期の恒星である白色矮星や中性子星（p.152）は確かに小さい。それでも、超高温になっていて大量のエネルギーを放出している。これとは対照的に、地球から最も近い小さな主系列の矮星は、裸眼では見えない。

恒星にぎりぎり入る矮星

地球から最も近いプロキシマ・ケンタウリを例にとってみよう。太陽系からわずか4.2光年のところにあり、ケンタウルス座アルファ星の三重連星のうち最も小さな恒星だ。ほかの二つの恒星は、互いに近い位置で公転する主星と伴星。ケンタウルス座アルファ星AとBの質量は、それぞれ太陽1.1個と0.9個分に相当する。また、この二つの星を合わせたみかけの明るさは、夜空に見える星のなかで3番目に明るい。一方、プロキシマ・ケンタウリは太陽0.12個分の質量しかなく、本来の明るさも太陽の500分の1ほどしかない。表面の温度も太陽の半分ほどなので、光は赤い。地球から近い距離にあるが、望遠鏡を使わなければプロキシマを見ることはできない。1915年に発見されてからというもの、知られているなかで最も暗い恒星の一つとされている。典型的な赤色矮星である。

主系列の恒星のエネルギー源である核融合は、恒星の核の密度と圧力に大きく支配されている。そのため、赤色矮星の光は弱い。恒星の質量が小さければ小さいほど、外側の層から核に向かって加わる質量や熱量、収縮力は小

（左）有名なオリオン星雲。チリのラシーヤ観測所にあるヨーロッパ南天天文台の望遠鏡が、近赤外線で撮影した。散開星団であるトラペジウム星団にある明るい生まれたての星の脇で、暗い赤色矮星（ここでは白く見える）や、褐色矮星などさまざまな天体が姿を現し始めている。

さくなる。つまり、恒星の質量が増えると、その明るさは直線的というよりも、指数関数的に増えていく。

プロキシマが発見されてから1世紀程の間に赤色矮星が続々と発見されたが、解決できない謎がいくつもあり、天文学者たちを悩ませている。地球に近い30個の恒星のうち、19個が矮星であり、単独運動しているか、あるいは多重連星系の一員として公転していた。多くの仮説から類推すると、赤色矮星は天の川銀河やそ

褐色矮星は不活性なガスの球であるどころか、なかには極めて活発なものもあることもわかった。動きの速い雲のせいで明るさが変動したり、驚くほど強烈な磁場のせいでエックス線がほとばしっていたりした。

れ以外の銀河の中でも最も広い範囲で多数見られ、その数も多かった。しかし、地球から離れたところではなかなか見つけられなかった。

また、どう定義するかも問題だった。これまで赤色矮星の質量は太陽の40％以下だとされてきたが、質量の下限はいったいどのくらいなのか。どのくらい小さくても光を放ち、なおかつ恒星と呼べるのだろうか。1950年代に恒星の核融合に関するプロセスが明らかになってからは（下巻p.16）、どこかにボーダーラインがあるらしいことがはっきりとわかってきた。その境目は、太陽の質量のおよそ8％（あるいは木星の質量の約80倍）だとわかり、これ以下になると水素がヘリウムに変わる通常の核融合では輝くことができないらしかった。

ボーダーラインに達していない恒星

ボーダーラインがこうして決まったとしても、同じ星雲の中から、恒星に似た小ぶりな天体が

明るく光る星として生まれないとは限らない。こうした天体の中にある物質は単に自分自身の重みで収縮・崩壊し、高密度の黒色矮星になるのだと当初は考えられていた。ところが1975年に、より温度が低く、まったく性質の異なる白色矮星（p.151）にもこの条件を適用できることに米国の天文学者ジル・ターターが気づいた。さらには、こうした星がそれでもエネルギーを放射できるメカニズムがほかにもいろいろあったので、こうした規格外の恒星をより正確に区別するために「褐色矮星」という名前を考え出してつけた。

1980年代に理論上での研究が発展すると、いくつかのプロセスが組み合わさると褐色矮星は可視光でもかすかに光り、かなりの量の赤外線エネルギーを放出できることが示された。一例として重力収縮（巨大惑星に見られるものと似ている、下巻p.125）がある。これが褐色矮星になると、負荷の少ない核融合が起こる。例えば重水素の同位体は、通常の水素原子核よりも核融合が起きやすい。この同位体が関与する重水素の核融合なら、それほど極端な温度と圧力がなくても核融合を始められる。それでも多くの場合、褐色矮星は生まれたときに生じた熱をずっと使い続けながら活動しているので、年月がたつにつれて暗くなっていく。できたばかりのころの方が見つけやすいのには、こういった理由がある。

褐色矮星を探して

理論研究においては、褐色矮星に関してこれまでの常識が覆されるような大発見が次々に発表された。半面、観察に基づく証拠は1990年代まではっきりしていなかった。一見何も見えない夜空の中に褐色矮星を見つけ出すのは、干草の山から一本の針を探し出すようなものに思えた。

カリフォルニア工科大学とジョンズ・ホプキンス大学の天文学者チームが系統だった方法で

矮星探しに乗り出したときには、連星系になっている可能性の高いものだけを集中して探した。主星がもともと暗めの赤色矮星であれば、もっと弱い光を放つ天体が埋もれてしまうリスクを減らすことができた。この作戦が功を奏し、褐色矮星候補の原始星が、1994年にカリフォルニアのパロマー山にある口径5mのヘール望遠鏡を使って発見された。

NASAのハッブル宇宙望遠鏡が翌年その存在を裏づけた褐色矮星は、地球から19光年離れたところにあるグリーゼ229と呼ばれる弱々しい光の星の周囲を周回し、グリーゼ229Bと名づけられた。木星20〜50個分という質量は、明るい恒星の周囲にある原始惑星系円盤から生まれるにはあまりにも大きすぎた。そうではなくて、収縮・崩壊しつつある星形成星雲の中で独立した固まりから、恒星に似たプロセスを経て形成したはずだと考えられている。二つの星はだいたい地球から冥王星までの距離と同じくらい互いに離れており、赤外線測定の結果によるとグリーゼ229Bの表面の温度はわずか700℃ほどだった。

惑星をもつものも見つかる

この発見以降、星を生み出している星雲や若い星団、それに赤色矮星を中心とする軌道やなんでもない空間からもたくさんの褐色矮星が見つかるようになった。表面の温度が最も低いM型の赤色矮星よりもさらに温度が低いため、スペクトルのクラスLやT、Yに分類された（後になるほど温度が低くなる）。その上、褐色矮星は不活性なガスの球であるどころか、なかには極めて活発なものもあることもわかった。動きの速い雲のせいで明るさが変動したり、驚くほど強烈な磁場のせいでエックス線がほとばしったりしていた。数えきれないほど多くの褐色矮星の周囲で、公転している惑星も発見されている。

こうなると、地球から近いどこか、最も近いプロキシマ・ケンタウリよりも近いところに、まだ見つかっていない褐色矮星が隠れていることだって大いにあり得る。そんな心躍る予測を裏づけようと、研究は今も続けられている。

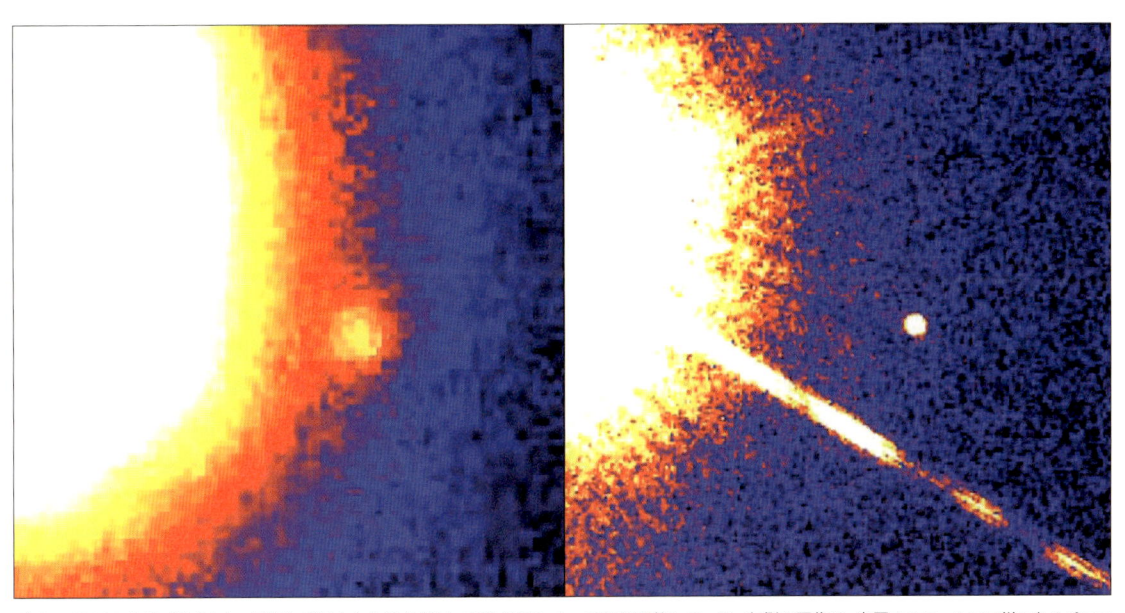

グリーゼ229Bと名づけられた、最初に発見された褐色矮星。画像処理によって色を調整している。左側の画像は、米国カリフォルニア州にあるパロマー天文台で1994年に撮影した、地球から18光年ほど離れたうさぎ座のなかにある暗い赤色矮星の傍らに見える褐色矮星の発見画像。右側は、ハッブル宇宙望遠鏡が、この発見を確認した画像。

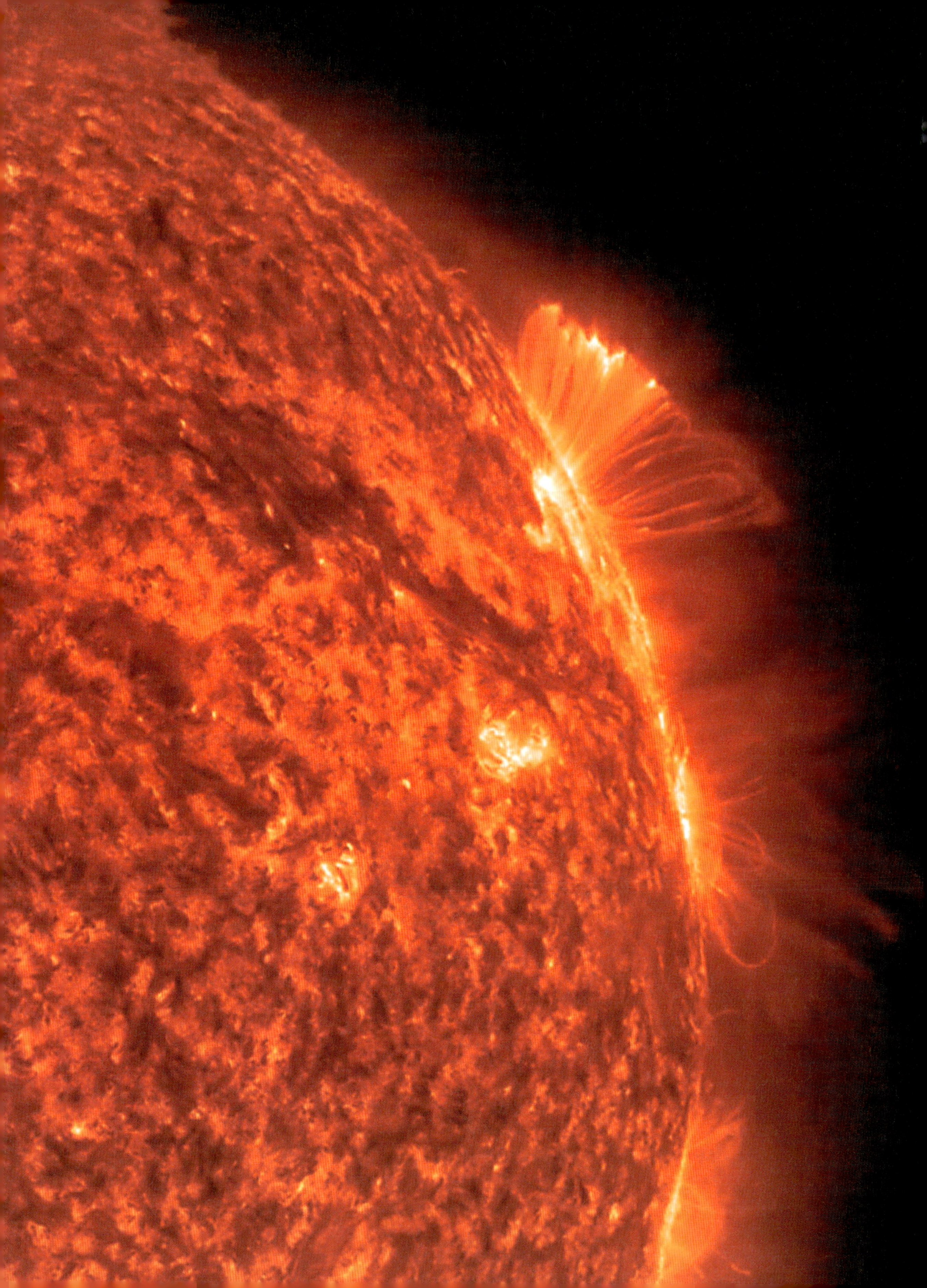

閃光星

強烈な爆発を引き起こす矮星

22

星の誕生

- ■ テーマ：光が弱く、質量も小さいが、強烈な爆発を引き起こす矮星。
- ■ 最初の発見：1940年代、矮星のカタログを作成していたウィレム・ヤコブ・ルイテンが、予測していなかった変動に気づいた。
- ■ 画期的な発見：2008年に見つかったとかげ座EVのスーパーフレアを調べてみると、こうした矮星の活動は荒々しい表面の対流や高速の自転運動に大きく支配されていることがわかった。
- ■ 何が重要か：フレアに注目すると、質量が非常に小さな矮星の構造がよくわかる。

最も質量の小さな恒星が放出できるエネルギーは、太陽と比べるとごくわずかである。ところが、そうした星を覆う大気中にある巨大な黒点と、突然起こるものすごい威力の爆発など、仰天するような現象が起こることがある。この振る舞いはどうやら、異常なまでに強力な恒星の磁場と関係があるらしい。

矮星はときにドラマチックな現象を引き起こす。その痕跡を最初に発見したのは、オランダとアメリカで活躍した天文学者ウィレム・J・ルイテンだ。はくちょう座V1396やけんびきょう座ATといった恒星で起きた予期せぬ変化に、ルイテンは気づいたのである。急速に明るくなっていく水素の輝線は、太陽のフレアと連動した振る舞いであるように見えた。

伴星が突然爆発

大きな固有運動をもつ恒星（p.20）についてルイテンが調べてみると、それらの恒星の多くは地球から近い距離にあるかすかな星であった。なかでもルイテン726-8という名の恒星は地球からたった8.7光年という、指折りに近い距離にあることがわかった。1948年に発見されたこの星は互いの距離が接近している連星で、どちらも太陽の質量の10％程しかなかった。発見されて間もなく、ルイテン726-8Bという名前で登録された伴星が、突然爆発した。ほんの数秒間ものすごい輝きを放った後に、ゆっくりとかき消えた。爆発が起こっている間に、この星のスペクトルをカリフォルニア州にあるウィルソン山天文台に所属するアルフレッド・ジョイと、ミルトン・ヒューメイソンが記録していた。分析してみると、この星は40倍も明るくなり、温度に至っては3000℃から1万℃に跳ね上がっていたことがわかった。この星にはくじら座UVという符号もつけられ、新たな変光星の一種「閃光星」の代表例として広く知られるように

（左）太陽の表面に現れるフレアにはものすごい影響力がある。ところが太陽はあまりにも明るいため、フレアがいくら頑張っても太陽全体の明るさを変えてしまうほどの威力はない。太陽と同じくらいのエネルギーをもつフレアが、太陽よりもはるかに小さく、かすかな恒星の表面で起こったら、太陽の場合とは比べようもないほどダイナミックな影響が恒星全体に及ぶはずだ。

閃光星 | 95

2008年4月、地球から16光年ほどの距離にある暗い赤色矮星とかげ座EVからすさまじい勢いでエネルギーが噴出しているのをNASAの衛星が検出した。その様子を想像して描いたイラスト。爆発しているときに磁気嵐が吹き荒れている。

なった。

　その後、この種類に当てはまる恒星がにわかに数多く発見され、閃光星は天の川銀河の中には比較的多く見られることがわかった（少なくとも、かすかな矮星がまがりなりにも見える、比較的限られた領域に限れば）。

可視光では見えない現象

　このタイプの恒星の活動は、可視光だけではないことが次第にわかってきた。1966年になると、マンチェスター大学のジョドレルバンク電波天文台のバーナード・ロベルとスミソニアン天体物理学観測所のレオナルド・H・ソロモンが共同でくじら座UV星の活動を可視光と電波とで同時に観測したところ、このフレアが現れるタイミングが電波の爆発と連動していることがわかった。

　それから10年程たった1975年、ジョン・ヘイセが率いるオランダ人の天文学者のチームが、当時打ち上げられたばかりのオランダ天文観測衛星（ANS）のエックス線と紫外線望遠鏡を使い、くじら座UVと、また別の赤色矮星おおいぬ座VYからエックス線が放出されるタイミングが、両方の星のフレアと連動しているかを調べた。

磁場はどのようにできるのか

　こうした閃光星で起きている現象は、太陽のフレアで起きている現象ととてもよく似ている可能性があるのではないかと、天文学者たちは

考えた。閃光星のスペクトルを分析してみると、そこでは磁場がはたらいていることを裏づける決定的な証拠も見つかった。

　天文学者たちは太陽に関する研究を参考に、このように考えた。太陽の磁場は核のすぐ外側にある放射層で作られるが、それは外側の層で変化する。内部の深いところにある熱を太陽の一番外側の層、光球にまで運ぶ役割を果たす激しい対流のせいである。内部では南極と北極を結ぶ線に沿って磁力線が何本もでき、地球の磁場とよく似た構造の磁場ができ始める。太陽は場所によって自転速度が異なる。この差動回転のせいで、赤道付近は極地帯よりも早いスピードで回転する（それぞれ25日から35日周期である）。

　次第に磁場は伸び、もつれていく。光球から押し出された磁場のループは部分的に対流を抑制し、その場所は周囲よりも温度が低いダークスポット、つまり黒点となる。黒点の位置でもつれた磁場が短絡（ショート）したり、表面に近いところで「再結合」したりすると、ものすごい量のエネルギーが放出される。周囲のガスの温度は数百万℃にも達し、恒星の表面からはるか遠いところまですさまじい勢いで噴出するフレアになる。

　矮星は、自身の外層の重さを支えようとする放射が十分ではないため、その内部はたいてい太陽のような恒星よりも高密度で、濁っている。不透明であるおかげで、表面の下にあるエネルギーを逃さずに捕まえておける（下巻p.20）。つまり、矮星の核から光球までの間では対流が活発になる。星全体が、高温のガスが煮えたぎる釜のようになる。水素が燃料として核に供給され続ける限り、矮星は巨大質量星よりもはるかに長い期間、主系列で輝き続けるのである。

スーパーフレア

　このような恒星には一見すると放射層がない。そうだとすると理論上は、内部に磁力が生じるはずはない。それなのにフレアがあるということは、放射層に代わる何か別の力がはたらいているはずだ。

　もっといえば、赤色矮星はあまりにも光が弱いので、太陽並みに表面が爆発してできるフレアがあるだけでものすごい勢いで明るくなるはずである。多くの赤色矮星で見られるフレアはどうやら、太陽のフレアよりも格段に強力であるらしい。

　2008年にNASAのスウィフト・ガンマ線観測衛星で史上最も強力な閃光星を観測したときに、意義深い新しい仮説が生まれた。地球か

この星は40倍も明るくなり、温度に至っては3000℃から1万℃に跳ね上がっていたことがわかった。この星にはくじら座UVという符号もつけられ、新たな変光星の一種「閃光星」の代表例として広く知られるようになった。

ら16.5光年ほど離れたところにある、若い赤色矮星とかげ座EVは、めまぐるしく変動する磁場をもつことでよく知られていた。この星が、今までに知られているどの太陽フレアの何千倍もの威力で爆発して光やエックス線を放出して、天文学者たちは仰天した。

　これまでのとかげ座EVに関する研究で、この星が4日間で1回転という高速で自転していることはわかっていた。これくらい激しい閃光星を理解するには、この高速回転こそが重要な鍵になるのではないかと天文学者たちは考えた。激しい対流や、ガスの高速回転によって恒星全体が発電機になり、複雑な磁場ができる。やがてこれが、とてつもなく大規模な、予想外の再結合現象を引き起こし、フレアになる。ほかの激しい閃光星も高速で回転していることを裏づける証拠も、もちろんいくつも見つかっている。

23/26 知られざる惑星

太陽系外惑星
見つかったのはわずか20年前

23
知られざる惑星

- テーマ：太陽以外の恒星の周囲を回る惑星。
- 最初の発見：1992年、あるパルサー（パルス状の可視光線や電波、エックス線を出す天体）を回る惑星が初めて発見された。
- 画期的な発見：1995年にミッシェル・メイヨールとディディエ・ケロッツが、視線速度法を使って太陽系の外で初めて惑星を発見した。この惑星は、太陽に似た恒星ペガスス座51番星を回っていた。
- 何が重要か：太陽系外惑星が無数にあるなら、天の川銀河に生命体が存在する確率も高まる。

太陽以外の恒星の周囲を回る惑星を見つけることを天文学者たちは長い間、夢見てきた。ようやくその夢がかなったのは、1990年代中頃のこと。観測技術の進化と、次々に編み出された惑星を見つけるアプローチが結びついて、大発見につながった。その後、何百もの太陽系外惑星が確認されている。

太陽以外の恒星の周囲を公転する惑星を見つけること。これは近代天文学のなかでも指折りに大きな挑戦の一つだった。星の光を反射するだけの惑星は、ほぼ間違いなくかすかで、最新鋭の機材で直接観測しようにも恒星に近すぎると識別できなかった。天文学者たちは間接的な方法で惑星を探すしかなかったのだが、ここ20年ほどの間にようやく成果が表れてきた。

ふらつく惑星

太陽以外の恒星の周囲を回る惑星を探す最初の試みでは、海王星の発見がヒントになった。宇宙空間を進む恒星の経路のふらつきを探したのである。連星が両方の星の重心の周囲を巡るのと同じように、惑星系でも惑星が軌道を進むのにしたがって恒星がさまざまな方向に引っ張られる。1855年には早くも、当時インドにあったマドラス天文台のW.S.ジェイコブが、へびつかい座70番星の連星の変則的な動きに気づき、この動きは惑星が存在していることを意味しているのではないか、と主張した。この説はしばらく有力とされていたが、1890年代になって連星の伴星に関する新しいモデルが登場すると、誤りだとされた。

1960年代にも、有名なバーナード星の動きのふらつきについて、これと似たような説が浮上した。バーナード星は光こそ弱々しいが、天空で最も動きの速い、地球からさほど遠くないところにある赤色矮星だ。ただし、地球からわずか6光年という近い距離にあるにもかかわら

（左）NASAの系外惑星探査機ケプラー・ミッションが2011年、地球からおよそ130光年離れたところで、「KOI-961」という赤色矮星を中心に三つの岩石惑星が公転している惑星系を発見した。それぞれの惑星の大きさは地球の半径の0.57倍から0.78倍で、だいたい0.5日から2日の間の周期で公転していた。赤色矮星とはいえ、ごく近くにあるために、この惑星の表面は猛烈に熱い。

太陽系外惑星 | 99

ず、惑星の影響で引き起こされるふらつきはあまりにも小さすぎたため、測定は残念ながら不可能だった。

実際には、こうしたふらつきを目で確認することも、天文学的に計測することも不可能だった。1980年代にようやく、より見込みのありそうな方法が登場した。

視線速度法

新しいアプローチでは、天空における恒星のわずかな動きを左右の揺れとしてとらえるのではなくて、視線方向の動きとしてとらえる。今ではすっかり定着した分光法を使えば、比較的小さな値でも、視線方向の星の光のドップラー効果を測定することができる。さらにコンピューター技術の発達によって、望遠鏡から見える単一の視野の中で検出できる膨大な数のスペクトルを同時に計測・分析することもできるよ

> このときまでに発見された惑星のほとんどが木星と同じくらいか、またはそれ以上の質量をもった巨大惑星で、比較的速いスピードで恒星の近くを周回していた。

うになっていた。

1980年代後半になると、カナダ人の天文学者であるブルース・キャンベル、G.A.H.ウォーカー、S.ヤンらがハワイ島のマウナ・ケアにあるカナダ・フランス・ハワイ望遠鏡を使って16の恒星のスペクトルを集め、この方法をいちはやく応用した共同研究を行った。予測した通りに振動しているように見える星が、七つ見つかった。そのほかにも、おそらくまだ見つかっていない恒星の伴星の影響で、わりあいと大きな振動をしている星も二つ発見した。後者の一対の星のうちの片方は、ケフェウス座ガンマ星と呼ばれる星で、皮肉なことに、太陽系の外にも惑星が存在することが判明した初期の星の一つだった。

ただし、最初に太陽系の外にも惑星が存在することを裏づけるのに使われたのは、まったく別の方法だった。太陽とはずいぶん異なる恒星を中心に回っている惑星系であった。ポーランド人の電波天文学者のアレクサンデル・ヴォルシュチャンとカナダ人の同僚デール・フレイルは、地球から約2000光年離れたところにある「PSR1257+12」というパルサーが発するペースの速いシグナルに現れるわずかな変化を計測した。この系には三つの惑星と、一つのごく小さな「彗星」があり、超高密度で輝く恒星の周囲を回っていることを彼らは1992年に発見したのである。

相次ぐ発見

パルサーの近くを回る惑星があるのかと人々は驚いた（p.105）。天文学者たちはさらに、主系列の星の周囲で惑星を見つけようとしていた。1990年代にスイス人天文学者であるミッシェル・メイヨールとディディエ・ケロッツが、フランスのオート＝プロヴァンス天文台にある高性能のELODIE分光器を使って恒星のスペクトルを集め始めた。1995年までに、太陽に似た恒星ペガスス座51番星について以下の事実を裏づける決定的な証拠を発見していた。地球から約51光年離れたところにあるこの恒星は、少なくとも木星の質量の半分はある公転周期4.23日の惑星の影響を受けてふらついていたのである。

メイヨールとケロッツによる発見の後はせきを切ったように、発見が続いた。2011年末現在で、700個以上の太陽系外惑星が見つかっている。キャンベルやウォーカー、ヤンたちが主張したケフェウス座ガンマ星の周囲を巡っている惑星の存在も裏づけた。この研究のほとんどすべてにおいて、同じ方法が使われていた。

しかし視線速度法は万能ではない。周回し

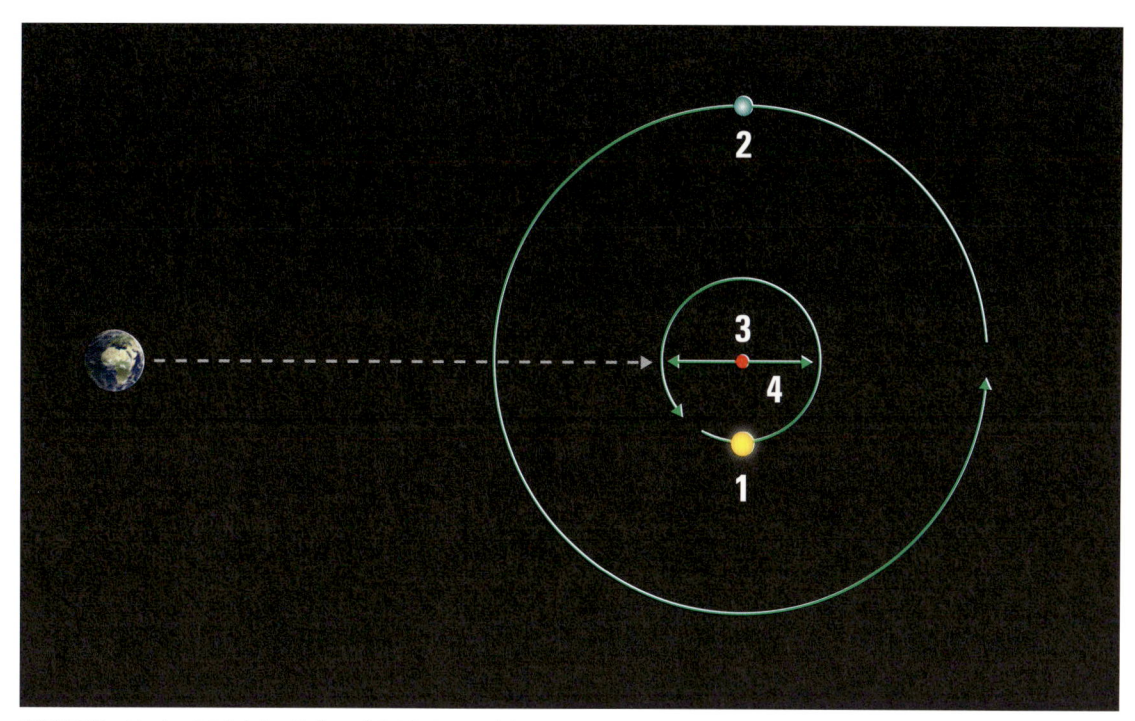

視線速度法では、次のような事実に基づいて惑星を発見する。(1)ある星が、(2)大きな惑星の影響を受けて、(3)系の重心当たりで視線方向にふらつく。(4)ドップラー効果によって、星の光は地球に近づいてくるときは青色寄りに、離れていくときには赤色寄りに交互に変動する。

ている惑星は、検出可能な範囲で恒星をふらつかせることができるほどの十分な重さをもっていなくてはならない（測定の感度はこのときまでにずいぶん良くなっていたのだが）。それに、そのふらつきが周期的なものであるのかを見極めるには、サイクルを何回か観察する必要がある。結果を見ると、このときまでに発見された惑星のほとんどが木星と同じくらいか、またはそれ以上の質量をもった巨大惑星で、比較的速いスピードで恒星の近くを周回していた。また、この技術では地球に向かって来たり、遠ざかっていったりする恒星が視線方向に動くパラメータである動径成分しかわからなかった。恒星の動きがどれだけ左右にぶれているのかを知る方法は今のところなく、観測できる惑星の質量に下限を設定できるだけである。

惑星を見つけるいろいろな方法

そうした限界を乗り越えようと、このほかにも惑星を検出するさまざまな方法が編み出された。日常の感覚に最も近いのはトランジット法だろう。この方法では単に、ある星の集団の方に正確に照準を合わせた望遠鏡を使い、惑星がその恒星の前を横切るときに明るさが変動する決定的な証拠を見つける。このアプローチはNASAのケプラー・ミッションや、欧州宇宙機関のコロー（p.112）でも使われた。

マイクロレンズ効果を利用する、トランジット法とほぼ鏡写しの方法もある。この方法では、まず異常に輝きだした星を探す。マイクロレンズ効果は、重力レンズ（p.206）の一種で、二つの恒星が地球から見てぴったり重なっているときに、手前の恒星に焦点を絞ると後ろ側の恒星からの光が増したように見える現象である。手前の恒星にその周囲を巡る惑星があると、その惑星によってレンズ効果の強さが変動するという原理を利用する。2010年時点で、このマイクロレンズ法を使って、太陽系以外の恒星を巡る惑星は4個見つかっている。

太陽系外惑星 | 101

24 いろいろな太陽系外惑星
太陽系の方が例外なのかもしれない

知られざる惑星

- ■ テーマ：太陽系以外の惑星を分析してみるとわかる、不思議な軌道を描くさまざまな惑星。
- ■ 最初の発見：1995年、太陽に似た星の周囲で史上初めて発見されたペガスス座51番星bは、「ホットジュピター」、すなわち恒星に近い位置で軌道を描く巨大なガス惑星だとわかった。
- ■ 画期的な発見：2011年、惑星の外層をはぎ取られた、むき出しの核を思わせる惑星が見つかった。
- ■ 何が重要か：バラエティーに富んだ太陽系外惑星の顔ぶれを見ていると、地球が所属する太陽系ほど秩序の整った惑星系は、ほかに例がないのではないかと思えてくる。

太陽以外の恒星を回る、何百もの惑星が発見されている。そこにはこれまでは想像すらできなかった新しいタイプの惑星があることが、最近になってわかってきた。例えば、恒星の表面をかすめるように通る巨大なガス惑星や、地球よりもはるかに大きな巨大岩石惑星。死んだ星の周りを巡っている惑星もある。

19 90年代になるまで、私たちのいる太陽系はごくありふれた世界だと考えられていた。そのうち見つかるはずの新しい太陽系は、私たちが知っている太陽系と似たようなルールに従って動き、同じように小ぶりの岩石惑星と巨大なガス惑星が、親となる恒星の周囲でほぼ真円の軌道を描いて周回しているのだと天文学者たちは考えていた。しかし実際は、これとは似ても似つかない惑星系があることが、ここ20年ほどの間の発見からわかってきた。できたばかりの頃に起きた込み入ったプロセスがたまたま地球に都合よく運んだから（下巻p.34）、現在の太陽系に秩序があるように見えているだけだったのだ。ほかの惑星系の秩序は、私たちの太陽系と同じ秩序に従っているわけではないのである。

ホットジュピター

そのことを示唆する事実は昔からあった。ペガスス座51番星b（p.100）は、普通の恒星の周囲で発見された最初の太陽系外惑星である。この惑星はそれまでに予測されていたどれにも当てはまらない、新しいタイプの惑星の代表だった。質量は少なく見積もっても木星の半分ほど（地球の質量の150倍以上）で、太陽に似た恒星ペガスス座51番星からほんの0.045天文単位（約700万km）の距離に位置し、恒星の周囲をたった101時間で一周する。これほどまでに巨大で、しかもこれほどまでに親の恒星に

(右) 第2の太陽系を撮影した貴重な画像。画像処理によって、色を変えている。巨大なガス惑星が3個、地球から120光年程離れた若い恒星「HR8799」の周囲を回っているのがわかる。これほど遠い位置にある惑星の弱い反射光をとらえるために、中心にある恒星の光を「コロナグラフ」という装置で遮っている。恒星は、緑色の丸のついた部分にある。

恒星のある場所

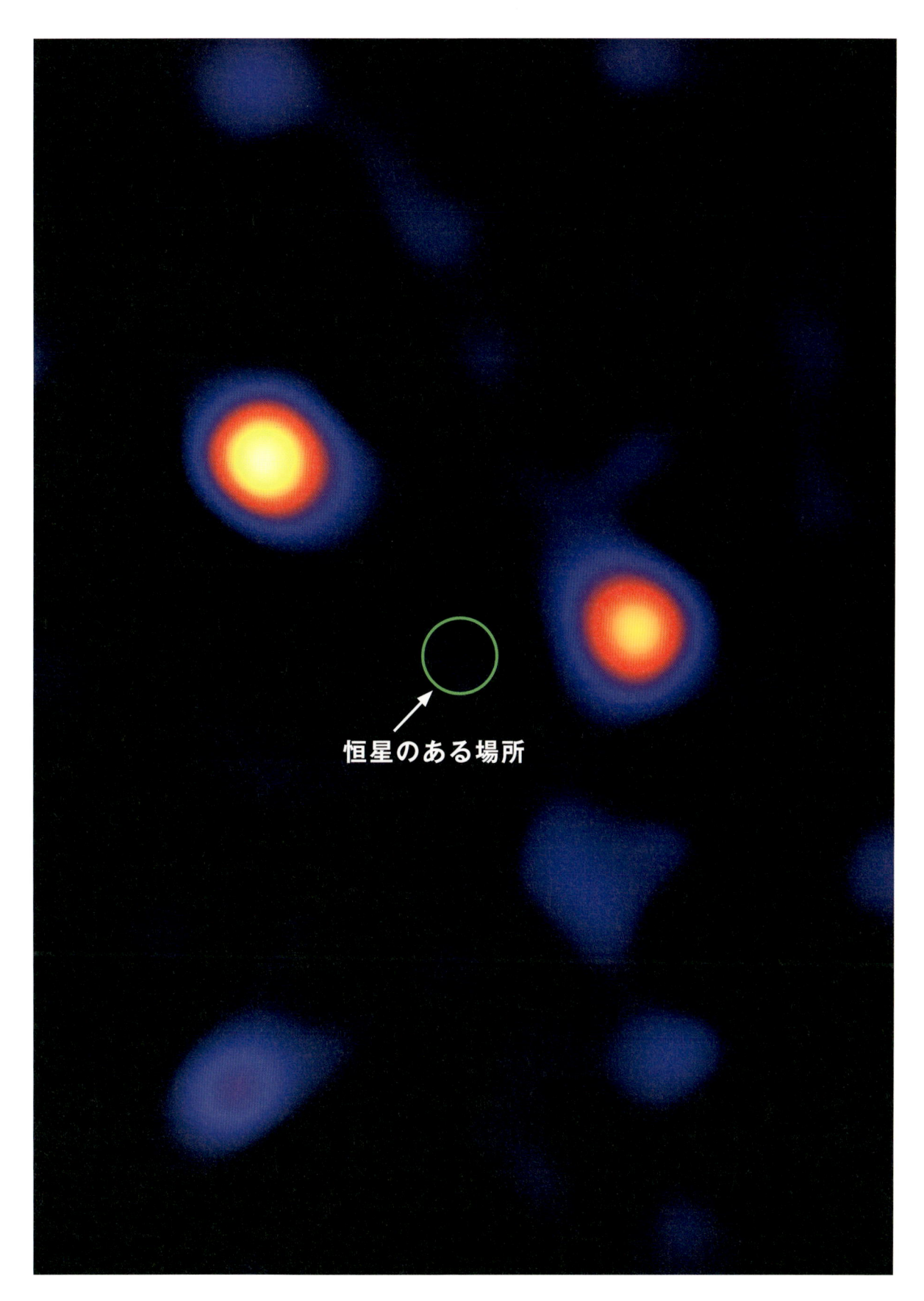

いろいろな太陽系外惑星 | 103

「HD80606b」の大気中で発達する巨大な嵐の様子を再現した連続画像（コンピューターで作成）。この巨大ガス惑星は、これまでに発見されたすべての太陽系外惑星のなかでも最も極端な軌道を描いて運動している。コンピューターのシミュレーションと赤外線を使った観測結果によると、この惑星が恒星に最も近づいたときに嵐ができる。

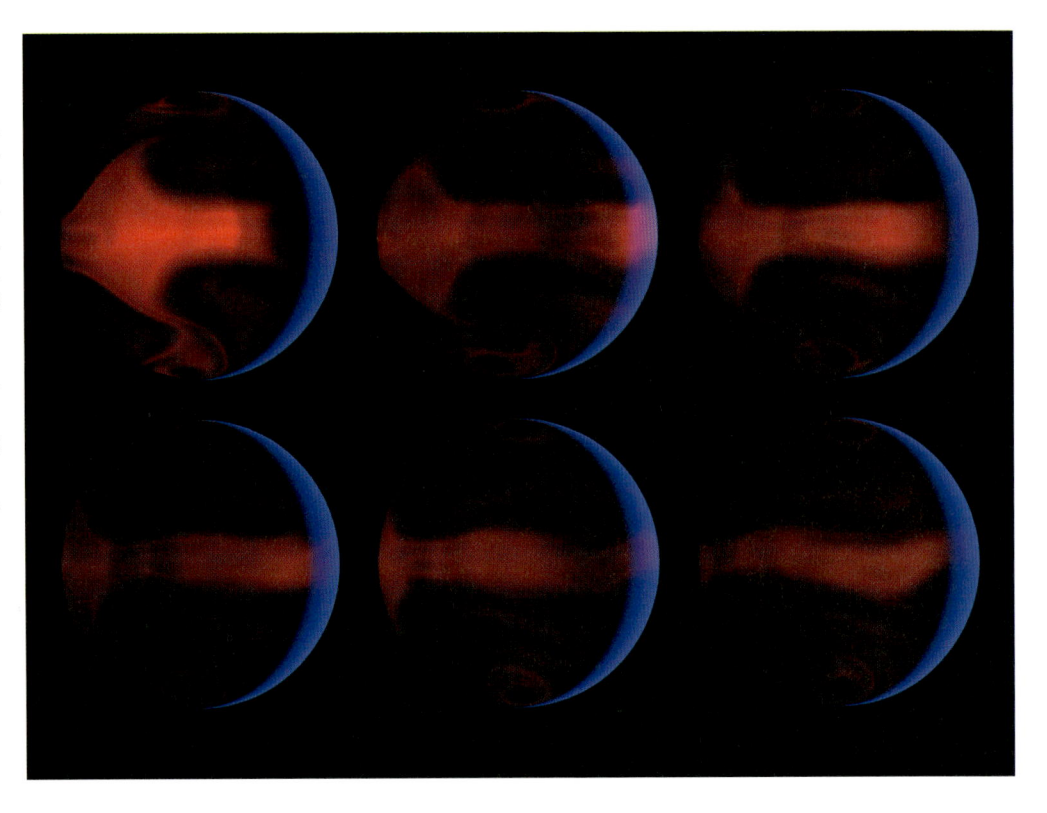

接近して周回している惑星は、固い岩石の球体に違いない、と考えられていた。ところが、親の恒星にこれほどまでに近い位置に巨大惑星ができるとしたら、理論上つじつまの合わない点が出てきた。そして、こうした惑星が別の場所から現在の位置に移動してきたことが明らかになり、このように大きな天体は巨大ガス惑星（いわゆる「ホットジュピター」）である可能性が高い、という結論に天文学者たちは達したのだ。

ガス惑星がこれほどまでに親の恒星に接近したまま生き延びているなどという状態は、実際にはあり得ないことのように思えた。強烈な熱を浴びたら、大気は間違いなく蒸発するはずだ。確かに、彗星によく似たガスの尾が、こうした惑星から吹き出ている様子がその頃よく見つけられていた。ところがどうやら、数千℃の高温になってもバラバラになることはない十分な質量がほとんどの巨大なガス惑星にはあるようだった。ホットジュピターはどれも強い潮汐力を受けているため、その軌道は必ず離心率の非常に小さい楕円を描く。そしてこの潮汐力が自転速度にブレーキをかけるので、この惑星はいつも同じ顔を恒星に向けている。そのせいで、この惑星の気候には突出した特徴が現れる。

こうした奇妙な惑星は、どのようにして恒星に接近したのだろう。私たちの太陽系のことを理解する際にとても役に立った惑星の軌道移動モデルは、今回はあてはまらなさそうだった。ホットジュピターは、発達プロセスの非常に早い段階、それも恒星がしっかりと輝き始まるよりも前に軌道を移動したと考えられている。このモデルによれば、原始惑星系星雲の中で巨大惑星ができるときに、惑星は星雲の中で波を起こして角運動量を失い、内側に落下していった。恒星の中で核融合のプロセスが始まると、軌道移動は終わり、恒星の放射エネルギーと恒星風が、星雲の中に残っていた物質を吹き飛ばす。

ホットジュピターは、新しいタイプの惑星の一つにすぎない。ほかにも、海王星に近い質量

をもちながら地球の軌道よりも小さな軌道を描く「ホットネプチューン」や、ガスの層を失い「ホットジュピター」の核だけになった「クトニア惑星」などがある。地球の10倍程度の質量をもつ惑星を「スーパーアース」と呼ぶが、すべてが地球に似ているとは限らず、なかには事実上「ガス準惑星」であるものもあり得る。

こうした惑星の奇妙さは、物理的な構造が変わっていることだけではない。ホットジュピターや私たちの太陽系の惑星が描くような真円に近い軌道は標準ではなく、例外であるらしかった。ほとんどの惑星が、間違いなく楕円軌道を描いて運動していた。なかには、連星の片方または両方を中心として、明らかに安定した軌道を描くものも発見された。

パルサー惑星に挑む

なかでもとりわけ人々を仰天させたのは、1992年に発見された史上初の太陽系外惑星、パルサー惑星だろう（p.100）。いくつかのパルサーは惑星系を成していることが、現在では知られている。こうした惑星の存在は、天文学者たちにとって取り組むべき大きなテーマになっている。パルサーは、破壊的な力をもつ超新星爆発の後に現れる残骸の天体だ。

超新星爆発の前にその星を回っていた惑星もあっただろうが、地球と太陽の位置関係よりも恒星に近い位置にあった惑星は、爆発時にどんな惑星も破壊してしまうほどの力を受けたはずだ。惑星が何とか爆発をやり過ごせたとしても、新しくできたパルサーが放つ高エネルギーの放射にさらされて惑星の表面ははぎ取られ、やはり宇宙空間に蒸発してしまったのではないかと考えられている。

今ある惑星は、超新星爆発の後に軌道にとらえられたさまよえる星間物質か、ごく最近になってパルサーの方にらせんを描きながら落ち込んできた、本来は遠くにあった惑星だったのではないかと予測する天文学者もいる。2006年には、スピッツァー赤外線宇宙望遠鏡を使って地球から1万3000光年離れたところにあるパルサー「4U0142+61」を囲む塵円盤が発見された。この調査を行ったマサチューセッツ工科大学のディープト・チャークロバーティは、この円盤は10万年ほど前に超新星が放出した金属を多く含む物質でできているのではないかと考えている。普通の星の周囲にある原始惑星系星雲円盤と比較して考えると、この円盤も最後には収縮して、小さな高密度の惑星系にまとまるのではないかと考えられている。

2011年に、さらに奇妙なでき方をした惑星

できたばかりの頃に起きた込み入ったプロセスがたまたま地球に都合よく運んだから、現在の太陽系に秩序があるように見えているだけだったのだ。ほかの惑星系の秩序は、私たちの太陽系と同じ秩序に従っているわけではないのである。

の例を、ドイツのマックス・プランク電波天文学研究所の研究者たちが発表した。木星ほどの質量をもつ惑星が、パルサー「PSRJ1719-1438」の周囲をたった130分で一周していることに、オーストラリア人の天文学者マシュー・ベイルス率いるチームが気づいたのである。これほどまでに過酷な状況でも生き残れるなら、この惑星の密度は非常に高いはずだ。ならばこの惑星はもともと、パルサーによって一番外側の層をはぎ取られた伴星の生き残りではないかと研究チームは考えた。外側の層から内部に向かっていた圧力が取り除かれると、その星の核で起こっていた核融合はやがて停止して、最終的には幼い白色矮星（p.151）になる。炭素が多い化学組成であるらしいことから、この一風変わった新しい惑星には、「ダイアモンド惑星」というあだ名がついた。不思議な惑星はこれからも、まだまだ発見されるだろう。

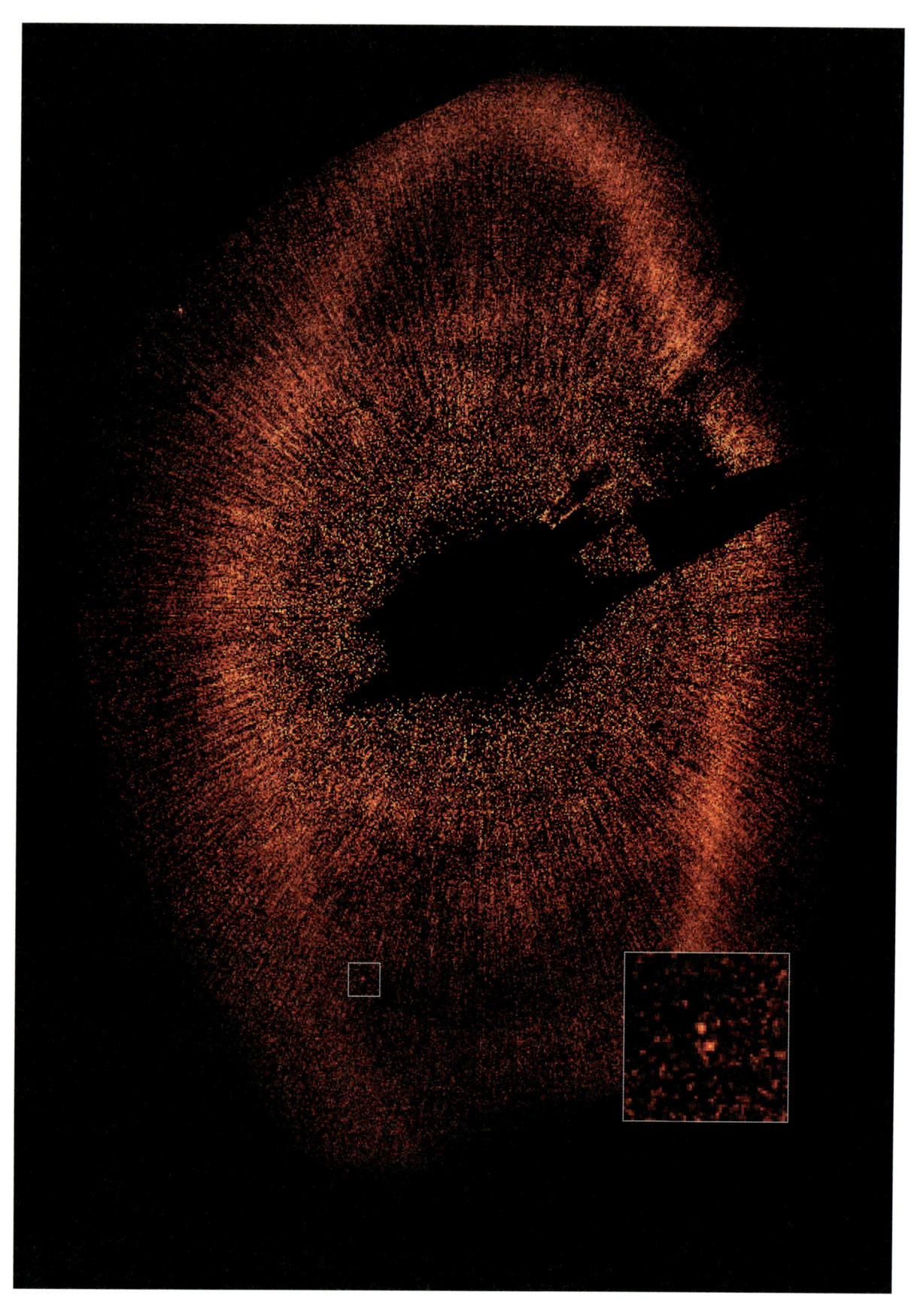

106 | フォーマルハウトの惑星系

フォーマルハウトの惑星系

惑星誕生の瞬間が見られる

25

知られざる惑星

- ■ テーマ：塵でできた大きな環に囲まれている、地球から比較的近い距離にある恒星。
- ■ 最初の発見：電波望遠鏡を使って1998年に初めて、フォーマルハウトを取り囲む環の地図を作成。2004年には、ハッブル宇宙望遠鏡が撮像した。
- ■ 画期的な発見：2008年に、この円盤の中で惑星が周回しているのを天文学者たちが発見した。
- ■ 何が重要か：フォーマルハウトの惑星系の中では、惑星が今まさに生まれようとしている貴重なプロセスを目の当たりにすることができる。

地球から近いところにある明るい恒星、フォーマルハウト。この外側には、太陽系におけるカイパーベルトと似た、塵が集まった円盤がある。その雲の中に見えるのはおそらく新しく生まれた惑星だと天文学者たちは考え、その動きを追っている。

アラビア語で「魚の口」を意味する、フォーマルハウト。みなみのうお座の中でも最も明るい恒星で、地球から見える全天の中でも指折りに明るい1等星である。地球から25光年離れた位置にあり、明るさは太陽の18倍、質量は2倍ある。星の進化の標準的なモデル（p.81）で考えると、できたのは今からおよそ1億〜3億年前で、約10億年でその一生を終えるのだと考えられる。

1983年、予想外に大量の赤外線放射がフォーマルハウトから放出されているのを、赤外線天文衛星IRASが見つけた。白い光を放っているので、この星の表面の温度は8500℃程度。太陽ほどの赤外線放射はないはずだと考えられた。おそらくこの恒星は低温の塵の雲で覆われていて、そのせいで大量の赤外線放射が発生しているのだと天文学者たちは予測した。がか座ベータ星の周囲にもこれによく似た円盤があり、そちらの画像はIRASでうまく撮影できたのだが、フォーマルハウトの周囲にある円盤は解像できなかった。1998年にようやく、英国と米国の天文学者チームがサブミリ波を用いて初めて、この円盤を観察することに成功した。2002年にさらに行われた電波観測と、スピッツァー宇宙望遠鏡が2003年にとらえた赤外線画像とを組み合わせると、この円盤は地球から見て浅い角度に横たわっていて、中央には20天文単位ほどの幅のすき間もあった。フォーマルハウトの円盤は、カイパーベルトの中で衝突が起こったときにできる塵とよく似ているように見えたが、その円盤のサイズはざっと4倍あった。奇妙なことに、円盤の中央は星のある位置とは少しずれているように見えた。電波画像を見た天文学者たちは、円盤の中にゆがみが

(左) 恒星フォーマルハウトの周辺に、惑星を構成する物質が円盤になって渦巻いている（渦が見えやすいように、コロナグラフを使って中央にある1等星フォーマルハウトの光を遮っている）。枠の中の画像は、惑星と疑われる天体が塵の中を動いている様子をとらえている。ハッブル宇宙望遠鏡が撮影した。

フォーマルハウトの惑星系 | 107

あることにも気づいた。ゆがみの原因は、この恒星から60〜100天文単位離れたあたりで、惑星が一つ以上周回しているせいではないかと彼らは考えた。

ハッブル宇宙望遠鏡、とりわけ2002年の任務飛行のときに設置された掃天観測用高性能カメラ（ACS）の鮮明な画像が、フォーマルハウトに関する考え方を根底から覆した。コロナグラフという可動式の円盤を使って恒星そのものが放つ明るい光を遮って撮像したものだ。今まで撮ったどの画像よりもはるかに高解像

> ゆがみの原因は、この恒星から60〜100天文単位離れたあたりで、惑星が一つ以上周回しているせいではないかと彼らは考えた。

度で、ACSは可視光で円盤の画像を初めてとらえることができた。

塵の正体

ハッブル宇宙望遠鏡の画像では、フォーマルハウトの周囲にある円盤は奇妙なほど眼に似た形をしていた。ほとんどの物質が、星から133〜158天文単位の間の位置にある、比較的くっきりとした環の中に集中していることがわかった。この領域の内側と外側では、塵の濃度は急に薄くなるが、それでもうっすらとした塵の環ができていた。この円盤の中央は、ちょうどコロナグラフに隠されて黒くなっている領域であるため、この恒星が実は円盤の中心から約15天文単位ほどずれたところに存在している事実がわかりにくくなっている。

一見すると平べったい環だが、実は厚みがあり、環の密度が高い部分ほど分厚かった。この事実に、人々は首をかしげた。理論上では、降着のプロセスを経て原始惑星系円盤は平たくなっていくはずだった。2007年、ニューヨーク州にあるロチェスター大学のアリス・キレンは、この塵円盤に厚みがあるのは、微惑星が衝突して互いにくっつきあうときに起こるかく乱と熱が原因だという説を発表した。計算によると、微惑星は冥王星と同じくらいのサイズにまで成長していて、爆発的な急成長期を迎えていることが予測できた。その重力は、環から塵をどんどん放出させられるほど大きくなっている。

比較的くっきりとした、この環の内側の境界をさらに詳しく分析したキレンは、海王星くらいの大きさの惑星がこの環のちょうど内側を回っているのではないかと主張した。こうした惑星がこの位置にあったら、塵円盤を前に進むときに物質を押しのけ、自分が通る軌道の外側に積み上げていくはずだ。はっきりとした楕円形の軌道を描いているなら、近日点と遠日点とでは恒星までの距離が格段に違う。円盤に含まれる物質の分布の偏りは、このことから説明がつく。このような楕円軌道を描く、これほどまでに若い太陽系の中に惑星が存在することを裏づけるのは、実は難しい。生まれたての惑星は、そのふるさとである原始惑星系星雲から、真円に限りなく近い軌道を引き継ぐと考えられているからだ。通常、はっきりとした楕円形の軌道は、太陽系の中にある惑星同士の相互作用によって長い年月をかけて形成されると考えられている。ところがここでは、このプロセスが極めて早い段階で起こっているのだ。キレンが提案したこの惑星はおそらく、極めて珍しい大変動によって異なる軌道へ動いているか、あるいは惑星形成に関する現在の仮説には何か全体にかかわる大事なことが欠けているかのいずれかではないかと考えられている。

間近に惑星がある？

2008年、カリフォルニア大学バークレー校のポール・カラスが率いる天文学者のチームが、ある惑星がフォーマルハウトの環を作る手助け

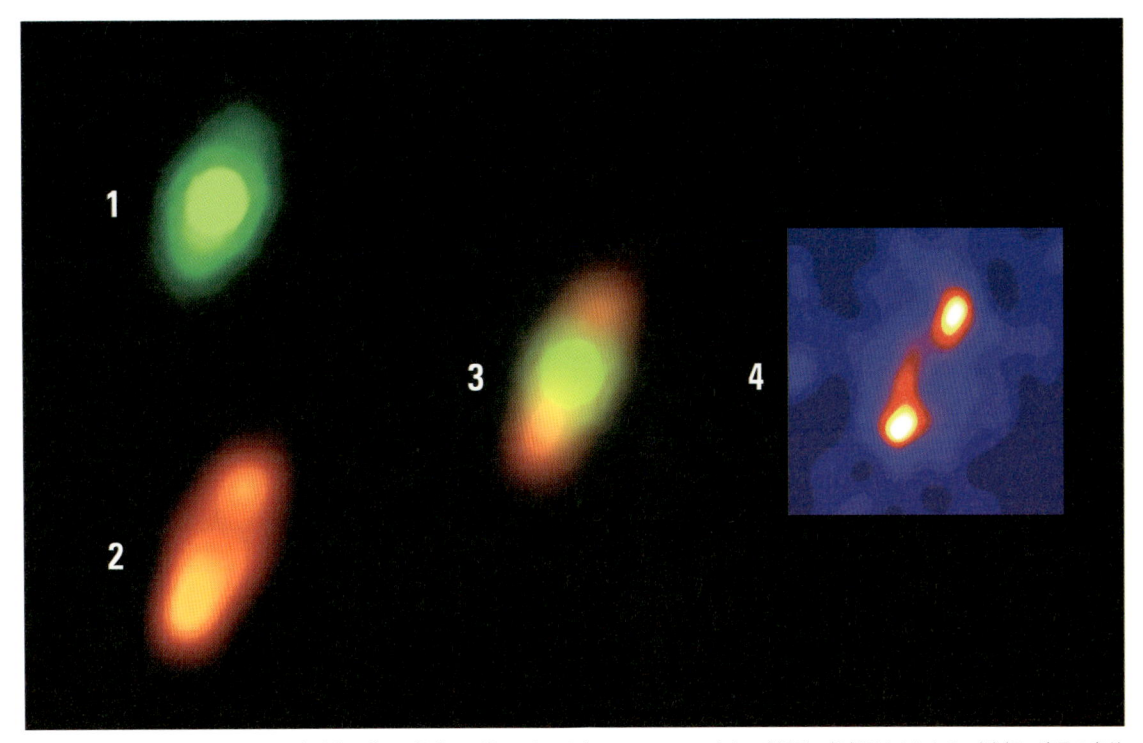

スピッツァー宇宙望遠鏡がとらえた赤外線画像。可視光では決してわからないフォーマルハウトの惑星系の細部がよくわかる。(1) 短い波長の赤外線では、何もない環の中央に高温の塵がある。(2) やや長い波長では、星の片方ともう片方との間で、塵の分布が違っている。(3) スピッツァー宇宙望遠鏡による二つの画像を合成したもの。(4) ジェームズ・クラーク・マクスウェル望遠鏡による電波地図では、この環が地球に対して傾いていることがわかる。

をしている、という説を見事に証明して人々を驚かせた。2004年と2006年にハッブル宇宙望遠鏡に搭載したACSによる撮影画像を比べたときに、円盤の内側の環の端に明るい点が1個あり、それがほんのわずかに位置を変えていることに気づいた。慎重に計算してみると、この天体は恒星を中心に軌道を描いているらしいことがわかった。

今ではフォーマルハウトbという名で知られているこの惑星は、可視光の中で直接画像にとらえることのできた最初の太陽系外惑星だ。恒星から約115天文単位離れたところ（海王星と太陽の距離の約4倍）に位置し、質量は木星の3倍弱ある。できてから1億年もたっておらず、表面の温度はいまだに沸点を超えている。2回観測した結果が違っているのは、高温の大気か、この惑星の周囲にある環の影響ではないかと考えられている。

太陽系外惑星の観測の多くが手探りの段階であるため、不確かな点はまだまだある。カラスのチームが2010年にハッブル宇宙望遠鏡を使ってフォーマルハウトを撮影しようとしたとき、フォーマルハウトbが予測された位置からずれているのを見つけて、びっくりした。さらに、この惑星の軌道を計算し直してみると、塵円盤を突っ切ることがわかった。明るさからこの惑星の大きさを推し量る限りでは、塵円盤を通過するときに環の中ではちょっとしたかく乱が起こるはずだ。一説では、まだ発見されていない二つ目の惑星が円盤をしっかりと押さえてこのかく乱を和らげると予測している。ほかにも、フォーマルハウトbは円盤の中で一時的に物質が集中している固まりに過ぎないとする説や、実はこの天体は背後にある恒星で、まぎらわしい経路で空を横切っているから惑星と見間違えたのだと考える説もある。

26 地球に似た惑星
意外に多いかもしれない

知られざる惑星

- テーマ：ハビタブルゾーン（生命居住可能領域）に位置する小さな惑星。
- 最初の発見：2006年に打ち上げられたコロー（COROT）と、2009年に打ち上げられたケプラーが、太陽系外惑星を見つける人工衛星の先駆けとなった。
- 画期的な発見：2011年、ある恒星のハブタブルゾーンで、地球の2倍ほどの大きさの太陽系外惑星ケプラー22bが見つかった。
- 何が重要か：天の川銀河のどこかに地球に似た惑星があり、生命体が生きていることは間違いなさそうだ。

生命体が生きられる地球によく似た惑星が、きっとどこかにある。それを見つけたい一心で、前例のない挑戦が続けられた。2011年の終わりに、その挑戦が初めて報われた。太陽に似た恒星の周囲にある生命が生きられる領域で、比較的小さな惑星を発見したのである。

恒星を公転する巨大な惑星を見つけるには、視線速度法がとても有効であることは、実証されている（p.99）。しかし、地球とよく似た小ぶりな惑星を探すには問題が山積みで、画期的な解決法が必要だ。幸い、1990年代には誰も想像できなかったほど技術が進歩した。そのおかげで、もっとダイレクトに惑星を見つけるトランジット法と呼ばれる方法が登場した。超高感度電子光検出器（一般的なカメラに装着されているCCDの先進モデル）を使えば、個々の恒星の光量をかなり精密に検知できるようになったので、ある惑星が恒星の前を横切ったり通過したりするときの刻々とした変化を検知できるようになったのだ。

恒星の前を横切る惑星のなかには、地上にある望遠鏡で見つけられるものもあった。しかし、荒々しい大気圏の影響で星の光が絶え間なく明滅すると、その変化がごくささやかだった場合には、観測するのはほぼ無理である。太陽系外の惑星を大規模に探査するには、大気圏のはるか上空で運行する宇宙天文台が欠かせない。これを使えば、視野を固定したままで何カ月、ときには何年もの間、一度に星を観測して、その明るさが変化していることの決定的な証拠を探し続けることができる。この方法からは、惑星の直径などその星の特性を新たに知ることも可能だ。もっとも、質量はわからない。視線速度法を使って見つけた惑星をトランジット法で観測できれば、質量はもちろん、密度や考え得る化学組成も同時に探り当てることができる。

(右) 太陽系の中でも最大の岩石惑星、地球。ここでは、おびただしい数の生命体が生存可能な環境の恩恵を受けている。ほかの恒星を中心に回っている地球と似た惑星を見つけようと、天文学者たちは日夜研究に取り組んでいる。

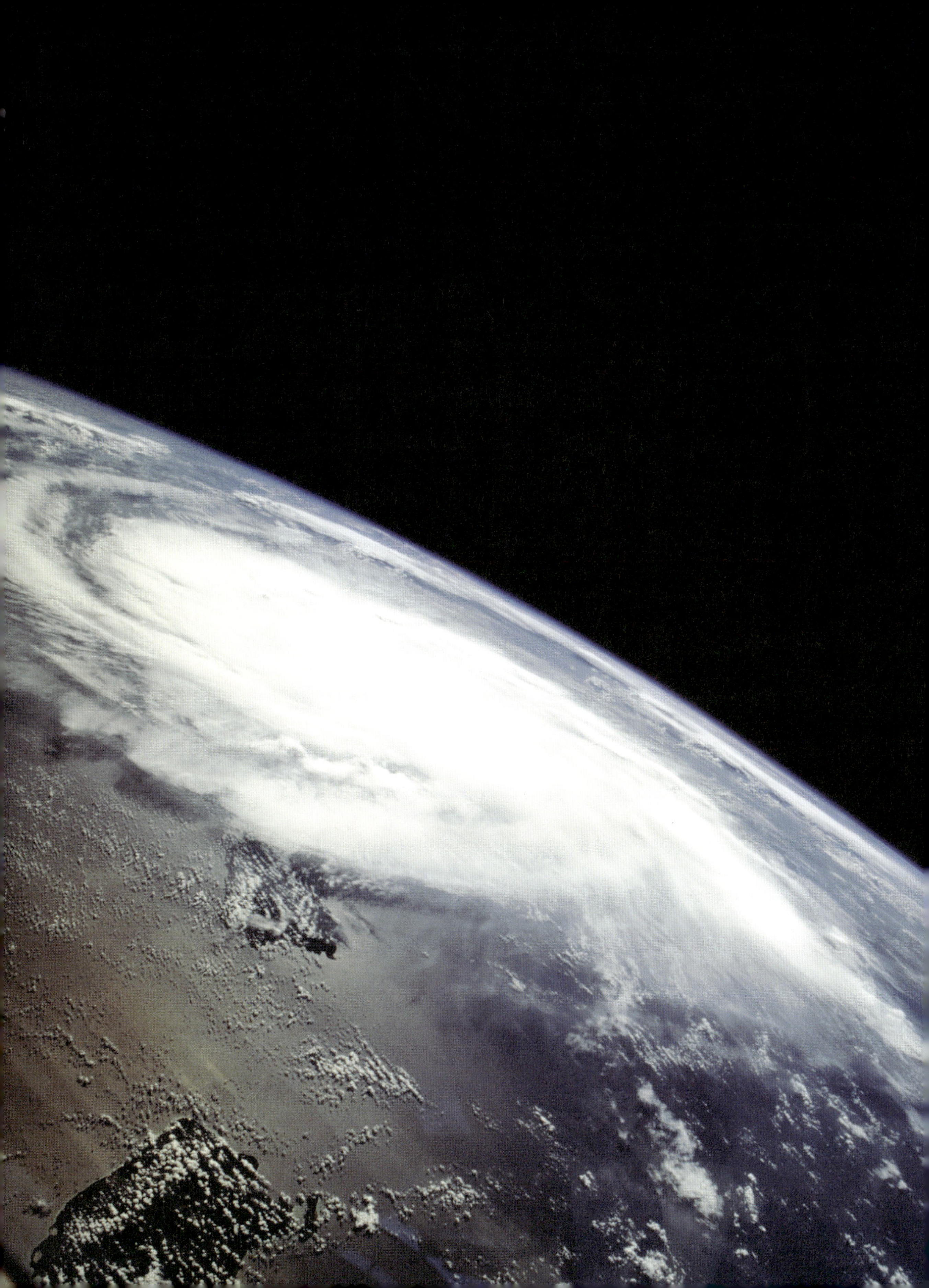

史上初めてトランジット法を実際に応用したのが、欧州宇宙機関がフランス主導で開発したコロー衛星だ（COROT：COnvection, ROtation et Transits Planetaries「対流、自転と惑星の通過」）。2006年に打ち上げられたこの人工衛星は、太陽系外惑星の発見と、恒星の表面に現れる音波を測定する星震学（日震学の手法を恒星に応用したもの、下巻p.20）という二つの目的を掲げて、2007年2月に活動を開始した（現在、運用は終了）。コローには口径27cmという小ぶりの反射望遠鏡と、2048×2048ピクセルのCCD（電荷結合素子）が4基搭載されていて、互いに反対の位置にある二つの空、へび座といっかくじゅう座のある領域を観測しようとしていた。

2009年3月には、NASAも独自の通過探査ミッションに乗り出し、ケプラー探査機を打ち上げた。ケプラーは、それぞれ解像度が2200×1024ピクセルのCCDを42基と、口径1.4mの反射望遠鏡を搭載し、コローよりも広い領域を異なる方法で観測しようとした。地球を中心に周回するコローと違い、ケプラーは太陽を中心とする軌道を描いて運行する。そのため空のある領域、具体的にははくちょう座やこと座、りゅう座で囲まれた境界を、地球が割り込んで視界を遮られることを心配せずに、観測することができる。14万5000個ほどの観測可能な主系列の恒星が含まれた視野を、ケプラーは少な

ケプラー探査機がとらえた宇宙空間。天の川銀河の北側にある星々が密に存在する領域を100平方度の範囲で切り取り、それを42個のマス目に分割している。

くとも3年半程観測する予定だった（現在、このミッションの運用は停止中）。

　どちらの衛星にも、それぞれ問題点はあった。コローが予定していたミッションでは、それぞれの目標領域を一度に150日間調査し、短期間の観測と、星震学のための観測を交互に繰り返すことになっていた。ところが、2009年3月にデータ処理ユニットが故障したため、CCD4基のうち2基が動作不能になった。これに伴って衛星の長期観測を90日に短縮し、調査する星の数を減らした。ケプラーの方は、観測時に予想外のノイズが発生していた。ノイズがなければ、それぞれ別のトランジットを観測することで惑星の存在と周期が確かめられる。しかし、ノイズのせいでトランジットと間違えられるようなイベントが増えてしまう。

幸先の良いスタート

　それでも、この二つのミッションは大成功し、トランジット法が大いに有望であるというお墨つきが得られた。コローが探査した最初の二つの惑星（COROT-1bとCOROT-2bと呼ばれるホットジュピター）は、打ち上げから数週間で発見された。COROT-1bはこの後に二次食（惑星が恒星の後ろを通過するときに短時間わずかに暗くなる現象）が観測された最初の太陽系外惑星となった。二次食が検知できたのは、今後の研究にとっても朗報だった。この現象をうまく使って惑星からの光だけを切り離せば、温度や大気の化学組成といった特性も探り当てることができるからだ。その後も、これまで存在が知られていなかった最も小さな惑星や、数え切れないほどの木星サイズの惑星も発見された。

　ケプラーもまた、打ち上げられてから数週間のうちに、惑星を続々と見つけていった。ほとんどが、非常に小さな軌道を描くホットジュピターか、ホットネプチューンだった。トランジット法の特性を考えれば、これは驚くべきことで

はない。トランジット法では、地球から見て恒星の真正面をたまたま横切る惑星しか検出できない。だから、惑星の軌道が大きくなると、この貴重な現象が起こる機会も減ってしまう。それでも、ケプラーが観測する星の数は膨大なので、もしかするとこの貴重な現象が見られるかもしれないと期待された。2000個以上ある未確認の惑星「予備軍」を最先端の統計手法を駆使して分析した天文学者たちは、想像だにしなかった結論を導き出した。

　地球に似た小ぶりな惑星というのはどうやらこれまで考えられていたよりも実は珍しいものではなかった。惑星がいくつもある惑星系も、ありふれたものだった。接近した連星系の両方を中心に公転するタトゥイーン（映画『スター

14万5000個ほどの観測可能な主系列の恒星が含まれた視野を、ケプラーは少なくとも3年半程観測する予定だった。

ウォーズ』に登場する架空の惑星）の存在すら確認されている。さらに心躍ることがわかった。ざっと計算してみると、水が液体の形で存在する、ハビタブルゾーンで公転する惑星をもつ恒星は、全体の3％程を占めているらしいのだ（下巻p.52）。

　2011年12月、ケプラー・ミッションのチームは、この統計を裏づける大発見を発表した。地球から600光年ほど離れたところにある太陽に似た恒星を囲むハビタブルゾーンの中を、直径が地球のおよそ2.4倍の惑星ケプラー-22bが公転しているというのだ。専門家のなかには、この惑星は岩石惑星ではなくて海王星に近い性質をもっていると主張する人もいるが、そうだとしてもこれは大発見だ。この数日後には、まさしく地球サイズの惑星が初めて見つかった（この惑星の軌道は極めて短く、生命体が生存するには高温すぎることがわかったのだが）。

27/30 個性的な星

食連星 ぎょしゃ座イプシロン
謎だらけの不思議な天体

- ■ テーマ：不思議な天体が引き起こす、27年という長い食周期をもつ恒星系。
- ■ 最初の発見：1783年に、ジョン・グッドリックが初めて食連星を発見した。1821年にはヨハ ン・フリッチュが、ぎょしゃ座イプシロンの変光に気づいた。

の食の様子を撮像。不透明な物質が集 仮説を裏づけた。

でも古くから未解決の謎の一つだ。

目を見張るほどの変化を見せる。著しく 「食連星」と呼ばれる天体に見られる現 た。

ピッカリングがアルゴルを詳しく調べ、ア 食を起こさせているのは、グッドリッ ていたものとは別の天体であると結論 のである。ドイツ人天文学者のH.G.フォ は、二つの星が互いを回転しているため 、複雑な吸収線をアルゴルのスペクト に見つけ出し、1889年にピッカリング を裏づけた。こうしてアルゴルは、最初 された「食連星」であるだけではなく、 最初に発見された「分光連星」となった。 ル以降、二重連星や、多重連星は、こ 考えられていたよりもはるかに普通に存 ものだという考えが定着した。現在では、 ように単独で存在している恒星の方が、 天の川銀河では珍しい存在だと考えら る。

ゴルの伴星は、かすかなオレンジ色の準 ハーバード大学天文台の台長だったエドワー　　巨星であることがわかった。明るい青白い光の

27

個性的な星

（左）ぎょしゃ座イプシロンの謎をうまく説明できるように想像して書いたイラスト。主星を中心に、主星よりも高温の伴星が軌道を描いている。伴星は塵（ちり）の多い、おそらく惑星を生むような物質などでできた、不透明な円盤の中に埋まっている。

食連星　ぎょしゃ座イプシロン　| 115

主星、アルゴルと比べたら、この伴星は系全体の明るさにほとんど影響していなかった。そのせいで、明るい主星が暗い伴星を隠したときでも全体的にほんの少ししか暗くならない。ほかの方法を使って恒星の性質が裏づけられるまでは、この現象は検出されなかったのである。

神秘的な恒星

それにしても、あまたある天体のなかでもイプシロンは目立っていた。1等星カペラなどとともに「子ヤギ」と呼ばれる三角形を形成するというわかりやすい場所にあるおかげで、星の明るさを観測するのが容易だ。この星の光の明るさが変動する性質は、1821年にドイツ人の天文学者ヨハン・フリッチュが発見した。これ以外にも19世紀の間、この星の明るさが時折暗くなるという観測結果が報告されていた。この変動が27.1年周期であることに気づき、食連星による現象ではないかと1904年に最初に言い出したのは、別のドイツ人天文学者、ハンス・ルーデンドルフだった。

スピッツァー宇宙望遠鏡が赤外線でとらえた観測画像には、この円盤の中心にある星は実はたった一つで、円盤の中は砂利のような物質が均一に散らばっているらしかった。

星を観測する技術が発達すると、この食連星が実に謎だらけであることがわかってきた。27年ごとにやってくる周期のなかで、食は640日から730日間続いた。主星を隠している天体は明らかに巨大であるらしく、計算してみると主星とだいたい同じくらいの質量がありそうだった。だとしたらなぜ、この伴星そのものの明るさが、この食連星全体の明るさに影響を与えていないのだろう。イプシロンの光を分析しても、分光器には伴星からの光の痕跡は現れないのである。

ただし、例外があった。食の間だけ、何か暗い色の奇妙な吸収線が現れて、食の間中その波長が変化していた。つまりこの天体は、回転しているらしかった。

主星である白色の超巨星の明るさがわずかに変動するのも、この食連星をさらに複雑にしていた。またもう一つ、謎があった。食は明らかに部分的（最大で主星を50％ほど隠す）だったのに、毎回食が起こっている間、この系の明るさの「光度曲線」はいつも途中でフラットになっていた。この最中には隠されている主星の割合が一定であることを示している（隠している方の天体がかなり小さいと、こういう現象が起こる）。

食を起こしているのは、円盤？

こうした不可解な点をどうにかして説明しようと、天文学者たちは20世紀の間ずっと奇想天外な仮説をいろいろとひねり出した。ルーデンドルフは、食を起こしているのは恒星の集団だと考えた。

オランダとアメリカで活躍したジェラルド・カイパーをはじめ多くの天文学者は、明るい主星は実は不透明で巨大な「赤外線星」を中心に回っていて、食の間はこの星が光を放っているのだと考えた。さらに1954年にチェコの天文学者ズデネク・コパルは、食を起こしている天体は主星を中心とする軌道と地球からの視点に対して一定の角度をもつ不透明な塵円盤だと仮定した。こうすることで、イプシロンの奇妙な習性のどれだけ多くが説明できるかを、仮説として示した。

不透明の円盤モデルに沿って考えれば、イプシロンの不思議な光度曲線に関する多くの疑問点が解決できた。しかし、その円盤そのものの存在や、この最中に明るさが一定であることについては、解決できていなかった。また、この

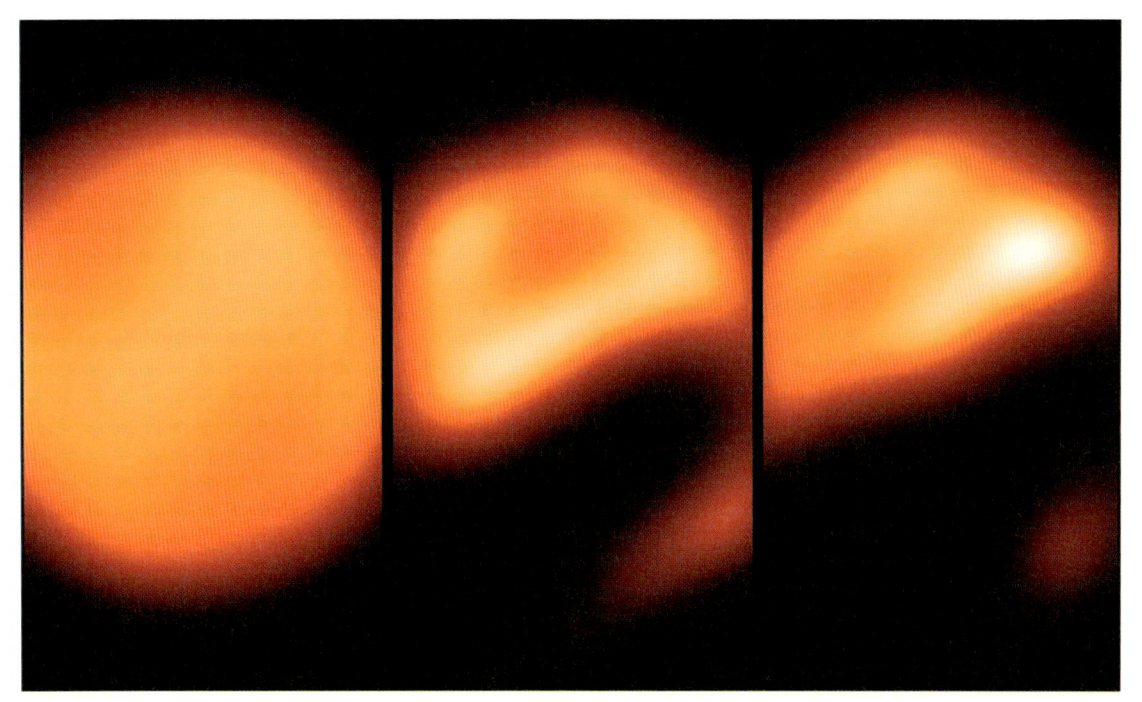

国際チームによって連続撮影された、赤外線合成写真。ぎょしゃ座イプシロンの食が進行する姿が初めてとらえられた。

円盤にはなぜ明らかに主星と同じだけの質量があり、かなり長期にわたって軌道に対して同じ角度を保てているのかも、わからなかった。1971年にカナダ人天文学者のアラステア・G・W・キャメロンが、この円盤はブラックホールを覆っているのではないかというアイデアを提案したが、目立った高エネルギーの放出がついぞ見られないことから、この説は却下された。

観測ブームが巻き起こる

1982年から1984年にかけての食のときには、ケンブリッジ大学のピーター・エグルトンとジム・プリングルがこの円盤そのものは不透明だが、その中心部には高温の青白い二つの恒星があり、互いの周囲を回転しているというモデルを提案した。二つの星が回転していることで、円盤の平面は安定する。毎回食の途中でイプシロンがほんの少し明るくなる現象も、円盤の中心部に二つの星のすき間ができることでうまく説明できる。

2009年から2011年に起きた食のときには、それまでにない規模で多くの国がこの天体を観測する一大ブームが巻き起こり、新たな発見や仮説が続々と登場した。その後も調査は続いている。ジョージア州立大学のCHARA（高角分解能天文学センター）干渉計望遠鏡群を使って撮像した画像には、主星の表面を横切る円盤が初めてとらえられていた。スピッツァー宇宙望遠鏡が赤外線でとらえた観測画像には、この円盤の中心にある星は実は（二つではなく）たった一つで、円盤の中は砂利のような物質が均一に散らばっているらしかった。これが正しいとすると、主星は比較的小さな質量で誕生した巨星であり、できたばかりの超巨星ではないことになる。

最後に、太陽系外惑星もまたイプシロンのなかで何らかの役割を担っていると考える説もいくつか提案されている。例えば円盤の中心部にすき間を作ったり、主星に不思議な小きざみの振動を起こさせているのは太陽系外惑星だ、と唱えている新説がいくつもある。

28 赤色超巨星 ベテルギウス
太陽の10万倍ものエネルギー

個性的な星

- テーマ：地球から最も近い位置にあり、地球から見た直径が最も大きい超巨星。
- 最初の発見：1920年に、ベテルギウスの大きさを測定しようとする最初の試みが行われた。
- 画期的な発見：1995年に、ハッブル宇宙望遠鏡がこの星の「円盤」を初めてとらえた。
- 何が重要か：大質量の恒星の進化についてはあまり多くのことがわかっていない。ベテルギウスは地球から最も近い位置にある貴重な観察対象だ。

明るい赤色に光るベテルギウス。地球から見える空のなかでも最も目立つ恒星で、観察対象として実によく取り上げられる星の一つだ。地球から最も近い超巨星の格好のサンプルであるため、天文学者たちがもてる技術を最大限に駆使して表面の特徴を洗い出せている数少ない星の一つでもある。

ハンター猟師、オリオン座の肩に輝くベテルギウス。夜の空で8番目に明るい恒星で、赤い色をしているためとてもよく目立つ。この巨星の明るさは、時により大きく変動する。最も明るいときは、この星座の中で一番明るい恒星、リゲルよりも明るく光ることがある。

視差を計測する目印

ベテルギウスは目立って明るいため、視差を計測するときの目印とされていた（p.19）。20世紀初頭にはこれが地球からおよそ180光年のところにあるのだと思われていた。つまりそれだけ際立って明るく、おそらく飛びぬけて大きく見えたのだろう。

これに目をつけたウィルソン山天文台のフランシス・ピーズとアルバート・マイケルソンは、1920年に行われた恒星の直径を求めるための最初の観測で、ベテルギウスに真っ先に望遠鏡を向けた。

ピーズとマイケルソンは、わずかに異なる進路をたどる光の間の干渉縞を測定する干渉計を使い、ベテルギウスの視直径（見かけの大きさ）を20分の1角秒（7万2000分の1度）まで求める実験を行った。これは、物理的な直径でいうと3億9000万km、つまり2.6天文単位にあたる。

それにしても、ベテルギウスをはじめとする星の直径を求めるのは、今も昔も手ごわい難問である。一つには、その大きさが桁外れであるために、星を取り巻く大気の外側の境界線はとりわけぼやけているからだ。だから視差を求めるときに、その星がある位置を特定することさえ難しいのだ。現代の観測では、この星の実際の視差はおよそ5ミリ秒角とされているが、こ

（右）地球から最も近い超巨星の異なる姿をクローズアップした2枚の画像。ハッブル宇宙望遠鏡で撮った紫外線画像（上）では、拡散したベテルギウスの光球が"ホットスポット"とともによくわかる。チリにある超大型望遠鏡（VLT）を使って可視光で撮影した画像（下）には、放出されたガスが雲になってこの恒星を取り巻いている様子が写っている。

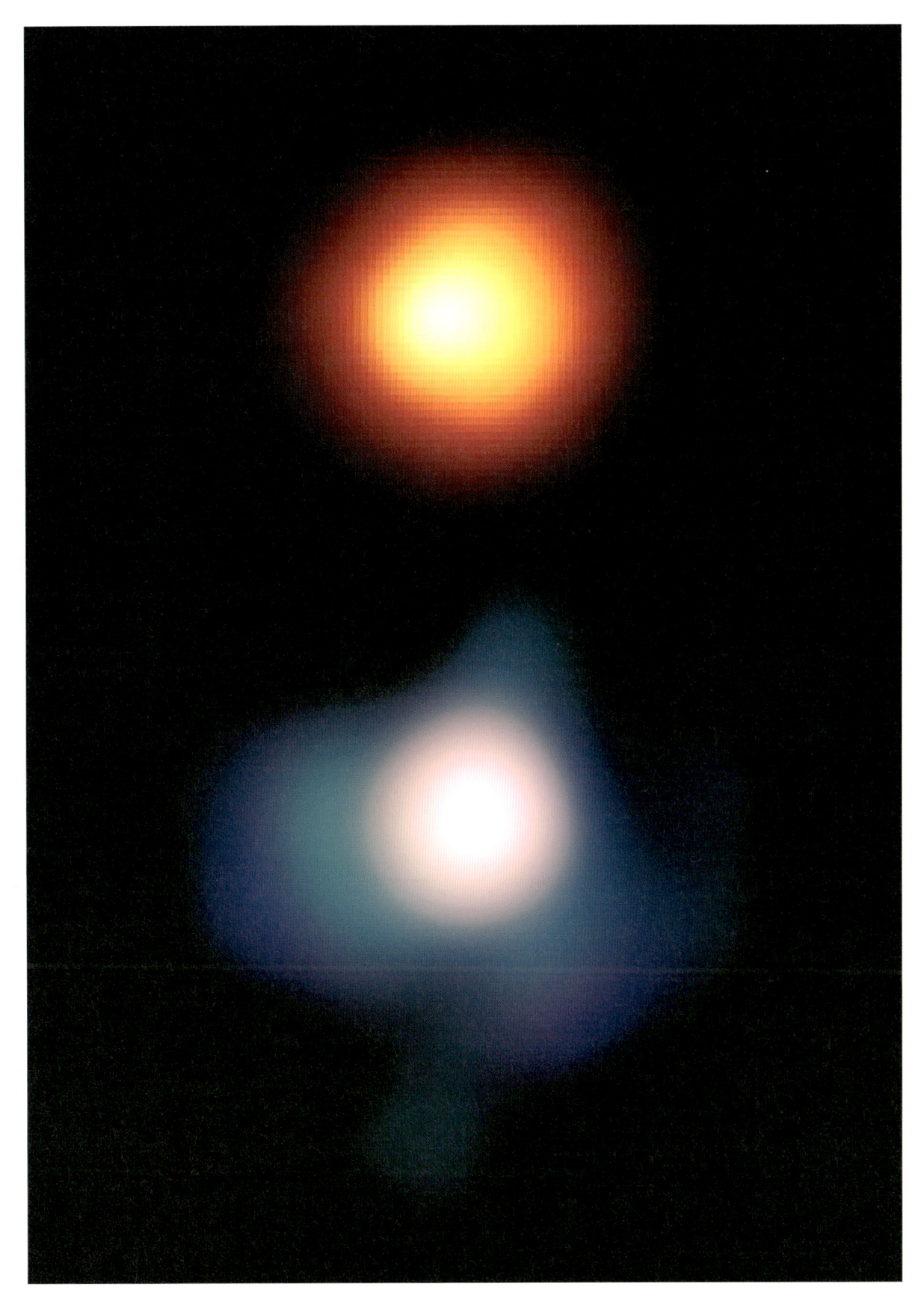

赤色超巨星 ベテルギウス

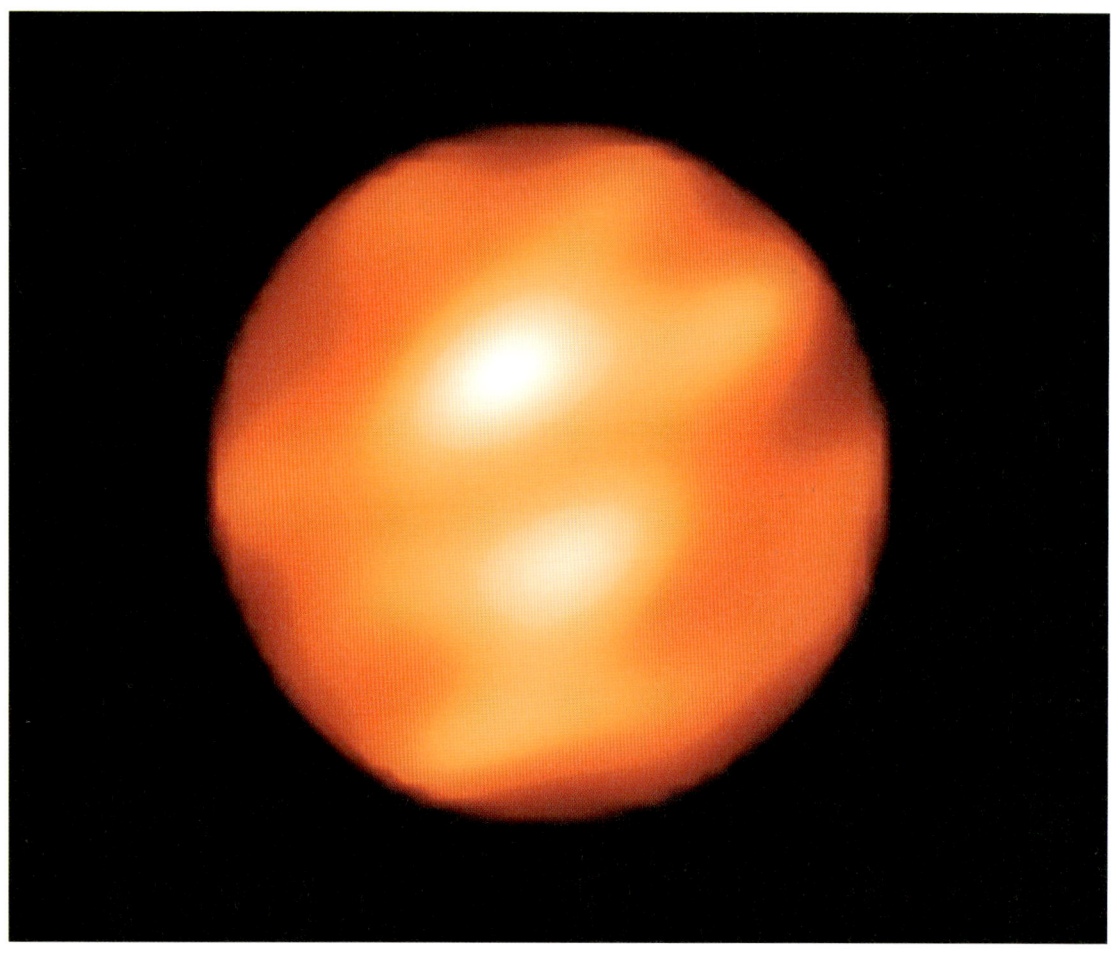

フランス人天文学者たちが撮影した、ベテルギウスの表面の赤外線画像。恒星の大気のなかで、明るい点と暗い点がまだらになっているのがわかる。これらの点が現れる位置は、表面から奥深いところにあるセル状の対流構造のある位置と連動しているのではないかと見られている。

れはピーズとマイケルソンが考えていたよりははるかに小さい。地球からの距離は約640光年、直径は16億5000万km（11天文単位）である。太陽の位置にベテルギウスを置いたら、表層は木星の軌道をのみ込んでしまうほど大きい、ということになる。

進化するモンスター

ベテルギウスは超巨星だ。太陽の質量の18倍しかないのに、おそらく10万倍ものエネルギーを放出している。超巨星の色は、質量で決まっているが、寿命が近づくと内部の燃料源も変化し、それに伴って表面の温度も下がって赤くなる。こうして太陽に似た恒星が赤色巨星に姿を変える（p.131）。

周囲の大気の化学組成について調べた分光器による分析結果を見ると、ベテルギウスは現在、ヘリウムを核融合させて炭素や酸素、ネオンをその核の中に作っている。核を取り囲む外側の層では水素の核融合が続いている。軽い元素の核融合が終わったらより重い元素を作り続け、最終的には超新星爆発を起こして、自分自身が崩壊する。

現時点では、この巨大な星の大気は薄く膨張していて、その上層部は真空に近いと考えられる。表面の温度はおよそ3300℃。これはあまりにも低温だが、大まかにいって90%のエネ

ギーが赤外線として放出されているからだ。そのため可視光では太陽の9400倍の明るさにしか見えない。

この恒星が明るさをゆっくりと変えている様子は、脈打つように大きさが変わることからわかる。主な周期は5.7年だが、そのほかにも短い、特定の波長の放射に影響を与えているらしい周期がいくつか組み合わさっている。上空の大気からガスと塵を放出しているため、見かけもまた複雑に変化する。

複雑なガス状領域

1995年、宇宙望遠鏡科学研究所のロナルド・ジリランドと、ハーバード・スミソニアン天体物理学センターのA.K.デュプリーが、ハッブル宇宙望遠鏡の微光天体分光撮像カメラを使ってベテルギウスを観測し、太陽以外の恒星の表面が直接写った画像を初めてとらえた。この画像からは、ベテルギウスの外側の層がぼやけている性質や、そこに周囲よりも200℃以上温度が高く明るい巨大なスポットがあることも確認できた。

これは、星の内部から吹き出す高温の物質、プリュームが原因で生じているものだと天文学者たちは推測した。1998年にニューメキシコ州にある超大型望遠鏡群を使って撮影した電波画像で、こうしたプリュームの存在が確認できた。そこには、プリュームからベテルギウスの大気圏の高温の環境に向かって低温のガスが噴出している様子が映し出されていた（太陽と同じように、この超巨星の表層を覆うかすかなガスは、ほとんどが目に見える表面よりも格段に高温である）。

視直径が収縮

2009年にピエール・ケルヴェラ率いるパリ天文台のチームが、恒星の半径の6倍という異常な長さのガスプリュームが片側に伸びていることに気づいた。その2年後、ケルヴェラが今度は国際色豊かなチームを編成し、ヨーロッパ南天天文台の超大型望遠鏡（VLT）を使ってこの雲（プリューム）をさらに詳しく撮影するのに成功した。

こうして得られた新しい画像をもとにケルヴェラのチームが導き出した結論は、この雲が見せる異様な外観は、恒星の大気から立ち上っているいくつもの巨大な泡によって作られているということだった。無数の泡によって大量のエネルギーが外側の層に向けて運ばれ、遠くま

太陽の位置にベテルギウスを置いたら、表層は木星の軌道をのみ込んでしまうほど大きい、ということになる。

で解き放たれているのだと彼らは考えた。塵の雲は主にシリカとアルミナ、つまり地球に似た惑星の地殻でよく見られる物質でできていると予測されている。

ベテルギウスの外側の層の複雑な構造は、2009年にカリフォルニア大学バークレー校のチャールズ・タウンズとエドワード・ウィッシュナウによる驚くべき報告でも取り上げられた。1993年以降に一定の間隔をおいて誕生した星を干渉法で測定し、比較したところ、ベテルギウスの視直径はここ20年ほどの間に15％以上縮んでいたことがわかった。この収縮が見間違いであることは十分に考えられる。恒星がゆっくりと回転している途中で、星を覆う非対称なガス状領域の異なるポイントを測定すれば、差が生じる可能性はあるからだ。

その一方で、興味深い指摘もある。この収縮は見間違いなどではない。星全体が大きく変わろうとしているというのだ。この老いた巨星が次のライフステージに移り、動力源が内部で変化したことがこの現象によって示されていると、この説では考えている。

29 暴走星
あり得ないほど速く動く

個性的な星

- テーマ：天の川銀河をとてつもないスピードで駆け抜ける星たち。
- 最初の発見：1950年代に、暴走星第1号が発見された。超新星の爆発をきっかけに、この星は猛スピードで走り始めたのではないかという説を、1961年にアドリアーン・ブラウが唱えた。
- 画期的な発見：1967年、多重星が緊密に相互作用して暴走星になった、というモデルをアルカディオ・ポヴェダが提示した。ブラウとポヴェダのどちらの説も正しいことがわかっている。
- 何が重要か：見かけは似ていてもでき方がまったく違う天体がある。暴走星はその代表的な例。

星間空間をあり得ないほどのスピードで疾走する星が見つかった。その正体について、天文学者たちは長年頭を悩ませてきた。有力なメカニズムが2種類提案されると、どちらが正しいかについて激しい議論が巻き起こった。最近発見されたことからわかった答えは「どちらも正しい」だ。

恒星に固有運動（天空を横切る動き）があることを観測によって確認できたのは、1718年になってからだった。シリウス（おおいぬ座の一等星）やアルクトゥルス（うしかい座の一等星）、アルデバラン（おうし座の一等星）といった明るい星について、18世紀の位置と古代ギリシャの天文学者ヒッパルコスが紀元前2世紀に記録していた位置とを、英国の天文学者のエドモンド・ハレーが比較したのである。

以来、数え切れないほど多くの星の固有運動が観測されてきた。予想通り、地球に近い恒星ほど、固有運動が大きいことがわかった。全天で固有運動が最も大きな恒星は、地球からちょうど6光年の距離にある赤色矮星、バーナード星だ。175年間で満月の直径ほどみかけの位置が地球から見てずれる。しかもこの距離は空を横切って移動する分だけを測定したものだ。スペクトル分析をすればドップラー効果による赤方偏移や青方偏移（p.53）を検出できるようになったので、星の「視線速度」、つまり地球に近づいたり離れていったりする動きまで求められるようになった。地球から見たずれや、視線速度、視差をはじめとするさまざまな方法で求めた距離（p.19）と、地球の軌道や太陽系の動きに関する研究から得た知識を総動員することで、今では宇宙空間を進む星の実際の速度や、三次元的な方向まで割り出せるようになった。

こうした星の動きを個々に測定していくと、天の川銀河の回転や、その中にある星の大規模な分布（p.159）と連動した全天的な動きのパターンもわかる。同じ場所でできた恒星を見つけだし、その動きを追うこともできた。例えば生まれて間もない星たちから成る散開星団が、長い時間をかけて徐々にばらばらに散らば

（右）星間物質の中を秒速およそ24kmという猛スピードで駆け抜けていく、超巨星へびつかい座ゼータ星の赤外線画像。NASAのWISE（広域赤外線探査衛星）が撮影。

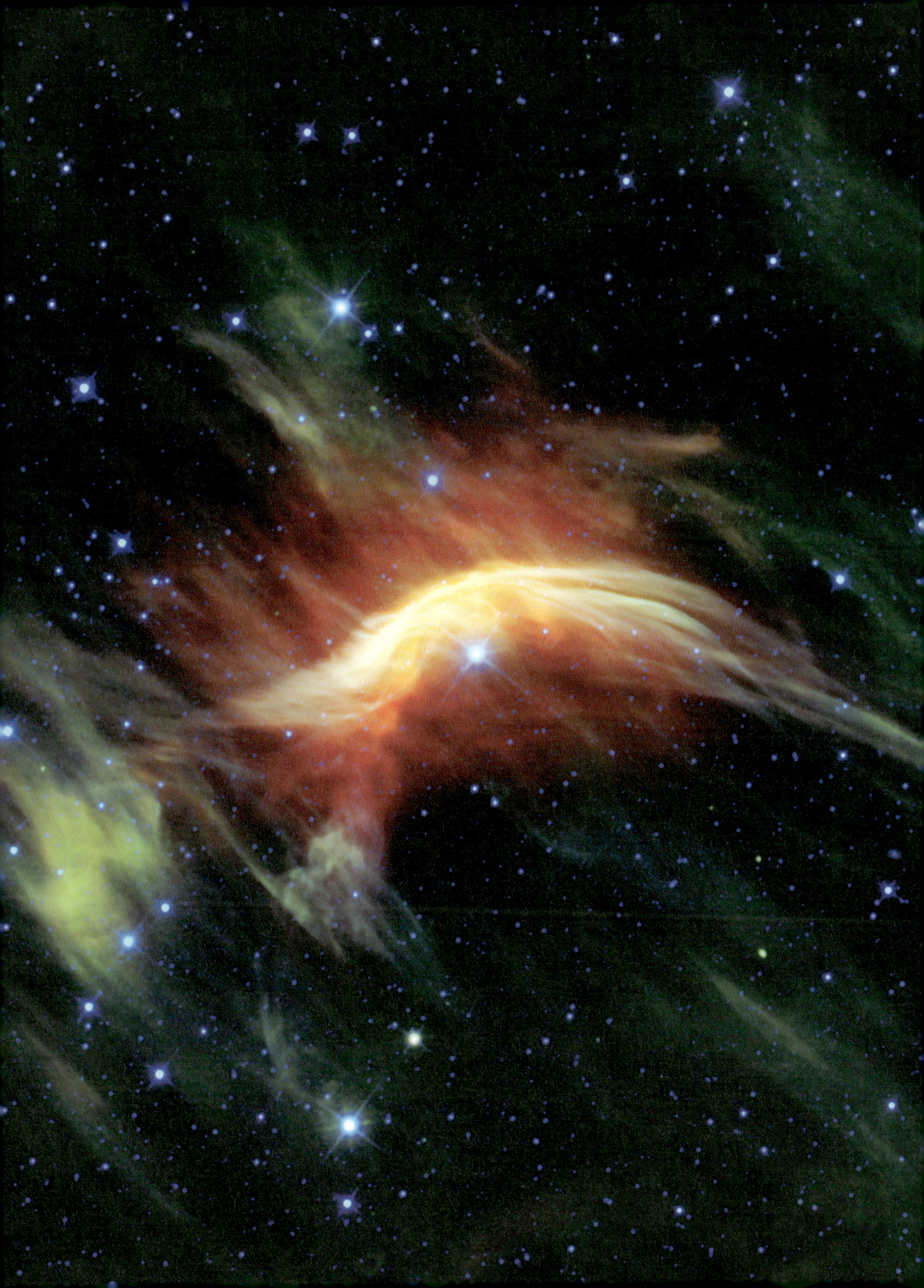

っていくプロセスも確かめられるようになった。

全天のこうした動きのなかで、特異な動きをする、ひとにぎりの星があった。「暴走する」恒星だ。天の川銀河の近隣にある恒星の一般的運動と比べると、秒速で100km以上速く移動していた。これは大多数の恒星の移動速度の約10倍にあたる。

へびつかい座ゼータ星は、星間物質の中をかき分けて進むときに、ものすごいインパクトのバウショック（弧状衝撃波、下巻p.196）を起こすほどの勢いがあった。ほんのひとにぎりだが「超高速度星」（HVS）はさらに速く、秒速1000kmという、桁外れのスピードでダッシュしている。あまりにも速すぎて、天の川銀河の引力に逆らえるほどの勢いがある。勢い余って天の川から飛び出し、銀河の間をさすらう放浪の星になってしまうこともある。

飛び出るメカニズム

こうした動きの速いさすらいの星に共通する特性のなかでも、特に注目すべき点がある。そ

> 「超高速度星」（HVS）はさらに速く、秒速1000kmという、桁外れのスピードでダッシュしている。あまりにも速すぎて、天の川銀河の引力に逆らえるほどの勢いがある。

のほとんどが高温で青白い色をしていて、OBアソシエーション（スペクトル型がOまたはBの恒星が目立つ星の集団）と呼ばれる明るい星の星団でよく見るタイプに分類できることだ。こうした星団は強い重力の力で束ねられており、また明るい星ほど寿命が短いため、星団から抜け出す前にそこで生涯を終えるはずだ。こうした恒星が猛スピードで飛び出すとは、星団の中ではいったい何が起こっているのだろう。

暴走星が初めて発見されたのは、1950年代だった。こうした星は、連星系の伴星たちが超新星爆発を起こしたときにはじき出されたものだというモデルを、オランダの天文学者アドリアーン・ブラウが1961年に思いついた。超新星は質量の大きい恒星につきもので、散開星団もそれが起きる場所である。超新星がもし爆発して連星系の質量バランスが劇的に崩れることがあったら、質量の小さい方の星がものすごい勢いで軌道から弾き出されることは十分にあり得る。オリオンの片隅にあるぎょしゃ座AE星と、はと座ミュー星にある二つの暴走星の起源をたどっていくうちに、ブラウはオリオン大星雲の中にある、台形を作っているあまりにも有名なトラペジウム付近がそのふるさとだという結論にたどり着いた。似たような一つの連星系として生まれ、伴星が超新星になったのではないかという考えを発表した。

1967年には、星が星団から追い出される別のメカニズムをメキシコ人のアルカディオ・ポヴェダをはじめとする天文学者チームが考え出した。散開星団の中心部で、近隣の星との重力の相互作用によって、単に放り出されたのではないかというのがその趣旨だった。

1997年にはいったん、この論争に決着がついたかのように見えた。きっかけは、ヨーロッパ南天天文台の天文学者たちが、遠くにあるOB星（スペクトル型がOまたはBの熱くて重い恒星）「HD77581」周辺で、すさまじいバウショックが起こっている様子を撮影したことだ。そのときに、暴走星がそこでどういう状態でいるのかが確認できた。注目を集めたのは、エックス線パルサーの超新星の残骸（p.129）が、HD77581の周囲を巡っていた点だ。この残骸は、かつては巨大質量だった伴星が破壊した後に残った小ぶりな天体（中性子星）で、HD77581の伴星として宇宙空間のなかで悠久の旅を続けていた。

2000年、ヒッパルコス衛星（p.21）からのデータを使って、オランダにあるライデン大学の

四つの暴走星が作り出した、彗星に似た模様。ハッブル宇宙望遠鏡の掃天観測用高性能カメラで2005年に撮影。

　天文学者ロニー・ホーヘアヴェルフらのチームが、ブラウとポヴェダのどちらのメカニズムも正しいことを裏づける証拠を示した。ぎょしゃ座AE星とはと座ミュー星は、オリオン星雲からできたことが確認できた。ただし、連星であるオリオン座イオタ星は同じ頃にトラペジウムから、おそらく緊密な相互作用によって追い出されたものであるように見受けられた。

　ホーヘアヴェルフのチームはまた、へびつかい座ゼータ星の軌道と、別のパルサーの軌道の関連性に注目した。それを根拠に、パルサーが100万年ほど前にできたとき、ゼータ星が飛び出したのだという考えも提案した。

　2011年には、ライデン大学の天文学者たちがポヴェダの応用モデルとしてまた別の追い出しメカニズムを考え出した。サイモン・ポーテギーズ・ツワートと藤井道子が、太陽の質量数千個分にあたる物質を含んだ若い星団の中心部で、単体の恒星と質量の大きな連星が遭遇するモデルを思いついた。こうした「乱暴な連星」が小ぶりの恒星たちをさらい、さんざん振り回したあげく、星団から一斉に放り出した一部始終を彼らは示した。結局、さまざまなプロセスがおそらく同時進行で起こり、現在の暴走星の集団ができたという結論に今のところは落ち着いている。

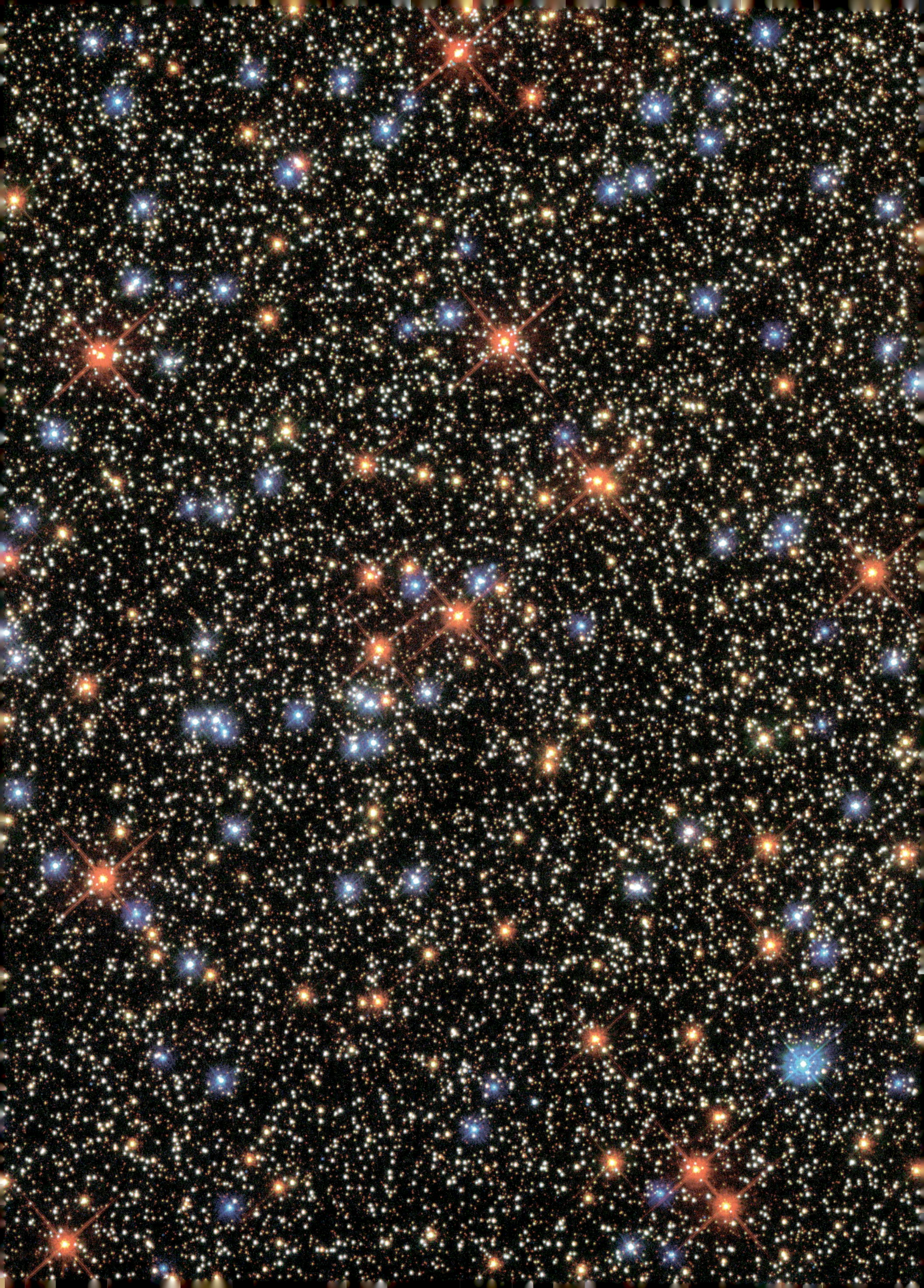

接触連星
進化モデルの例外

30

個性的な星

- ■ テーマ：二つの恒星が接近しているため、一方の星から他方に質量が移動し続ける連星系。
- ■ 最初の発見：恒星の間で質量が移動する現象を、ジェラルド・カイパーが1941年に唱えた。
- ■ 画期的な発見：1990年代にハッブル宇宙望遠鏡は、球状星団の中心で質量移動が起きてできる「青色はぐれ星」を数多く発見した。
- ■ 何が重要か：通常の恒星の進化プロセスに逆らっているように見える星系の多くは、質量移動モデルを使えば説明することができる。

ほとんどの恒星の特性は、恒星が進化していくプロセスで説明できる。ところが、このプロセスに当てはまらない例外も数多くあることがわかった。それも、二つの連星の間で質量が移動するモデルを取り入れれば、一見例外であるように見える恒星でも説明ができるものがあることがわかった。

ヘルツシュプルング・ラッセル（H-R）図をきっかけに、1910年頃から恒星の構造と進化モデルに関する研究が始まった（p.80）。恒星の特性のほとんどが当てはまるモデルをほぼ完成させたのは、アーサー・エディントンとハンス・ベーテの二人。これは素晴らしい手柄だった（下巻p.16、同p.19）。恒星の光は、核の内部で起きている水素などの核融合によるものだ。その色は、高温の青白い光から、低温で赤暗い光までの範囲に分布している。ある星の光がこのスペクトルのどこに位置するかは、できたときの質量によって決まる。そしてその位置は、H-R図上で主系列に沿ったライフサイクルのなかにいる間は、ほぼ変わらないといってよい。核に蓄えられた水素燃料が尽きてくると光も衰えるようになり、やがて主系列から外れ、そのうちに明るくて大きな低温の巨星に変わっていく（p.132）。質量が大きな星はCNOサイクル（下巻p.17）によって核融合を起こしている。このときすさまじい勢いで燃料を食いつぶすので、仲間のおとなしい星たちよりも、生き急ぐかのように主系列からそれていく。

このモデルによく当てはまるのは、連星（双子星）や多重星だ。調べたい恒星の軌道を（直接または分光分析で）測定して、相対的な質量を割り出す計算法は、フランスの天文学者、フェリックス・サヴァリーが1827年に編み出していた。さらに言えば、一つの系の中にいる恒星は、同じ時期にできたと考えてほぼ間違いない。これらを考え合わせれば、質量が大きい星ほど高温で明るく光り、成長も早いことも、すんな

(左) 天空で最も大きく、最も明るい球状星団であるケンタウルス座オメガ星団の中心部。ハッブル宇宙望遠鏡が2009年の修理完了後に撮影した画像。平均的な黄色い星や、成熟した赤い巨星、そして、明るさの衰えた白色矮星など、この領域では、進化のさまざまなステージにいる恒星を見ることができる。「青色はぐれ星」と呼ばれる明るい青白い恒星は、この密集した領域にある星たちの間で起こる相互作用からできる。

接触連星 | 127

り納得できる。

　このモデルに当てはまらない例外もある。有名なのは、食変光星のアルゴル（p.115）だ。太陽の3.7倍の質量をもつ青い主系列星と、8割ほどの大きさしかない黄色がかった、成長した準巨星で構成されている、二重連星だ。ここでは質量の小さい恒星の方が、成長が進んでいる。一体なぜだろう。

　このミステリーを解く鍵を1941年にいち早く思いついたのは、オランダとアメリカで活躍した天文学者、ゲラルド・カイパーだ。こと座ベータ星は、食変光星と脈動変光星（p.132）の両方の特徴を備えもっている。特にユニークなのは、「食」の周期が毎年19秒ずつ長くなる、という特性だ。この恒星は実は接触連星、つまり、一つの恒星（二つの星のうち、最初から重い方）の重力の影響が及ぶ範囲であるロシュ・ローブから物質があふれているのだとカイパーは考えた。もともと重かった星の大気からあふれたガスをもう一方の恒星の表面が受け取っていくうちに、小さかった方の恒星が相手よりも大きくなる。カイパーは、こうした性質をもつ系を「接触連星」と名づけた。

　こと座ベータ星では二つの星が接近しすぎているため、活動中の接触連星の様子は容易には見られない。アルゴルのような連星系なら、こうした現象は観測しやすい。天空で最も明るい星、おおいぬ座のシリウスは、質量移動の恩恵を受けて輝いていると考えられている。伴星（白色矮星のシリウスB）が数百万年前に赤色矮星のステージを過ぎて巨大化し、外側の層がロシュ限界、つまりもう一方の星の引力の及ぶ範囲に入ったときに、星から星への質量移動が始まった。この伴星の質量が軽くなって白色矮星になったおかげで、明るく輝くようになったのではないかと推測する天文学者もいる。

「青いはぐれ星」たちの謎

　球状星団について長らく謎だったことも、質量移動モデルを取り入れれば説明できそうだった。球状星団は、幾千もの星がぎっしりと詰ま

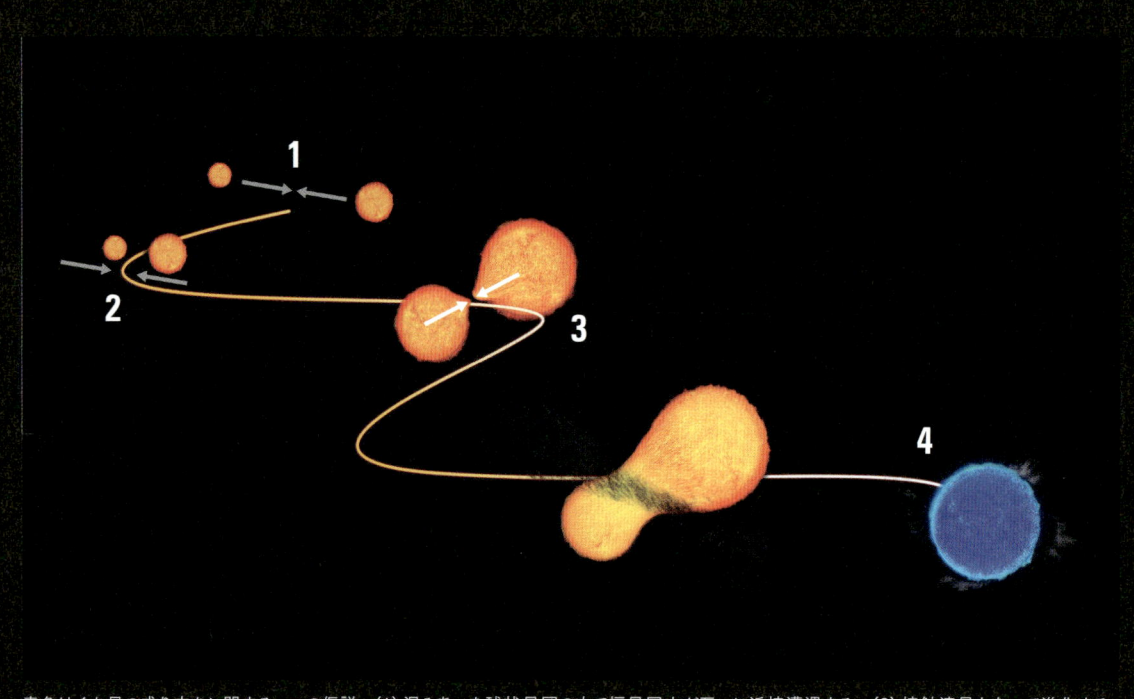

青色はぐれ星の成り立ちに関する一つの仮説。(1) 混みあった球状星団の中で恒星同士が互いに近接遭遇する。(2) 接触連星となって進化する。(3) 二つの恒星が引かれ合っていくうち完全に融合して、一つの恒星ができる。(4) 質量が増えたので、明るく、高温な星になる。

った球状の固まりだ。天の川銀河をはじめ、多くの銀河（p.159）でよく見られる。球状星団を構成するメンバーの多くは、太古にできたもの静かな種族IIに属する黄赤色の恒星である（p.71）。太陽ができる数十億年も前に生まれ、比較的若い種族Iの星の燃料を速いペースで燃やさせる重元素をほとんど含んでいない。さらに、球状星団には、新しい星を作り出せる構成材料が含まれていなかった。平たくいえば、この星団は宇宙の化石だった。

ずばぬけて質量の大きな恒星ができる。その核では、核融合の連鎖が激しくなり、表面はどんどん明るくなり、温度も上昇する。ハッブル宇宙望遠鏡でさらに詳しく調べてみると、どちらのメカニズムでも、こうした規格外の恒星たちができるために必要な重要な役割をきちんと果たしているらしいことがわかった。

激しい変光星

星となるステージに進むに一つの星になるかの、をたどる。

速度的に物質をはぎ取ともいえる白色矮星であ護した高温、高密度のガほどまでに強烈な条件がの大気で突然核融合のは新星爆発が起こる。白4倍に近づくと、その時の質量がやがてチャンド白色矮星がもち得る質する。タイプIaの超新した後には中性子星が恒星の片割れがすでに中ックホールだったりする物質がその周囲に降着し、できる。この環は潮汐力高温に達し、高エネルギーの光を放つようになる。こうしてできたのが、いわゆるエックス線連星である。

接触連星 | 129

31/37 星の最期

変光星ミラ
脈動する赤色巨星

31

星の最期

- テーマ：大きさと明るさがゆっくりと脈動するミラ。ある程度まで成長した恒星の一つのタイプの代表例。
- 最初の発見：1609年、この恒星が不規則な振る舞いをしていることに、デビッド・ファブリシウスが初めて気づいた。
- 画期的な発見：20世紀に恒星の進化についての研究が進んだ。そのなかで、ミラのような変光星の正体は、寿命に近づいている赤い巨大恒星だとわかった。
- 何が重要か：ミラの研究から、さまざまな変光星に脈動を起こさせるメカニズムがわかってきた。

一生を終えようとしている恒星にはやがて、明るさやサイズ、表面の温度が半ば周期的に激しい変動を繰り返す不安定な時期が訪れる。最も有名なのは、くじら座のオミクロン星。「ミラ」という名前でおなじみの変光星だ。

くじら座オミクロン星のユニークな特性に最初に気づいたのは、ドイツ人の天文学者、デビッド・ファブリシウスだ。1596年8月、ファブリシウスはくじら座に見慣れない赤い星を見つけた。ところがその数カ月後にはその星は視界から消えていた。最初は寿命の短い新星（p.129）ではないかと思った。1609年、この星が再び視界に現れたことにファブリシウスは気づいた。

1638年、この星の明るさはだいたい11カ月周期で変動している、という結論を出したのはやはりドイツ人の哲学者、ヨハン・ホルワルダだった。ポーランド人の天文学者、ヨハネス・ヘヴェリウスはこの星を1年後に観測し、1662年に公刊した論文でその存在を世間に広く知らしめた。ラテン語で「驚くべきもの」を意味する「ミラ」は、そのときにつけられた名前だ。その後の観測で、この恒星の明るさは裸眼でも比較的よく見える3.5等級から、低くなると9等級（相応の望遠鏡でなければ見えない）までの範囲を332日間で変動していることがわかった。最大値も最小値も一定ではないため、ミラはこの範囲をはるかに超えて明るくも暗くもなった。1000倍を軽く超える振れ幅で、ミラの明るさは変動していた。

変光星を分類する

その後、2世紀以上たつ間に、明るさが変動する恒星はさらに見つかった。なかにはアルゴルのようにわかりやすい食連星（p.115）もあったが、大多数の星の正体は謎に包まれたままだ

(左)伴星の白色矮星と相互作用をしているくじら座の脈動変光星ミラ。NASAのチャンドラX線観測衛星がエックス線画像で撮影した。観測中、主星（上）はエックス線を勢いよく噴き出した。一方で弱いエックス線を追っていくと、高温のガスが伴星（下）に注ぎ込まれてくところをとらえることができた。二つの星は、太陽を中心に回る海王星の軌道の直径とだいたい同じくらい離れている。

った。さまざまなタイプの「変光星」があるように見えた。スペクトルの特徴や、変動周期や明るさによって分類できそうだった。また、変動する明るさをグラフにプロットしてできる「光度曲線」の形も分類の手がかりになりそうだった。例えばミラの光度曲線は、だいたい100日間かけて明るくなり、それよりも時間をかけて暗くなっていった。

　結局ミラは、広く知られている変光星カテゴリーの代表例だとされた。19世紀後半になる頃には、確認されているミラ型変光星の数は250個以上になった（変光星全体の数はこの時点で430個）。1890年代以降になると、発見された変光星の数が飛躍的に増えた。これはひとえにハーバード大学天文台のウィリアミーナ・フレミングの活躍によるものである。ミラ型変光星のスペクトルには際立った特徴があるため、何年も観測しなくても見分けられることに、彼女は気づいたのだ。20世紀になるとさらに多くの変光星が発見され、ミラ型変光星よりも短い時間でひっきりなしに変動する変光星も数多く発見された。それでも、現在では長周期変光星（LPV）という名で呼ばれるようになったこのミラ型恒星が、重要な変光星であることに変わりはない。多くの変光星が変動するプロセスを理解するヒントが得られるからだ。

NASAが打ち上げた紫外線宇宙望遠鏡GALEXが撮影した紫外線画像。高温ガスの尾を後ろにたなびかせながら、ミラが宇宙空間を旅しているのがわかる。

脈動する赤色巨星

　ミラは恒星の成長ステージのどのあたりにいるのか。このことが、ようやくきちんと把握できるようになったのは、20世紀中頃になってからだった。

　ミラは赤色巨星だった。つまり太陽と同等の質量をもち、寿命を終えようとしているときに膨れ上がった恒星だった。

　ヘルツシュプルング・ラッセル（H-R）図の主系列にいられるライフサイクルの終わりに、恒星の核内で核融合を起こす水素が底をつき始めると（p.80、下巻p.17）、星の中心部分から放出される放射圧が弱まっていく。外側の層が内部に向けて縮んでいくにつれて、核を取り巻く殻（シェル）が圧縮される。そのときに熱が生じるため、この領域で核融合が始まる。ミラのように比較的質量の小さい恒星で「殻燃焼」が始まると星が異様に明るくなる。核の中よりもシェルの中の温度が上昇し、核融合反応がさらにスピードアップする。これに連動して放射圧も大きくなるため、恒星の外側の層も風船のように外向きに膨らんでいく。信じられないほど明るくなっているのに、肥大化した恒星はむしろ冷えていき、赤みが増していく。ミラに関していえば、太陽光度の3000〜4000倍ほどまで明るくなって光っている。ところが、大きさは太陽の直径の300倍にまで膨れ上がってしまったので、表面の温度は2700℃にまで低下しているのだ。

　すっかりパワーダウンしたこの恒星の核は縮み続ける。水素の核融合によって生じたヘリウムがやがて一定の温度や圧力に達すると、今度

はヘリウム核融合反応がひとりでに始まる。この反応からは、酸素や炭素、ネオンといった重元素ができる。核から新たに生じた熱によって、水素が核融合しているシェルは外に向かって拡張するので温度が下がる。そうすると、核融合のスピードにブレーキがかかり、星全体の明るさも落ちる。このフェーズにある星たちは、H-R図（p.80）のいわゆる水平分枝に沿って左側へと動いていく。

とはいえ、核内にあるヘリウムの量はそれほど多くない。これもまた底をつき始めると、核は再び収縮し始める。星の内側の層は圧縮されると熱を発し、ヘリウム核融合による薄いシェルが、水素が燃焼しているシェルの内側にできる。このフェーズにある恒星はH-R図の中でいわゆる漸近巨星分枝（小〜中質量の恒星が集まる領域）に移動するが、シェルにあるヘリウムの供給が限られているため、すぐに不安定になる。

ヘリウムの最初のシェルを使い果たすと、外側のシェルにある水素の核融合が激しくなっていく。水素シェルからはヘリウムが生じるため、ヘリウムの核融合が再び起こり、その代わりにヘリウムを再び使い果たすまで、水素の核融合は抑制される。このように、この星の一連の熱パルスが交互に始まり、1万〜10万年の間隔でサイクルが交代する。この過程では、ミラをはじめとするほかの長周期変光星でよく見られるような、比較的短い周期の不安定な振る舞いも起きる。

宇宙空間にたなびく尾

ミラが脈動する間に内部からさらわれた物質は、この星の外側の層を重元素で満たしていく。強烈な恒星風が宇宙空間に吹き飛ばした物質が、星間媒質と交じり合っていく。ごく最近まで、このプロセスは分光分析からしか把握できていなかった。2007年にNASAのGALEX紫外線宇宙望遠鏡が、この高温ガスを初めて直接撮影した画像をとらえることに成功した。この尾の長さは13光年ほどあり、ミラが宇宙空間を移動する後ろに長くたなびいている。

ミラが二重星であることは、昔から知られて

この尾の長さは13光年ほどあり、ミラが宇宙空間を移動する後ろに長くたなびいている。

いた。しかし、その連星系の詳しい画像がようやくとらえられたのは、1997年のことだった。これを見ると、ミラはゆがんでいて、その大気上層部から出たガスが、高温・高密度の伴星に向かって伸びているのがわかる。伴星のミラBが白色矮星（p.151）であることはほぼ間違いない。つまりこの星は、赤色巨星のフェーズを終え、次の、あるいは進化の最終ステージに向かおうとしているのだ。

惑星状星雲

惑星状星雲
太陽の未来はこうなるかもしれない

32

星の最期

- テーマ：太陽と同じくらいの質量をもつ恒星が寿命を終えようとしているときに放出したガスが、幾重にも重なった美しいシェル状構造。
- 最初の発見：1864年、惑星状星雲はガスでできていることが突き止められた。
- 画期的な発見：宇宙望遠鏡で天体を撮影できるようになると、惑星状星雲の中の思いのほか複雑な構造もわかるようになった。
- 何が重要か：太陽が死に近づいたときに何が起きるのかを、推し量ることができる。

太陽と同じような恒星が一生を終えるときに見せる、短くも美しいフィナーレ。それが惑星状星雲だ。かつては星間に浮かぶ比較的シンプルな構造の煙の環だと思われていた。現在では、その心臓部に位置する寿命を終えようとしている恒星について多くのことがわかるようになった。

惑星状星雲の名づけ親は、天王星の発見者でもあるウィリアム・ハーシェルだ。巨大ガス惑星が極端に薄くなったように見える円盤状の天体全般を指す言葉として、1785年にハーシェルが最初に言い出した。惑星状星雲第1号は、こぎつね座のあれい星雲。当時彗星ハンターの異名をとっていたフランス人天文学者、シャルル・メシエが発見し、1764年に自分のカタログに登録した。恒星以外の天体を集めたこのカタログにメシエは、ほかにも惑星状星雲をいくつも登録している。

惑星状星雲の正体は、その後長らく謎のままだった。1864年になってようやく、天体写真家の祖、ウィリアム・ハギンズ（p.28）が手がかりをつかむ。惑星状星雲の一つ、キャッツアイ星雲（NGC6543）のスペクトルを撮影することに成功したのだ。全体的に暗く、特定の波長の輝線がいくつか入っているこのスペクトルの特徴は、光を放つガスの性質を示していた。こうした輝線の特性がいざはっきりと示されると、研究者たちは困惑した。それまで知られていた元素の振る舞いでは説明できない輝線も、なかにはあったからだ。ちょうどその頃、太陽スペクトルの研究でヘリウムが初めて発見された。天文学者たちは新しい元素がほかにもあるのではないかと推測し、その元素を後に星雲の英語ネビュラにちなんで「ネブリウム」と名づけた。

ところが、ヘリウムのようにことは簡単に運ばなかった。地球上のどこを探してもネブリウムは見つけられなかった。1920年代になって行われた実験により、ようやくその真相がわかった。窒素や酸素といったごく一般的な元素が、さまざまな範囲でエネルギー遷移を起こしているのが、不思議な輝線となって現れていたのである。これは、地上の条件では決して得られない低密度のときに現れるスペクトル線であるた

(左) ハッブル宇宙望遠鏡がとらえたキャッツアイ星雲。シェル状になった外側の穏やかな放射模様や、中心星に近い部分でよじれてひしめいているガスの気泡など、バラエティーに富んだ構造が合わさってできている様子がこの画像からわかる。

惑星状星雲 | 135

め、「禁制線」と呼ばれた。

　こうした線が現れるということは、惑星状星雲はとびきり正体をつかみにくい天体であることを意味していた。視差を求めようにも、形が拡散しているためひどくやっかいだ。その近隣にあるいくつかの天体までの距離から推察すると、この星雲の直径は１光年ほどで、その中央部分にはすさまじく高温の恒星が収まっていることが多かった。1922年にエドウィン・ハッブルは、星雲の見かけ上のサイズは中央にある星の明るさと連動していることを示した。この星雲を包むガスが中心星の放射を吸収し、およそ１万℃になるまでエネルギーを蓄えたのがこの星雲の光だ、というのがハッブルの考えたモデルだった。

わずか１万年の短い一生

　このように惑星状星雲に関する大発見は続いたが、星の進化プロセスのなかでこの天体が果たす役割は、1957年になるまでわからなかった。ソビエト連邦の天文学者ヨシフ・シクロフスキーは、惑星状星雲のスペクトルを、赤色巨星や白色矮星と比較したり、測定した膨張率から予測寿命をはじきだしたりした。シクロフスキーがたどりついた結論は、こうだった。星雲は成長段階の中間のステージにいる。成熟した太陽のような恒星（p.132）は時折不安定になる。断続的に脈動を繰り返すうちに外側の層を完全に脱ぎ捨て、より高温な内部層があ

NGC2818の中心部分。南半球の星座、らしんばん座の中にある惑星状星雲。元素によって色が違う。つまり、ここにはさまざまな元素が含まれている。赤は窒素、緑は水素、そして青は酸素の存在を示している。

らわになる。恒星の内部が外に露出すると、恒星風の力は強くなる。この恒星風によって、最後の核融合が起こっている外側を包む殻(シェル)をはじめとする多くの物質がどんどん吹き飛ばされ、宇宙空間に放出される。最後に恒星の核だけが、新しくできた高温の白色矮星として生き残る。

　一生を終えようとしている恒星の周囲にある物質の密度と、この核全体から放出しているエネルギーの強さ。惑星状星雲はこの二つの要素の絶妙なバランスの上に成り立っている。そのため、惑星状星雲は極めて短い時間、おそらくほんの1万年ほどしか生きられない。そのため、太陽と同じくらいありふれた恒星からできるにもかかわらず、惑星状星雲をなかなか見つけられない。これまで天の川銀河の中で、たった3000個しか確認されていないのである。

思ったより複雑だった

　ハッブル宇宙望遠鏡が登場した1990年代以降、惑星状星雲の研究は飛躍的に進歩した。現在では、銀河の中でも指折りに複雑で、美しい構造の全体を見られるようになった。多くの画像で、中心星から放出されたガスが「蝶の羽」を広げたような形の2極に分かれた流れが見られた。それが時折、目を疑うほど左右対称な形になることもあった。「赤い長方形星雲（HD44179）」を例にとると、中心星の両側に瓜二つの三角形が向き合っていて、そこから円錐状に物質が流出しているのが見えることもある。これとは対照的に、煙の泡に見える例としてよく引き合いに出されていた環状星雲は、赤道の周辺に物質が高密度に集中してできているのだと今では考えられている。スピッツァー宇宙望遠鏡がとらえた赤外線画像を見ると、中心部から広がっているガスの雲が外側で幾重にも重なり合っているのがわかる。

　惑星状星雲から出ていく物質がどうして、これほど複雑な模様を作れるのかは、まだわかっていない。おそらく、何種類ものメカニズムがはたらいているのだと天文学者たちは推測している。放出されたガスが恒星の赤道上空にたまっているときに、高密度でゆっくりと動く物質の環や連星系の中に接近した伴星があると、そのガスが二極に分かれることがある。吹き出すガスの速さがまちまちだったり、星の進化ステージのなかでもガスが出ていくタイミングがばらばらだったりするときにも、星雲が複雑な形になることがある。具体的な例を挙げると、2001年にチャンドラX線観測衛星が行った観測で、キャッツアイ星雲の中心部分で高温ガスの泡が膨張していることがわかった。高温ガスの泡が、先にはじき出されていた低温で動きの遅い

> 成熟した太陽のような恒星は時折不安定になる。断続的に脈動を繰り返すうちに外側の層を完全に脱ぎ捨て、より高温な内部層があらわになる。

物質と衝突して、キャッツアイ（目）の中心の瞳に当たる部分ができた。2009年にスピッツァー宇宙望遠鏡が撮影した赤外線画像では、可視光ではとうてい見られないことがいろいろとわかった。ちぎれたガス雲がうっすらと輝いていたが、これは恒星が赤色巨星段階で放出した物質だった。

　強烈な磁場もまた、惑星状星雲で大きな役割を担っていた。2002年、VLBA電波望遠鏡（超長基線アレイ型電波望遠鏡）を使った天文学者たちは、高度に発達した赤色巨星には太陽のような恒星よりもはるかに強烈な磁場があることを示した。2005年には、ドイツにあるハイデルベルク大学の天文学者、ステファン・ジョルダンが率いるチームが、惑星状星雲の中心星から磁場を検出することに成功した。ヨーロッパ南天天文台の超大型望遠鏡（VLT）が検知したこの磁場の強さはすさまじく、最大で太陽の1000倍にも達した。

33 いっかくじゅう座 V838星

二つの星が衝突して爆発した

星の最期

- テーマ：地球から2万光年離れたところで起きた恒星の爆発。原因として考えられるのは、二つの星の衝突。
- 最初の発見：2002年にいっかくじゅう座V838星の爆発的増光が初めて確認された。広がっていく光エコーは、その後10年以上にわたって追跡することができた。
- 画期的な発見：この爆発を起こした親星について詳しく分析した結果が2005年に発表された。
- 何が重要か：いっかくじゅう座V838星は、恒星の激しい爆発を引き起こす原因となる、今までに知られていなかったメカニズムを示している。

2002年、いっかくじゅう座の中にある星で、一見、典型的な新星爆発のように見える増光現象が起きた。その後10年たってもこの爆発の残り火が燃え続けているのを見た天文学者たちは、新星爆発よりもはるかに貴重な、めったに起きない何かがここで起きたと考えるようになった。

現在、いっかくじゅう座V838星として知られている恒星が最初に発見されたのは、2002年1月6日のこと。西オーストラリアのクインズロックスに住む天文学者のニコラス・ブラウンが撮影した画像のなかに、たまたま写っていた。今まで何もなかったところに、新しい光がかすかに光っていることに気づいたブラウンは、それを新星のようなもの、つまり連星系のなかで伴星から水素を受け取っている白色矮星の表面で起きた爆発ではないかと考えて報告した。この星はどんどん明るくなっていったが、2月初旬になって急に可視光では見えなくなった。3月になるとこの星はまた赤外線で明るくなり始め、その後2カ月間は明るいままだったが、そのうちまた光がどんどん弱くなり、元の暗さに戻っていった。

V838星のこのユニークな振る舞いが知られるようになると、この星の特別な性質を解き明かそうと一気に注目が集まった。天文学者たちは昔の画像をしらみつぶしに調べ、この親星について何か手がかりがないかと懸命に探し回った。

ハッブル宇宙望遠鏡が次にこの星に向いたのは、同じ年の5月。爆発的増光の後に広がっていた光景に、天文学者たちは目を奪われた。明るい雲のようなハロー（球体の光）が中央の赤い星を取り囲んでいた。それは急速に拡大し、その後数カ月かけて同じ円に見えるいくつもの環が次第に幾重にも重なっていった。この奇妙な現象は「光エコー」と名づけられた。爆発時に地球に放たれた閃光が消えた後に、この星をたまたま取り囲んでいたガスの雲に光が反射し

（右）ハッブル宇宙望遠鏡がとらえた連続画像。2002年5月から2004年10月の間にいっかくじゅう座V838星から広がっていく光エコーを追跡している。この星そのものは中央で赤く光っている。

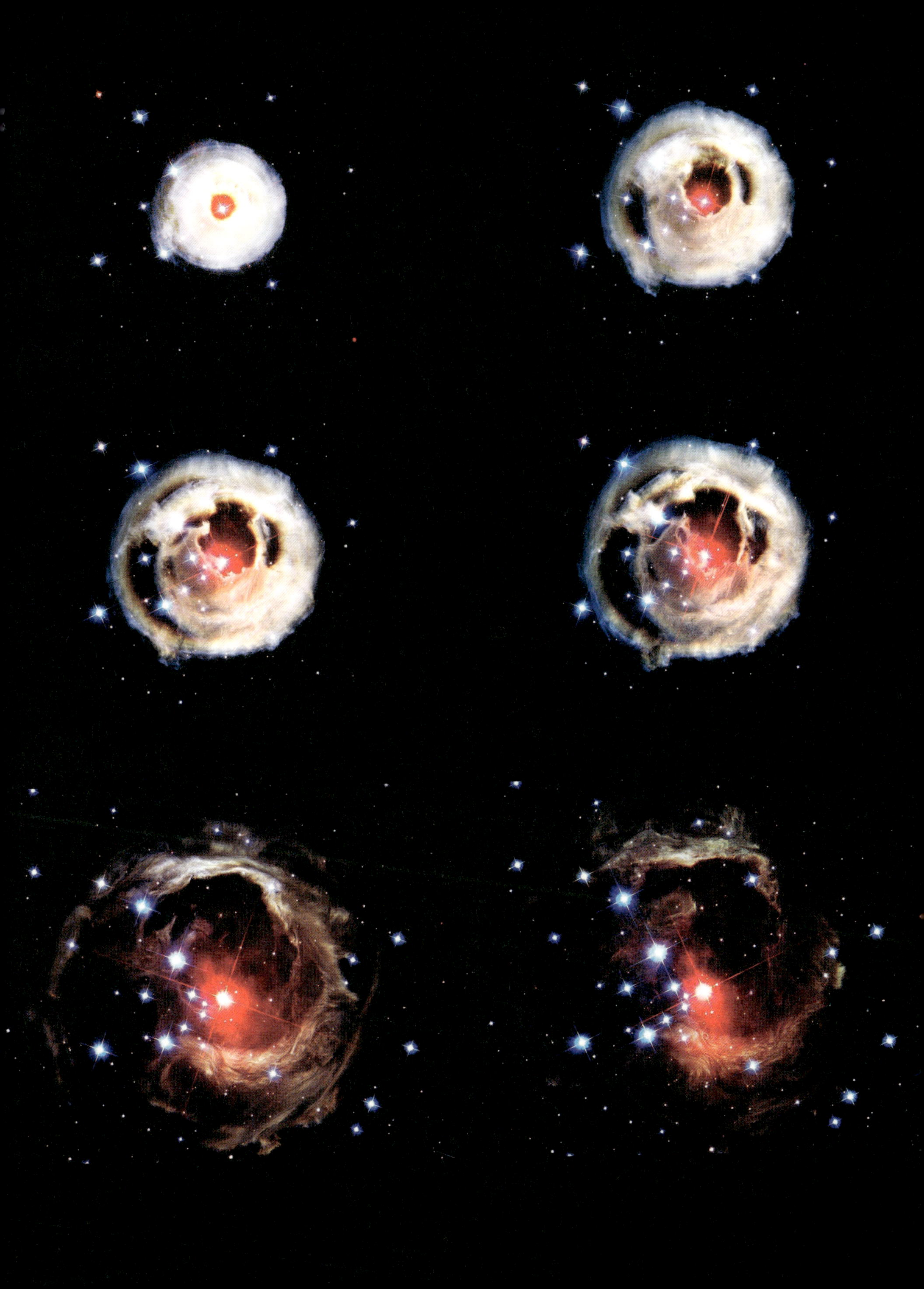

て地球に届いたものだ。反射光は当然ながら、星から直接届く光の経路よりも長い経路をたどる。反射物質が星から離れていればいるほど、光が地球に届くまで時間がかかる。その結果、暗いトンネルの中を通る電車の光が、両壁を照らすと同様に、雲が光よりも速く広がっているかのような錯覚を起こす。光エコーがあると、普段は目で見ることのできない星間ガスの正体も透かし見ることができる。光エコーを作っているこのガスが果たして星そのものと直接関連があるのかを、天文学者たちは知りたがった。

明るい雲のようなハロー（球体の光）が中央の赤い星を取り囲んでいた。それは急速に拡大し、その後数カ月かけて同じ円に見えるいくつもの環が次第に幾重にも重なっていった。

雲を作っているのはその前に起こった爆発のときに飛んできた物質なのか、それともV838星を生んだ星雲の残骸なのか、二通りの可能性があった。それぞれに、突然起こったこの爆発の本質を示す重要なヒントが隠れていた。

いずれにせよ、光エコーは爆発の美しい一面というだけではなかった。光エコーがあるおかげで、爆発のときに明るくなったり暗くなったりする様子を天文学者たちは再生して見ることができた。例えば、ハッブル宇宙望遠鏡が最初に撮影した画像に写っている光エコーの青みがかった外側の縁を見れば、爆発が始まったばかりの頃には短い波長の光が強かったことがわかる。

赤よりも赤し

V838星の親星の素性はすぐにわかった。地球からおよそ2万光年離れたところにある、一見目立たない星だった。爆発のピーク時には太陽の100万倍の明るさだったと思われる。不可解だったことの一つは、爆発の後も星が原形をとどめていたことだった。これだけの規模の恒星爆発が起これば、拡散していく残骸が作る巨大なシェルができても不思議はない。V838星はその代わりにとてつもない大きさに膨張した。大ざっぱにいうと、太陽を中心に回る木星の公転軌道ほどのサイズにまで膨れ上がった。超巨星の成長にも似た（ただし、かかった時間ははるかに短い）このプロセスが進むと、恒星表面の温度が下がっていく。光の色も、弱々しい光の褐色矮星を思わせる暗赤色のL型スペクトル寄りになっていく。

2005年に、ポーランドにあるニコラウス・コペルニクス天文センターのロムアルド・ティレンダは、親星について詳しく分析した報告書を出版した。ティレンダが導き出した結論は、この親星は明らかにスペクトルがごく普通のB型を示す青い星だということだ。その質量は太陽の5倍から10倍ほどありそうだった。スペクトル分析によると、この星は連星系を構成している星の一つで、双子ともいえそうな青い星がもう一つ、収縮しつつある親星の近くを周回していた。

考えられる原因

そもそも、この不思議な爆発の原因は何だろう。天文学者たちは数多くの仮説をひねり出した。相手にされなかったものもいくつかあった。爆発は実は特殊な種類の新星で起こったとする説は、信ぴょう性が低いとされた。V838星系の伴星はとても若いようだったし、爆発を引き起こすこの第三の星が、限られた時間内に一気に白色矮星になるまで老いるとは考えにくかったからだ。

また別の説は、V838星が実はずっと遠くにある（約3万6000光年）という前提の上に成り立っていた。つまり実際はもっと明るいと主張しているのだ（ただし、その視差測定については意見が分かれるのだが）。青い超巨星で核

ハッブル宇宙望遠鏡が2006年9月にいっかくじゅう座 V838星を再び撮影した画像。光エコーが星間物質の今までとは違う部分を照らしているため、以前よりもさらに細部の様子がよくわかる。この画像ではっきりと見えるさまざまな渦巻きは、宇宙空間に存在する磁力線によってできたと考えられている。

 融合が起こり、燃焼したヘリウムから炭素ができるときに一瞬鋭く光るヘリウム・フラッシュが爆発に見えたのだ、というモデルをイタリアにあるパドヴァ天文台のウリッセ・ムナーリが率いる天文学者のチームが提案した。
 数ある仮説のなかでも最もユニークなのはおそらく、天体同士の衝突が原因だとする説だ。前述のティレンダと、イスラエル工科大学のノーム・ソーカーが提案したこの説では、爆発の正体を、二つの恒星が衝突して一つの恒星に融合する「マージバースト」だと考えた。この現象についてコンピューターでシミュレートしてみると、もともとの爆発から生じる数種類の脈動や、このときに融合した星が作る急速に拡大するガス状領域、といったいくつかの特徴もすんなりと裏づけられた。これとよく似たアイデアを、ペンシルベニア州立大学のアロン・レッターが中心になって提案した。恒星の外側の層で始まった核融合による爆発という説だ。つまり、その恒星の外層大気に突入してきた死にかけの巨大惑星の熱を受け取って、爆発が引き起こされたと考えている。

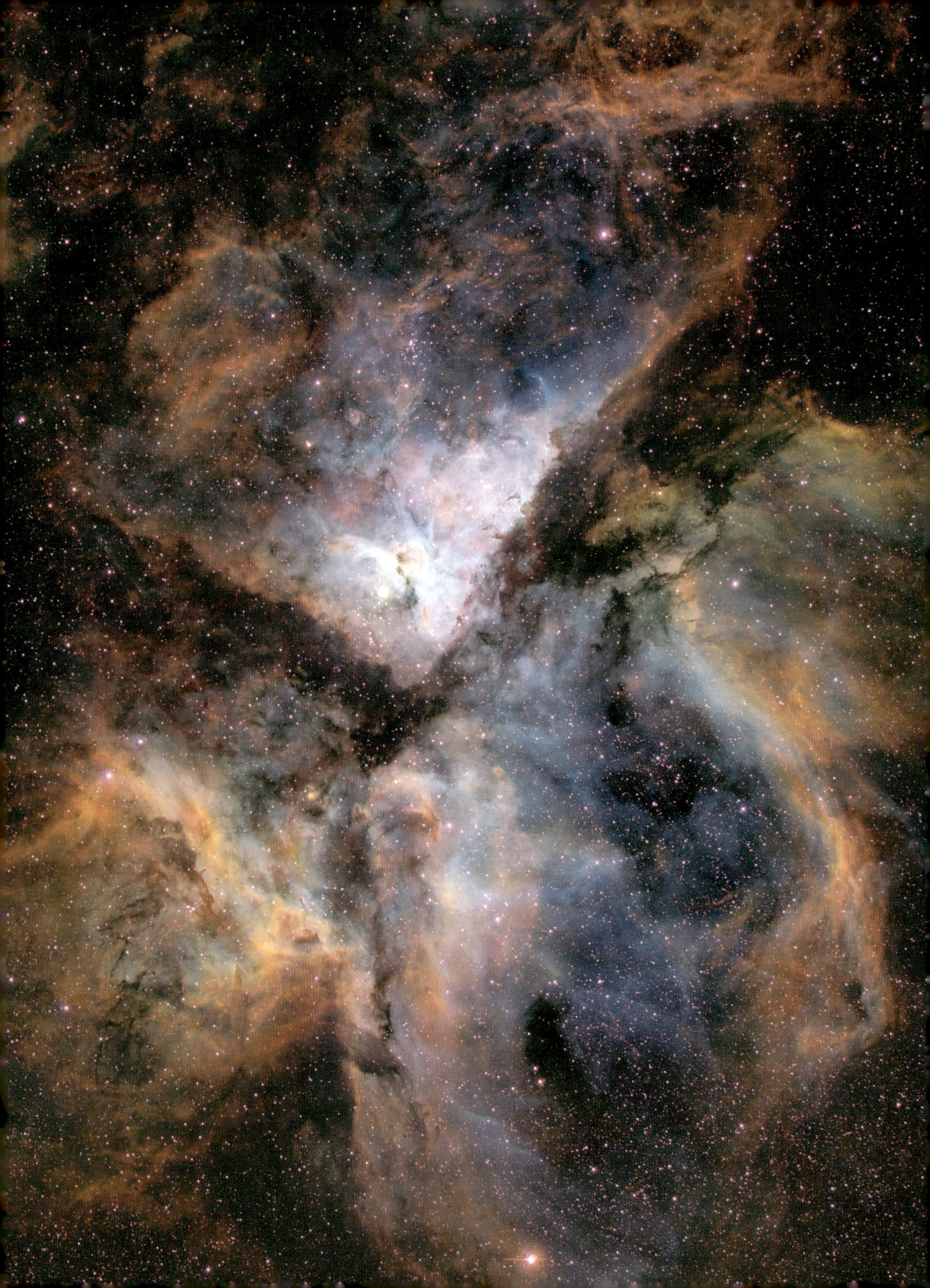

りゅうこつ座イータ星

もうすぐ超新星爆発する

34

星の最期

- テーマ：超新星爆発が始まるまでの間、周期的に爆発的増光を繰り返している巨星。
- 最初の発見：1843年にりゅうこつ座イータ星が爆発的増光したときには、全天で2番目に明るい星になった。
- 画期的な発見：2005年に、イータ星が連星系であることを天文学者たちが確認した。
- 何が重要か：イータ星は、超新星になる間際の恒星を観察できる貴重な観測対象である。

巨大なイータカリーナ星雲の中心部の星形成領域には、ひときわ目を引く、りゅうこつ座イータ星が輝いている。この巨大で不安定な連星系は、破壊へのカウントダウンを数えながら、予測できない爆発的増光を繰り返している。

現在の明るさは、裸眼でかろうじて見えるほど。ところが、1843年に爆発したときには、瞬間的に全天で2番目に明るい星になるほどいきなり強く輝いた。このとき、りゅうこつ座イータ星の名が広く知れわたった。地球からおよそ8000光年離れたところにあると考えると、このときの恒星の明るさは太陽の数百万倍にもなった。以来、この星の変化は、常に注目を浴び続けている。

初期の観測

イータ星の変わりやすさは、早くも1677年頃から注目されていた。英国の天文学者エドモンド・ハレーは、古い記録を見ていてあることに気づいた。日頃、裸眼でもそこそこに見える星を、古代ギリシャとエジプトで活躍した偉大な天文学者、プトレマイオスがどうも「見過ごして」いたのだ。プトレマイオスの頃と今とではこの星が変化したからではないか、とハレーは推理した。この話にようやく決着がついたのは、1827年になってからのことである。この星の明るさは間違いなく変化している、という結論を出したのは英国の植物学者であり、アマチュアの天体愛好家でもあるW.J.バーチェルだった。1820年代と1830年代には、南アフリカの喜望峰からこの星の明るさの変動をジョン・ハーシェルが頻繁に観測した。この星が明るさのピークに達した1843年まで、ハーシェルは観測を続けた。その後のイータ星は、20世紀初期から暗くなっていったが、21世紀を間もなく迎えようという頃には再び明るさを取り戻していった。

イータ星は、別名「NGC3372」とも呼ばれるカリーナ星雲の真ん中にある。約400光年ほどの広大な領域に星形成ガスと星間塵が広がる中に、これよりも小さな、こぶを二つくっつけた落花生の殻のような天体、人形星雲（ホムンクルス）があり、その中心部に位置している。この人形星雲は、

（左）イータカリーナ星雲の壮麗な全体画像。暗い鍵穴星雲のすぐ右、この画像の中心あたりに光っているのが、りゅうこつ座イータ星。チリのセロ・トロロ汎米天文台にあるカーティス・シュミット望遠鏡で撮影。

りゅうこつ座イータ星 | 143

ヨーロッパ南天天文台の超大型望遠鏡（VLT）でとらえた、りゅうこつ座イータ星。二つのこぶを合わせた落花生の殻のような構造の人形星雲の中に、連星の中心星が顔を出している。

　19世紀半ばに発見されて以降、急速に成長している。スペクトルに現れたドップラー偏移を分析してみると、だいたい時速240万kmという猛スピードで膨張していることがわかった。この人形星雲は、1843年の爆発のときにイータ星からすさまじい勢いで飛び出した雲であることはほぼ間違いない。
　イータ星は、カリーナ星雲の中央にあり、際立って明るく輝いている。このことから、この星が若く、質量は桁外れに大きいという意見が天文学者たちの間で支持されていた。こうした大質量星は急速に成長し、生まれ育った星雲から出ていく前に超新星爆発が起こって死を迎える。イータ星は明らかにあまりにも大きすぎた。だから、その短い生涯の終わりが間近であるにもかかわらず、赤色超巨星になるところまで膨らむのを重力が引き止めていた。その代わり、その表面はほとんど大きさが変わらず、

内部から逃げていく放射の熱によって、温度は約4万℃にまで達していた。その不安定さから、この恒星は一般的に高輝度青色変光星（LBV）に分類される。知られているなかでは指折りに質量が大きく、太陽の質量の100個分は軽く超えるのではないかと天文学者たちは予測した。1843年の爆発は、いずれ起こることが予想されている超新星の大爆発に先走って起こったもので、「擬似的超新星現象」ではないかと考えられた。

複雑な星系

最近の研究の進歩によって、イータ星に関してさらに多くのことがわかった。イータ星とその周囲の星雲のスペクトルは5.52年周期で変化していて、その周期はどうやら星全体の明るさの変動とも連動しているらしいのだ。この点に注目して行った研究の結果を1996年に、ブラジルのサンパウロ大学の天文学者アウグスト・ダミネッリが発表した。きっちりと巡ってくる周期性（ただし、この系の明るさは大幅に変動しているため、かき乱されることもあるのだが）を見た天文学者たちは、奇妙なことに気づいた。スペクトルが明るさと連動している点に注目すると、一見これは何かが「シェルで起こっている」ように思える。ところが、きっちりとした周期性を見ていると、むしろ食のある連星系の二つの星が互いの周囲を回っているだけのようにも思えてくる（p.115）。イータ星は通常エックス線をずっと放出しているのに、一つのサイクルのなかで必ず3ヵ月ほど姿が見えなくなる。これが解決への決め手となった。

2005年、イータ星を中心に周る伴星の存在を、NASAのFUSE（遠赤外線分光探査）衛星を使った天文学者のチームが初めて確認した。この伴星は、明るい親星からだいたい10天文単位離れたところを5.5年の周期で公転していた。これだけ接近していたため、最新鋭の光学望遠鏡を使っても伴星と親星とを見分けることができなかったのである。

アメリカ・カトリック大学のロザーナ・イピンを中心とするチームは、伴星はイータ星よりもはるかに高温だと考えられていた点に目をつけた。この系を高エネルギーの紫外線で観測すれば、質量の大きな恒星の明るさはたいがい弱められる。そうすれば、（紫外線放射をより多く放出しているはずの）伴星の明るさを増幅させて見ることができるのではないかとイピンたちは考えた。2003年の「エックス線食」が始まる直前に伴星と連動して放出されていた紫外線

> イータ星は明らかにあまりにも大きすぎた。だから、その短い生涯の終わりが間近であるにもかかわらず、赤色超巨星になるところまで膨らむのを重力が引き止めていた。

が消えたことに気づいた。つまりこれは、主星でもエックス線の発生源でもない、イータ星系のどこかにある別の天体から紫外線が放出されていたことを意味していた。この観測結果は、二つの星の間に互いの恒星風が衝突して数百万℃の熱が生じている「ホットスポット」でエックス線が生じる、と考えたこの系の仮説ともすんなり一致した。

イータ星は単一の星ではなく、連星であることがわかった。連星ではあるが、主星の質量は太陽の100倍はあろうかという、モンスター級に大きな星だった。突発的に起こる爆発によって物質が吹き飛ばされ、複雑な恒星風と相互作用を起こしているメカニズムについてはまだ謎が多い。少なくとも、この天体が壮絶な死に近づいていることだけは間違いないと天文学者たちは考えている。イータ星は現在も、超新星爆発へのカウントダウンを続けている。超新星爆発が百万年以内に起こるのか、それよりももっと前に起こるのか。それは誰にもわからない。

35 超新星爆発
宇宙で最も劇的なイベント

星の最期

- テーマ：太陽よりもずっと重い恒星の最期に起こる劇的な爆発。
- 最初の発見：1941年に、ルドルフ・ミンコフスキーとフリッツ・ツビッキーが超新星をタイプ分けした。
- 画期的な発見：最新のコンピューター・シミュレーションによって、タイプⅡの超新星の標準モデルにはいくつか問題点があることがわかった。
- 何が重要か：超新星爆発は、宇宙のなかでも最も壮絶な現象だ。鉄より重い物質がたくさん作られ、それがあらゆる方向に飛び散る。

宇宙で起こるイベントのなかで、超新星爆発ほど劇的なものはない。想像を超えたスケールの爆発が起き、その後に莫大なエネルギー量の核融合がほんのわずかな時間の間に連鎖する。大質量星の最期を飾るこの爆発は、銀河全体を少しの間だけ明るく照らし、重い化学元素を周囲にまき散らす。

天文学者たちは、超新星を2種類に分類した。白色矮星が突然崩壊して中性子星ができるタイプⅠ（p.129）と、超巨星がとてつもないスケールで爆発するタイプⅡだ。

定義上、二つに分けられているが、実はほとんどの超新星はタイプⅡに分類される。ここ数十年間、この爆発する恒星の研究からは天文学史上意義のある発見が次々と発表された。

超新星のメカニズム

太陽に近い質量をもつ恒星の核融合には二つのフェーズがある。水素の核が融合してヘリウムを作った後に、ヘリウムの核を融合して炭素や窒素、酸素をつくる。核の内部でヘリウムの供給が絶えると、重い化学元素を融合させるための条件が満たせなくなる。そうなると、一気に勢いを失って惑星状星雲に姿を変え、その生涯を終えることになる。

これとは対照的に、太陽の質量の8倍以上ある恒星には、その先のシナリオがある。ヘリウムを使い果たした核が、その外側の層の桁外れの重みに負けて収縮すると、ネオンやシリコン、鉄といった重い元素の核を融合できるほど温度が上昇していく。新たに起こる融合反応が進むにつれ、その反応する領域は核を取り囲む殻の外

(右) おうし座にある、かに星雲の画像。現在も膨張し続けている超新星の残骸であり、1054年頃突如空に現れたことが記録で広く伝えられている。非対称にまとまった切れ切れの雲と、その中央で高速回転しているパルサー。どちらも、超新星爆発のわかりやすい特徴だ。ハッブル宇宙望遠鏡が撮影。

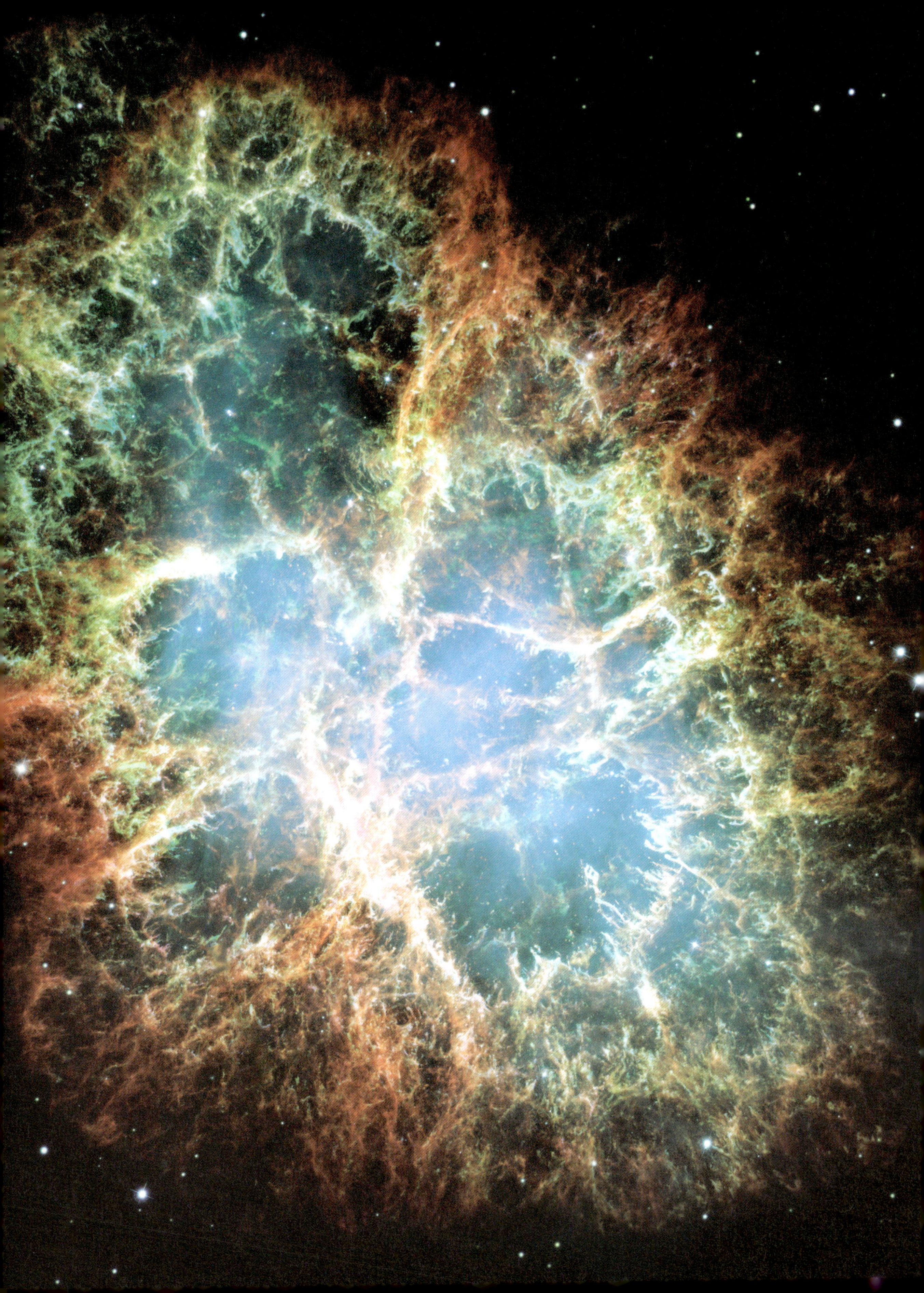

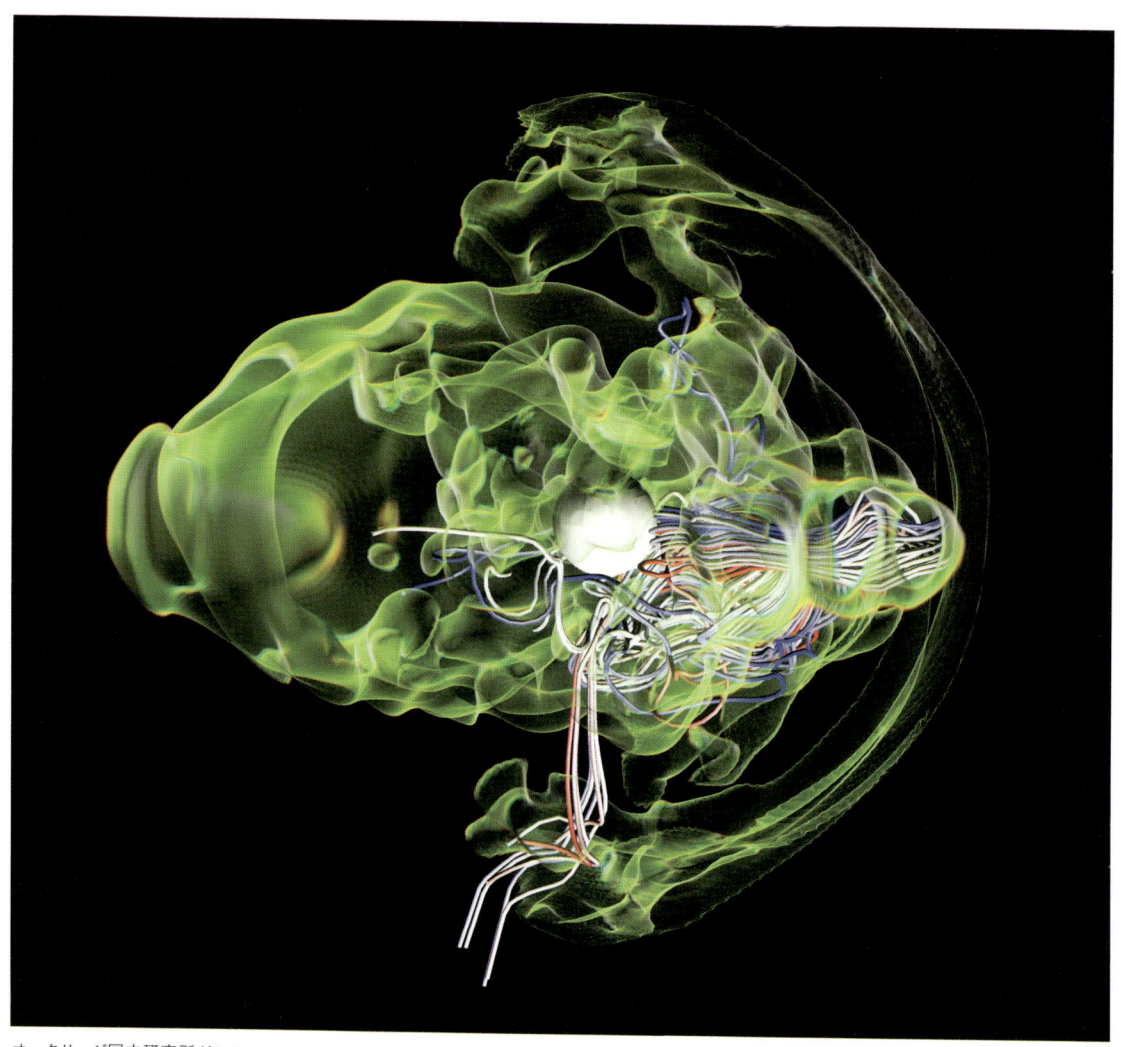

オークリッジ国立研究所がシミュレートした、超新星の核破壊のプロセス。超新星爆発が始まってすぐに起きる乱流の様子がよくわかる。シミュレーション図の右端が、最も大きな膨張衝撃波。

側に移動する。それが、恒星の内部で層が重なったタマネギ状の構造を作っていく。しかし長く光り続けるには、燃料がいる。核融合が新しく起こるたびにエネルギー効率はどんどん悪くなり、燃料はまたたく間に減っていく。恒星の内部がさらに複雑になり、温度や圧力のちょっとした変化にも敏感になるにつれて、星は不安定な赤色超巨星になっていく。

星の内部に鉄の核が蓄積されていったら、後は終わりまで一気に進む。鉄が核融合して鉄よりも重い元素ができるときには、作る以上のエネルギーが消費される。このプロセスのどこかの時点で、重力に逆らって星の質量を支えていた熱源が唐突に失われる。そうなったら最後、核を取り巻いていた層が内側に向かって秒速7万kmにも達する猛烈な勢いで崩壊する。

核は急激につぶれて小さくなり、ものすごい熱が生じる。このとき電子が原子核に吸収される電子捕獲が起こり、その電子を原子核の中にある陽子が吸収して中性子ができる。中性子は、亜原子粒子の一種で、電荷がないため電磁力で互いにはじき合うこともない。星の核がつぶれて直径が30kmほどのサイズまで縮み、原子核とほぼ等しい密度になると、そこで核力

（強い力）が生じ、中性子が互いに反発し始める（p.37）。

核崩壊が抱える問題

タイプIIの超新星のモデルでは、核崩壊が突然終わることで衝撃波が起きると予測されている。衝撃波はものすごい力で恒星の外側の層を引き裂く。そのときに温度が数百万℃にまで上昇すると、核融合の衝撃波が広がっていく。星の外側を包む層にはまだ水素とヘリウムが多く含まれているため、太陽の二つや三つくらいだったら、数十億年どころかたった数日で燃やし尽くせるほどのエネルギーがこのときに生じる。これほどのエネルギーが周囲に充満しているため、鉄の核融合が起こるしきい値を越えて進むことで、金やプラチナ、果てはラジウムやウランといった地球でもなじみの重い元素ですら手当たり次第に作れてしまう。

このモデルの問題点を指摘したのは、米国のテネシー州にあるオークリッジ国立研究所で行われたコンピューターを使ったシミュレーションだった。恒星の外部で起こる影響については明確だし、議論の余地はないのだが、その根底にあるメカニズムに関しては、どうやらひと筋縄ではいかないようなのだ。

世界でもトップクラスの高性能のスーパーコンピューターを使い、オークリッジ国立研究所の科学者たちが示して見せたのは、こういうことだった。外に向かって広がっていく衝撃波のエネルギーが恒星の一番外側の層に届いた途端に、その勢いは衰える。やがて重元素が核のすぐ周辺から分離していくときにも、そのエネルギーの多くが失われる。こうなると、目に見える超新星爆発が起きるにはさらに大量のエネルギーがここで投入されていなければならない。天文学者たちはニュートリノの不思議な特徴や、恒星の磁場の収縮・崩壊（下巻p.22、p.151）のときに生じる熱に、この謎を解く鍵があるのではないかと考えている。

非対称の爆発

超新星の標準モデルには、もう一つ矛盾点がある。爆発の後にできた残骸の形が問題だった。爆発している恒星からは通常、繊維のように切り裂かれたガス雲が急速に膨張したシェル状の構造ができる。このガスには、周辺の宇宙空間に飛び散った重元素がかなりの割合で含まれている。この超新星の残骸の中心部分には、恒星そのものの残骸がある。これは収縮した恒星の核または「崩壊星（コラプサー）」で、やがて中性子星やブ

> 核を取り巻いていた層が内側に向かって秒速7万kmにも達する猛烈な勢いで崩壊する。核は急激につぶれて小さくなり、ものすごい熱が生じる。

ラックホール（p.152）になる。問題は、こうした残骸はたいてい構造上非対称になる点だ。しかもこの崩壊星は、膨張する残骸の中央部分に残るよりも、弾き飛ばされて宇宙空間を超高速で移動することの方が多い。

この非対称な振る舞いに関して、有力な説がある。その一つでは、親にあたる死にゆく星には大規模な対流がある点に注目する。対流があるため、局所的に集まっていた元素がばらされる。破壊や跳ね返り、その結果起こる爆発の間、核融合がまだらに起こると考えた。有力な説は、もう一つある。形を成しつつある中性子星に降着したガスが、特定の方向に偏ったジェット噴流を噴出する円盤になり、ものすごいスピードで物質を恒星からまき散らす。これが、衝撃波となって、外側の層を破壊しているのだという説だ。この2番目の説は、恒星爆発のなかでも最も激しい、ガンマ線バーストという現象を説明するときに引き合いに出されるモデルによく似ている（p.191）。

超新星爆発 | 149

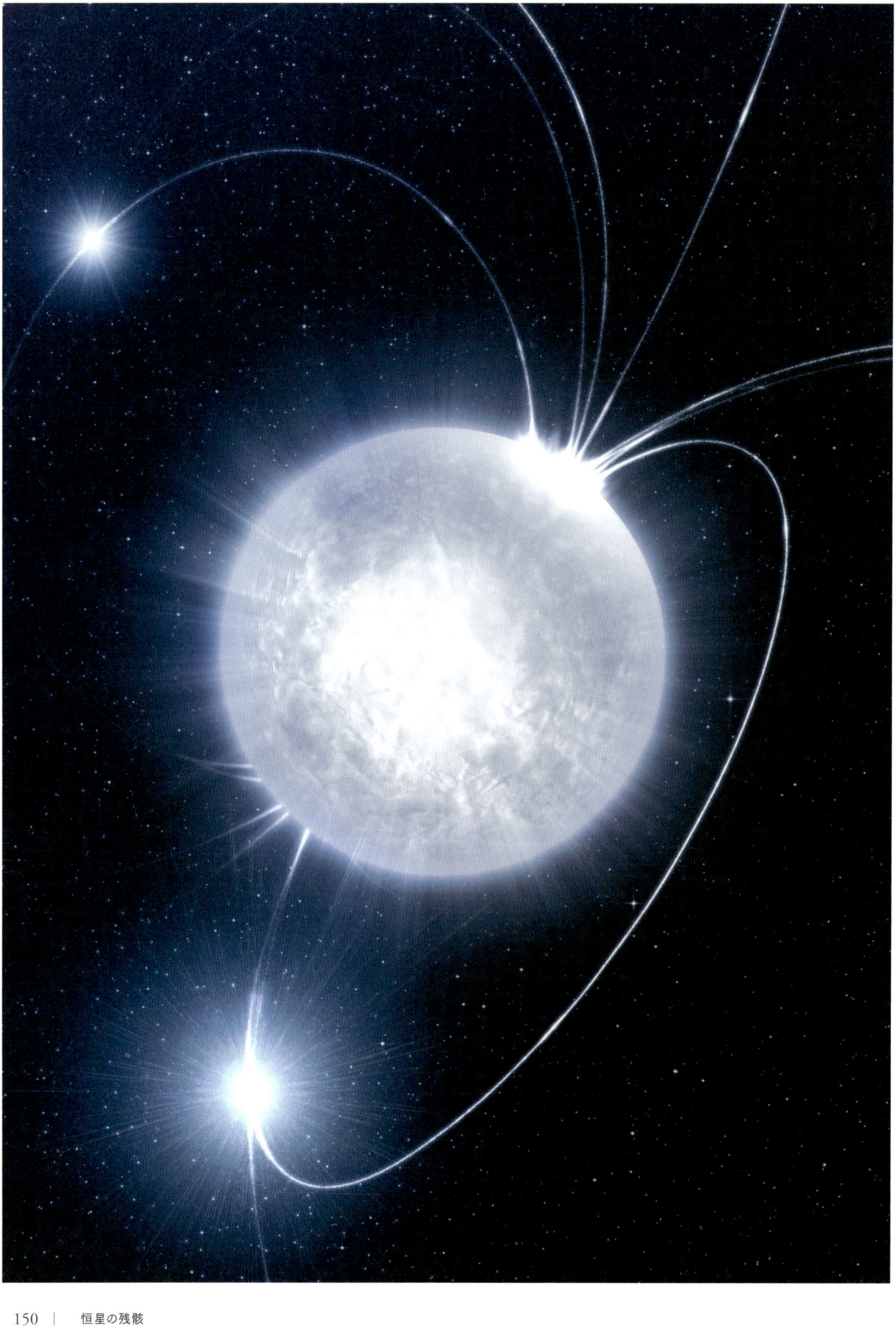

恒星の残骸
白色矮星、中性子星、ブラックホール…

36

星の最期

- テーマ：寿命を迎えて燃え尽きた恒星の中で崩壊した高密度の核。
- 最初の発見：1910年頃、白色矮星の不思議な特性が初めて明らかになった。
- 画期的な発見：1967年に中性子星が初めて発見された。パルサーであり、エックス線を放射している連星でもあるさそり座X-1星だ。
- 何が重要か：中性子星やブラックホールは、宇宙で最も激烈な現象を起こす。

20世紀の間ずっと、星が死んだ後に残った奇妙な天体の正体を、天文学者たちはどうにかして突き止めようとしていた。現在では、すでにわかっている白色矮星や中性子星、ブラックホールのほかにも、まだ発見されていない、強烈な個性をもつ星の残骸があるのではないかと考えられている。

標準的な恒星の進化モデルでは、終末期は3種類ある。太陽とだいたい同じくらいの質量の恒星の場合、膨張して赤色巨星になり、外層が裂けて惑星状星雲が現れ、その中心に燃え尽きた、惑星くらいの大きさの残骸、白色矮星ができる。恒星の質量が太陽の8倍よりも大きければ、超新星爆発が起きる。その後には、せいぜい数kmという町一つほどの直径しかない中性子星か、ブラックホールが残る。

太陽ほどの大きさの恒星がたどる運命

白色矮星としてカタログに登録された第1号は、エリダヌス座イプシロン星Bだった。ウィリアム・ハーシェルが1783年に発見した三重連星の中にある薄暗い星だ。この星は太陽からたった16.5光年しか離れていないのだが、そのこ

とをハーシェルは知る由もなかった。それが何を意味しているのかに1910年に気づいたのは、米国の天文学者であるヘンリー・ノリス・ラッセルや、エドワード・チャールズ・ピッカリング、ウィリアミーナ・フレミングたちだ。その頃広まっていた星の進化モデル（p.80）によれば、高温で白色の恒星はとても明るくなければならなかった。白色なのに光が弱いということは、エリダヌス座イプシロン星Bは小さくなければつじつまが合わない。このような星は白色矮星とされた。

1915年、全天で最も明るい星の伴星であるシリウスB星もまた白色矮星であることにアメリカの天文学者であるウォルター・アダムスが気づき、それを証明した。この連星系の公転周期が50.1年であることが測定からわかると、シリウスB星の質量は太陽と同じくらいであることも割り出せた。この星が大変に小さいことだけではなく、超高密度であることもすぐにわ

(左) 2008年、若い「マグネター（強烈な磁場をもった中性子星）」から次々と放出するフレアが、チリの超大型望遠鏡（VLT）で観測された。こうしたフレアが出ている天体を、可視光で確認できた初めての例である。中性子の表面から引きはがされた電荷を帯びた粒子が、磁場の周囲を回転してフレアになると考えられている（想像図）。

恒星の残骸 | 151

かった。白色矮星に関する研究をさらに重ねていくうちに、質量もサイズも太陽とだいたい同じくらいで、その内部には主に炭素や窒素、酸素が豊富に含まれていることがわかった。

恒星の中で粒子がぎっしりと圧縮されているときに、どのようにして「電子の縮退圧」が起きるのかを、英国の物理学者R.H.ファウラーが新しく発見されたパウリの排他原理（p.36）を取り入れて、1926年に示した。高い圧力を加えられた物質の中で電子が互いに反発しあって起こる電子の縮退圧は、恒星がみずからの

恒星の質量がTOV限界を超えた恒星の核は縮小していく。やがてごく小さな一点にすさまじい重量がかかる特異点に達する。

重みに耐えかねて壊れるのを防いでくれている。そのうちに、白色矮星にはどうやら質量の上限があり、それ以上質量が大きくなると縮退圧は重力に負け、恒星を支えられなくなることがわかった。その上限が太陽質量のだいたい1.4倍であることを、インドの天体物理学者スブラマニアン・チャンドラセカールが1931年に証明した。この上限値を「チャンドラセカール限界」と呼ぶ。

中性子星とブラックホール

それぞれドイツとスイス出身の天文学者、ウォルター・バーデとフリッツ・ツビッキーは、1933年に発見された中性子（p.36）を使って、チャンドラセカール限界を超えた恒星の核がその後たどる運命を説明した。チャンドラセカール限界を超えると、電子と陽子が引き合い、結合して安定した中性子が大量にできるため直径わずか数kmの天体が中性子の縮退圧によって安定する。この中性子星はあまりにも小さくかすかなため、よほどの条件がそろわなければ検出できない。

1967年に、ケンブリッジ大学の電波天文学者ジョセリン・ベルとアンソニー・ヒューイッシュが初めて、パルサーを発見した。パルサーとは中性子星の一種で、放射を高速で回転する2極の光線に分けられるほど強力な磁場がある。同じ年に、ソ連の天文学者ヨシフ・シクロフスキーは、エックス線を放射しているさそり座X-1星は中性子星からできたのだという仮説を提案した。中性子星について現在わかっていることのほとんどは、こうしたパルサーや「エックス線連星」の研究から得られた。とはいえ、中性子星の「素顔」を突き止めるには、1990年代になるまで待たなければならなかった。これを成し遂げたのは、ドイツのエックス線天文衛星ROSATとハッブル宇宙望遠鏡を駆使したニューヨーク州立大学のフレドリック・M・ウォルターを中心とするチームだった。中性子星の中で具体的に何が起こっているかは、現在も確実なことはわかっていない。少なくとも白色矮星にチャンドラセカール限界があるのと同じように、ある限界を超えると中性子の縮退圧が恒星を支えられなくなる上限があるのではないかと天文学者たちは予測している。この限界値は「トルマン・オッペンハイマー・ヴォルコフ（TOV）限界」と呼ばれるが、その値はまだわからない。太陽質量のだいたい1.5〜3倍の範囲に収まるのではないかと考えられている。

恒星の質量がTOV限界を超えると何が起こるのか。米国の物理学者であるJ.ロバート・オッペンハイマーが1939年に提案した、最も広く受け入れられているシナリオはこうだ。恒星の質量がTOV限界を超えた恒星の核は一気に収縮していく。やがてごく小さな一点にすさまじい重量がかかる特異点に達する。特異点の重力はあまりにも強いため、光ですら逃れることはできず、外側の宇宙と切り離される。その境界を「事象の地平線」と呼ぶ。宇宙にこのような天体が存在する可能性はアインシュタイン

バタフライ星雲「NGC6302」。互いに反対方向に向かって急速に広がっていく二つのローブ構造（双極流）が合わさった中心部に、超高温の白色矮星がある。できたばかりの星の残骸で、表面の温度は22万℃くらいにまで達する。

の一般相対性理論（p.47）からおのずと類推できた。

　それを早くも1916年に指摘したのは、ドイツの物理学者のカール・シュヴァルツシルトだった。1960年代になると、この天体は「ブラックホール」という名前で呼ばれるようになる。米国の天文学者チャールズ・トーマス・ボルトンが率いるグループが、エックス線連星系はくちょう座X-1の中にブラックホールとおぼしき存在を確認したと発表したのは、1972年のことだった。

奇妙な中間体たち

　現在では、TOV限界と特異点の間に、まだほかのステージがあるはずだと天文学者や物理学者は考えている。中性子はクォークという素粒子（p.37）でできている。恒星の核がTOV限界を超えて崩壊を始めた後でも、クォークの間ではたらいている力によって生じた圧力が、その崩壊を停めることがあると考えた。こうしてできた理論上の天体は、「クォーク星」または「ストレンジ星」と呼ばれる。質量や直径、温度の相関関係が予測とは違った振る舞いを見せるので、中性子星として検出されることが多い。地球からおよそ1万光年離れたところにあるカシオペヤ座の中にある「3C58」と呼ばれるパルサーは、実はクォーク星ではないかと考えられている。どこか宇宙の彼方で起こった、突出して明るい超新星爆発などからこの星ができたと考える天文学者もいる。

　クォーク星よりももっと高密度の星の残骸となると、さらに仮説の域を出ない。その成り立ちや、構成する物質そのものも、まだ仮説でしかないからだ。「電弱星」は「電弱燃焼」と呼ばれるプロセスによって生まれる放射圧によって、特異点に達するまでの崩壊を逃れている、リンゴほどの大きさの星の残骸だと考えられている。「プレオン星」は、プレオン（クォークやレプトンを構成するとされる仮説上の素粒子）だけでほぼできている。実在する恒星の寿命が尽きた後に、果たしてこのような奇妙な星が実際にできるのかどうかは、まだ謎に包まれたままである。

恒星の残骸

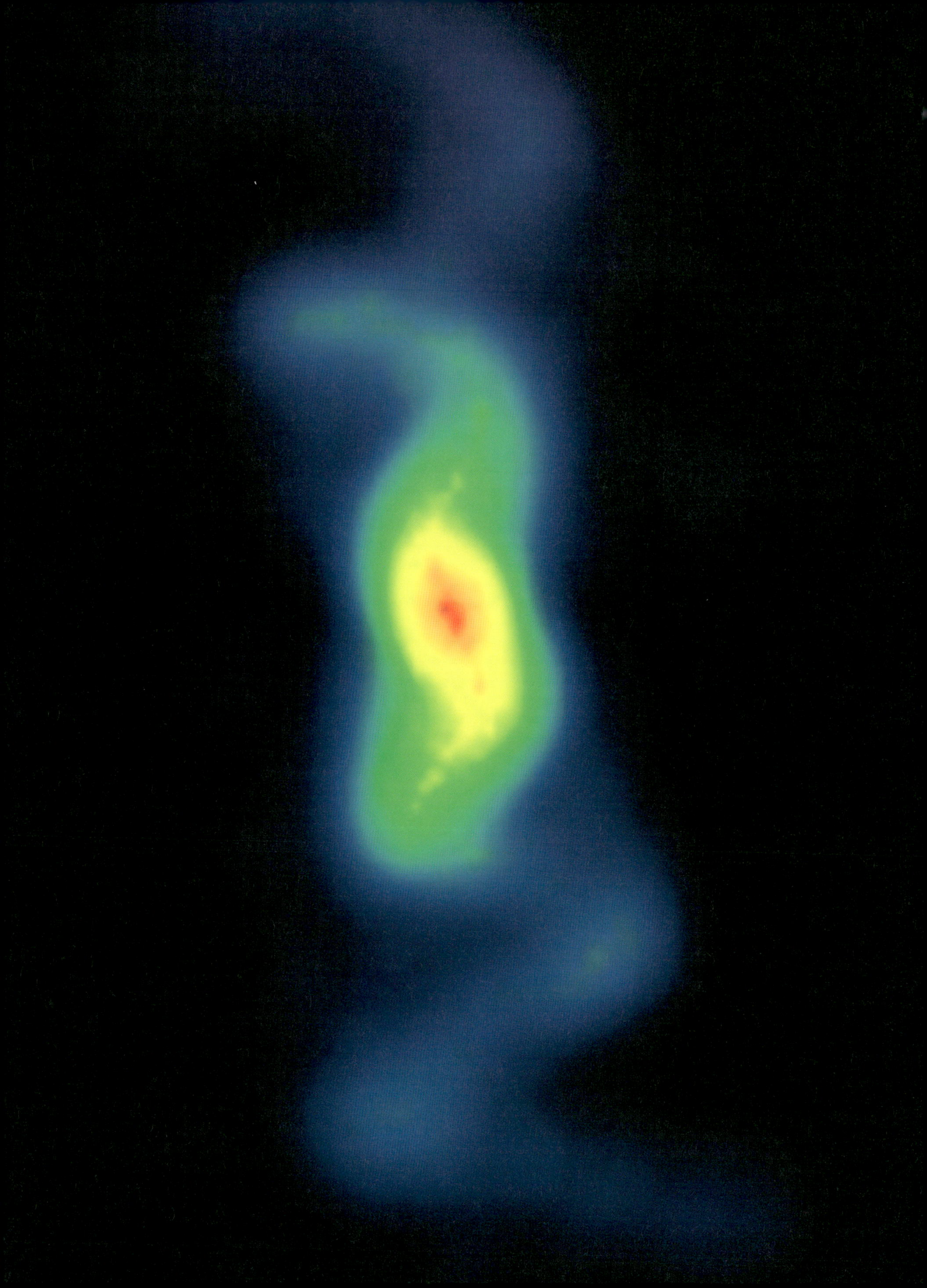

SS 433
世紀の謎

37

星の最期

- テーマ：クエーサーのミニチュアにも見える、奇妙な星。
- 最初の発見：1977年に行われた恒星のサーベイで初めて発見された。その後、エックス線と電波を出している天体であることがわかる。
- 画期的な発見：1979年に、二つの天文学者チームが、高速ジェットに特に注目して、SS 433の異色さを説明した。
- 何が重要か：SS 433はクェーサーに似た天体の正体を解明するための貴重な観測対象だ。

「SS 433」という名前で知られているこの天体は、地球から1万8000光年程離れた天の川銀河の向こう、わし座のなかにあり、知られているなかでも指折りに変わった恒星だといわれている。はるかに大きな「活動銀河」をまねているかのような振る舞いを見せるかと思えば、光速よりも速く移動するジェット噴流を出せる能力があるようにも見える。ある時期、天文学者たちはその真相を突き止めようと躍起になっていた。

SS 433という名称は、1977年に恒星のカタログに登録されたときにつけられた。スペクトルに強い輝線が現れている星として掲載され、米国オハイオ州のケース・ウェスタン・リザーブ大学の天文学者であるニコラス・サンドゥリークとC.ブルース・スティーヴンソンが名づけ親となった。発見される2年前から、空のある場所からエックス線と電波が出ていることはわかっていたが、発生源の正体がわからなかった。1978年にようやく、目に見えないエックス線と電波がすべて、同じ天体から出ていることに、いくつかの天文学者のグループが気づいた。この興味をそそる発見をきっかけに、SS 433への注目がにわかに高まり、その後5年間に発表されたSS 433関連の論文は200以上にものぼった。

サンドゥリークとスティーヴンソンの興味をまず引きつけた特徴は、水素とヘリウムに近い独特の波長をもつ、強くて幅の広い輝線だった。実はこのほかにも、知られているどのプロセスや元素にも当てはまらない輝線がいくつもあった。そのうち、こうした正体不明の輝線は実は、水素とヘリウムの線が二つ1組になって現れたものであることがわかった。一方ははっきりとした赤方偏移を示し（つまり、高速で地球から離れようとしている）、もう一方は強い青方偏移を示していた（つまり、高速で地球に向かっている）。青方偏移を示している方の線は、光速に迫らんばかりのスピードで、地球に近づき、赤方偏移を示す方の線も、ほぼ同じ速さで地球から離れていた。しかも、赤方偏移、青方偏移それぞれの強さは、164日周期で変化し、

（左）米国のニューメキシコ州にある超大型電波干渉計（VLA）を使ってとらえた、SS 433の電波画像。中心にある天体から物質が放出され、らせん状の筋を形作っている様子がはっきりとわかる。

SS 433について、一般的に受け入れられている仮説。(1) 高密度の星の核が (2) 伴星からガスを引き出す。(3) 星の核に向かって物質が落下し、超高温の降着円盤ができる。(4) その両極からジェット噴流が噴出する。そのうち伴星の重力に引っ張られて、円盤の角度とジェット噴流の揺らぎができる。

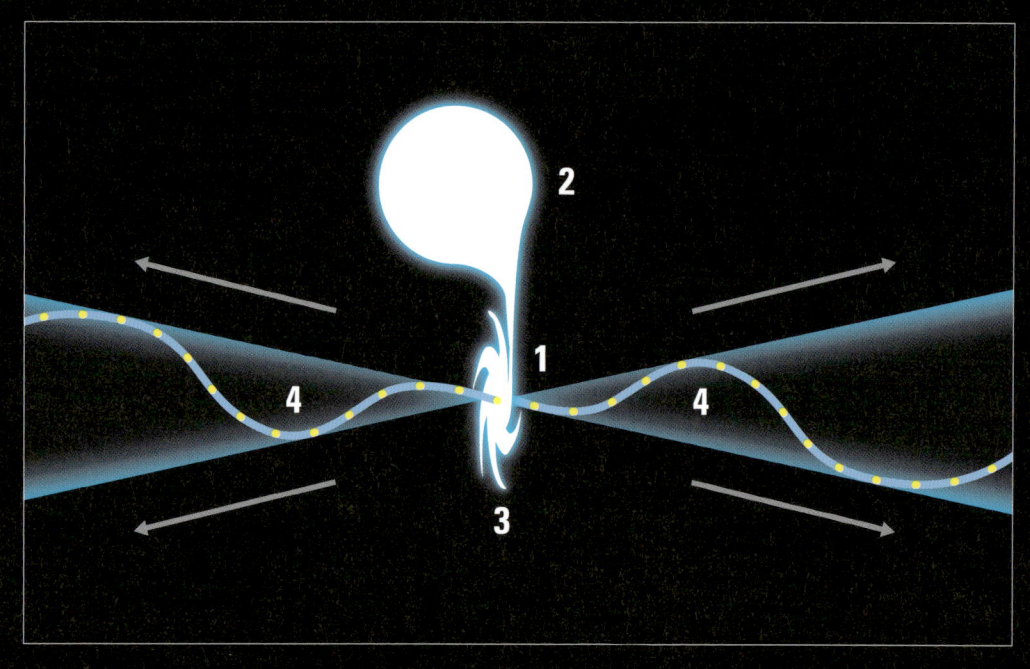

平均速度を計算すると毎秒1万2000kmで地球から離れていることがわかった。中心部にある比較的偏移の少ない線の固まりを測定してみると、この線を放出している光源のスピードは、秒速およそ70kmだった。

傾いた物体の両極から幅の狭いジェット噴流が吹き出ているので、噴流の軸は地球に対してゆっくりと回転または、「すりこぎ運動」をしている。その結果、このような線のずれが生じる、という説が1979年に登場した。このアイデアに基づいたモデルを、英国の天文学者であるアンドリュー・ファビアンとマーティン・リース、そしてイスラエルの物理学者のモルデハイ・ミルグロムらがそれぞれ別々に提出した。米国の天文学者、ジョージ・エイベルとブルース・マーゴンは、このモデルをさらに進化させ、輝線に現れるずれが予測できるようになった。この説によると、ジェット噴流は頂点が約40度に開いた円錐形を描き、中心軸は地球に対してほぼ真横といっても差し支えない、79度の傾きを作っていた。ジェット噴流の中に含まれている物質は、光速の26％の速さに相当する秒速7万8000kmで動いており、円錐形の中でジェットの方向が変わると地球から見た速度が変わって見える。このジェット噴流の中でも最も注目すべきことは、相対論的な効果により時間の流れが遅くなっていることだ (p.45)。原子が振動するため、ジェット噴流から電波が発生する。そのときに時間の流れが遅くみえることで振動のペースが落ちると、波長が長くなる。この天体が平均秒速1万2000kmで地球から離れているという計算結果は、実はこのときの相対論的効果による赤方偏移を表していた。

目に見えない証拠

米国ニューメキシコ州のソコロにある、超大型望遠鏡群 (VLA) を使って作成したSS 433の電波地図を見ると、電波を放出しているらせん状の構造が見られるため、このモデルの正しさがわかる。この構造は、ゆっくりと噴出するジェット噴流が、電波源W50としてカタログに登録された周囲のガスの雲を削って形作られる。ところが、エックス線で観測してみると、少々やっかいな矛盾点があることに気づいた。この天体は、二つの離れた極からエックス線を

放出していた。一方からは、ぼんやりとした(比較的低エネルギーの)エックス線がある程度一定に放出されていて、ジェット噴流が吹き出るたびにゆらいだり、すりこぎ運動をしたりしている。もう一方からはエネルギーの強いはっきりとしたエックス線が放出され、13日ごとにおよそ2日間の割合で姿が見えなくなっていた。これを見た天文学者たちは、すぐに次のような結論を導いた。

中央にある天体はエックス線連星で、高密度の天体の周囲を超高温の降着円盤が取り囲み、近接した伴星によって周期的に食が起きているのだ——。では、SS 433の心臓部にある天体は一体何なのだろう。その答えは、W50、つまりこの天体を取り囲む高温のガス雲の中に隠れていると、天文学者たちは予測している。W50は特異な超新星の残骸で、1万年ほど前にできたものらしい。ということは、降着円盤の心臓部にある天体は、中性子星か、ブラックホールのいずれかに絞られる。

全体から推理してみると

広く受け入れられているSS 433の「標準モデル」に従って考えると、こういうことになる。SS 433はもともと主星の質量が伴星よりもかなり大きく、しっかりと結びついた連星だった。比較的静かに中年期を迎えていた伴星にひきかえ、大きい方の主星は崩壊して超新星爆発を起こし、W50を作り出した。超新星爆発は周囲に壊滅的な衝撃を与えた。主星と伴星は軌道も近接したまま、互いに大きな影響を及ぼしあった。ここで重要なポイントは、伴星の軌道が主星の残骸の核の「ロシュ・ローブ」、つまりその重力の影響が及ぶ範囲に達した領域に差し掛かっていたことだ。伴星の一番外側の層が壊れ、そこに含まれていた物質は伴星の大気圏から吸い出されてしまう。この高温のガスが、主星の残骸の核に向かって落下すると、それがやがて強烈な強さのエックス線を放出する超高温の降着円盤になる。円盤にある物質のなかには高速で加速度的に回転するものもあり(おそらく磁場のはたらきによる。p.151)、それが勢いよく放出されるジェット噴流に混じって宇宙空間に放たれる。一方、伴星も自身の重力によって円盤を引っ張り、その影響で円盤は周期的なすりこぎ運動をする。こうした振る舞いは、規模もエネルギーもはるかに大きな「活動銀河」の核に大変よく似ているため、SS 433はしばしば、「マイクロクェーサー」と呼ばれる天体のプロトタイプだと考えられることも多い。

SS 433の標準モデルは、ここ20年ほどの間

> 青方偏移を示している方の線は、光速に迫らんばかりのスピードで、地球に近づき、赤方偏移を示す方の線も、ほぼ同じ速さで地球から離れていた。

に行われたさまざまな実験の検証にも耐えて生き残っている。それでも、この興味尽きない天体について、未解決の疑問はいくつも残っている。2004年には、このジェット噴流の速度は、これまで考えられていたほど一定ではないことに、超大型電波干渉計(VLA)を使って観測していた電波天文学者たちが気づいた。速度はだいたい光速の24〜28%の範囲で変動していた。この変動は、両極のジェット噴流に対してまったく同じタイミングで影響を及ぼしていた。天体の質量を何とかして測定しようという試みもあったが、そのたびに得られる数値には大きな開きがあった。仮説についても開きがあった。ごく普通のA型主系列星の伴星が主星である中性子星の周囲を公転していると考えるモデルから、巨大な白色超巨星が計り知れない大きさのブラックホールの周囲を回っている、というモデルまで、振れ幅は大きかった。この疑問は「世紀の謎」と名づけられていて、その神秘のベールはまだ完全に取り払われてはいない。

38/44 銀河の不思議

天の川銀河の形

大きな二つの腕をもつ棒渦巻

38

銀河の不思議

- ■ テーマ：天の川銀河のらせん構造の中で最近発見された複雑さ。
- ■ 最初の発見：1950年代、電波観測で天の川銀河の渦巻構造が確認された。
- ■ 画期的な発見：2005年に、天の川銀河の中心部分に長い棒状の構造があることが確認された。
- ■ 何が重要か：天の川銀河の構造がわかると、恒星ができる割合を左右するプロセスも理解することができる。

18世紀から、天文学者たちは天の川銀河の大きさを測ろうとしてきた。しかし、その全貌は今も明らかになっていない。この多くの星を抱えた集団には、まだまだ驚きの事実がたくさん隠されているし、それまで思われていたのとは違った姿をしていることが、この10年間で明らかになってきた。

天の川銀河の形を地図に表してみたら、太陽はどこに位置するだろう。1785年頃にそんな試みに初めて挑戦したのは、ドイツで生まれ、英国で活躍した天文学者、ウィリアム・ハーシェルとその妹のカロライン・ハーシェルだ。どの星の明るさもだいたい同じと仮定して、全天を約700の区画に分け、そこにある恒星の集団を記録した。こうしてできあがった天の川銀河の地図は、形容しがたい不思議な形をしていた。強いていえばこの銀河は、横幅はあるが、奥行きがなく、太陽はその中心近くに置かれていた。

天の川銀河の大きさを求める

それから1世紀以上たった1906年。オランダの天文学者ヤコブス・カプタインが天の川銀河の地図作りに再び挑んだ。今度は、世界各地の40カ所にある天文台と連携し、やはり「星の個数」に基づいて調査を行った。ここまでやっても、現れたのは以前と同じような形の天の川銀河だった。いくぶんか平たく、その直径は4万光年ほど。太陽はやはり、中心にあった。

天の川銀河における太陽系の位置を初めて正しく把握したのは、米国の天文学者、ハーロー・シャプレーだ。1921年頃、公転軌道のほとんどが、天の川銀河の平面部の上か下を通っている球状星団の分布を調べているときに、これが遠い位置にあるいて座の周辺に集中していることに気がついた。

これをヒントに、もしかしたらその位置が実は天の川銀河の中心で、太陽系はその外縁部にあるのではないかと考えた。後になってみると、シャプレーが推測した球状星団までの距離は、あまりにも遠すぎた。この推測値に基づいて、天の川銀河の端から端までの直径は30万

(左) 南半球の星座、くじゃく座の中にある銀河「NGC6744」。渦巻状の大きな二つの腕と、核が短い棒状に引き伸ばされた構造をしていることから、天の川銀河と双子と呼べるほど姿が似ていると考えられている。一点、決定的に違うのは、NGC6744の目に見える直径は、天の川銀河のだいたい2倍だという点だ。

天の川銀河の形 | 159

「ESO510-G13」は、地球から1億5000万年光年ほど離れた距離にあるうみへび座の中にある。横長に伸びた渦巻銀河。この銀河の円盤部分がたわんでいることが、この画像からはよくわかる。天の川銀河の外縁にもよく似たたわみがある。ハッブル宇宙望遠鏡が撮影。

光年ほどだとシャプレーは試算した。しまいには、天の川銀河のさらに彼方にも銀河があるのかという宇宙の大きさを巡る「大論争」で、何もない、と主張して負けを喫した。

1927年に、オランダの天文学者であるヤン・オールトもまた、重要なことに気づいた。銀河の中央部分と、さまざまな領域とでは、公転速度が違っていたのである（例えば太陽は、2億5000万年周期で公転している）。太陽から惑星の距離が変化すると、軌道の上を惑星が動く速さも変化する、というケプラーの第二法則に従ったこの「差動回転」をオールトは利用して、今度はかなり正確な天の川銀河の大きさをはじき出した。オールトが求めた天の川銀河の直径はおよそ8万光年で、太陽は中心部分から約1万9000光年離れたところにあった（現在ではそれぞれ、10万光年と、2万6000光年という数値が定説になっている）。

渦巻状の腕を地図で表す

天の川銀河のサイズに関する論争はその後も続いたが、構造については謎のままだった。得られた証拠から見る限り、円盤状に星が分布しているようだったが、それが渦巻状をしているという根拠は、主にほかの銀河の形を参考にした意見だった。新しく発見された「渦巻星雲」と似ているのではないかというアイデアは、早くも1852年に米国の天文学者ステファン・アレクサンダーが提案していた。こうした天体が実は天の川銀河よりも遠い位置にあることをようやくエドウィン・ハッブルが証明したのは、1920年代になってからだった。これ以降は、たちまちこのモデルが主流になった。

天の川銀河が渦巻構造をしているというヒントを1951年に最初に発見したのは、米国のウィスコンシン州にあるヤーキス天文台に勤務していたウィリアム・W・モーガンだった。モーガンは、ほかの銀河では渦巻構造に沿って分布していることが多い、明るい散開星団の分布を地図にしてみた（p.180）。そこに、特徴のある連なりが三つあることに気づいたモーガンは、これは大きな腕の一部なのではないかと推理した。

その後、1950年代になると、ヤン・オールトをはじめとする天文学者たちは最新鋭の巨大電波望遠鏡を使って、中性水素ガス雲の位置を地図にプロットした。電波望遠鏡を使えば、雲や星、星間塵などが間にあっても、モーガンが調べた明るい星団よりもさらに遠い位置にある中性水素ガス雲を検出することができた。観測結果を見たオールトは、天の川銀河の中で太陽系付近で見られる渦巻の腕の構造は、実はその円盤全体に伸びているのだと確信した。

1950年代以降に行われた電波望遠鏡による観測結果や、ほかの銀河の調査に基づいて考えると、どうやら天の川銀河には大きな腕が四つある、という意見で天文学者たちはほぼ一致した。渦状の腕はそれぞれペルセウス腕、じょうぎ・はくちょう腕、たて・みなみじゅうじ腕、いて・りゅうこつ腕と名づけられた。そのほかにも細々とした構造や、分枝がその間に散在していて、そのうちの一つ、オリオン・はくちょう腕は、太陽系の近くに横たわっていた。その後、スピッツァー宇宙望遠鏡が作った新しい赤外線地図を見ると、天の川銀河の主要な腕は二つしか確認できず、後の二つはささやかな突起ほどの小さな構造でしかなかった。

新たなる発見

大きな二つの腕を確認できたことで、また別の最新の発見が裏づけられた。天の川銀河はどうやら、棒渦巻構造をしていることが明らかになった。核から長い棒が延びた構造の銀河は、その棒の先端から始まる二つの腕しか見えないことが多い。中心部が棒状になっている証拠は、1980年代になって電波望遠鏡による観測が盛んになってから得られた。1990年代に作られたコンプトン・ガンマ線衛星を使った星の形成領域の地図も、さらに有力な証拠としてここに加えられた。2005年にようやくウィスコンシン大学のエド・チャーチウェルとロバート・ベンジャミンを中心とするチームが、スピッツァー宇宙望遠鏡で観測を行い、この構造の中にある低温の赤色巨星の分布を地図にして棒状の構造の存在が確認できた。こうした新たな調査によって、この棒状の構造がにわかには信じ難いほど大きいことがわかった。長さ2万8000光年、ということは天の川銀河全体の直径の優に4分の1はあった。

いくつか新しい発見があったことで、天の川銀河の大きさの測定方法もまた変化している。最外縁部にある恒星の公転スピードからは、天の川銀河の内外にある「ダークマター（暗黒物質、p.211）」が大量にあることが明らかになる。しかし、ここ数十年の間、天文学者たちは中性

外縁部は銀河の平面から7500光年ほど離れていて、銀河円盤の外側の領域は際立ってたわんでいるのだった。

水素ガスの雲が、天の川銀河の中心部分から約7万5000光年という長さにまで伸びていることにも気づいていた。しかも、外縁部は銀河の平面から7500光年ほど離れていて、銀河円盤の外側の領域は際立ってたわんでいるのだった。真横から見た天の川銀河は、うみへび座の中にある渦巻銀河「ESO510-G13」にどことなく似ていた。

天の川銀河がゆがんでいる原因を説明しようと、天文学者たちは長年頭を悩ませてきた。これは天の川銀河最大の「衛星」、マゼラン星雲の背後にあるダークマターが起こした「波紋」から生じた重力が原因ではないかと、カリフォルニア大学バークレー校のレオ・ブリッツが率いるチームが2006年に結論づけた。このモデルによると、このたわみは動いていて、天の川銀河を中心にさざ波が立つように回転しているという。想像してみると実に愉快なのだが、天の川銀河はどうやら、とてつもなく大きな「どら」のように震えているらしい。

天の川銀河のブラックホール

天の川銀河のブラックホール
質量は太陽の400万倍

- テーマ：天の川銀河の中央に横たわる、巨大質量のブラックホール。
- 最初の発見：1970年代に天の川銀河の中心部の位置が初めて確認され、地図に書き込まれた。
- 画期的な発見：2002年、星の動きを観測していた天文学者たちは、その近隣にブラックホールが存在していることを確認した。
- 何が重要か：多くの銀河の心臓部には巨大質量のブラックホールがある。そのことからはブラックホールがどうしてできるのかという疑問の答えが多く得られる。

銀河の不思議

天の川銀河の心臓部分には、眠れる巨人がいる。太陽数百万個分に相当する大質量のブラックホールだ。巨大なガスの層がたなびき、大質量星が散在し、反物質が生まれる荒々しい領域に埋もれている。

天の川銀河の中心はいったいどうなっているのか。地球から2万6000光年ほど離れた、いて座の方角にあり、可視光でも、赤外線でも、その位置を目で直接見て確かめることはできない。その方角と地球との間には高密度の星雲や星間塵（せいかんじん）を含んだ渦巻腕が横たわり、銀河の中心には年老いた赤や黄色の星が無数にひしめいていて、視界を遮っているのだ。いうなれば、天の川銀河全体をまとめているのは、こうした恒星たちの重力だ。だとしたら、銀河の中心部分は何がまとめているのだろう。銀河の中心部周辺にある不思議な天体と、そこで起こっている激しいプロセスの正体がやっとわかり始めたのは、1990年代になってからのことだ。

天の川銀河をはじめとする銀河は、中心部に物質が高密度で集まり、巨大な固まりを作っている重力によって形をなしているのだと天文学者たちはある時期、予測していた。中心部にある恒星は、楕円軌道を描いている。その軌道は銀河の平面に対して大きく傾いており、銀河円盤の上にある恒星の軌道と比べると、あまり秩序立ってはいない。重なり合った軌道の効果が累積し、中心部は平たいボールのようになっている。しかし、見るからに混然としていてるこの中心部分の領域にある天体はすべて、この中心部分の中でも比較的小さい領域を中心に、公転する軌道をもっているようだった。

1974年にこの領域を初めて電波で探査したときには、いて座Ａという名で広く知られている、電波発生源のグループを発見した。そのうちの一つ、いて座Ａイーストは泡状の高温ガスで、おそらく膨張している超新星の残骸だと考えられている。一方、いて座Ａウエストは、銀河の中心部分に向かって落下しつつあるガスでできた見事な三つの渦巻腕をもち、その形状は二

(左) 天の川銀河の心臓部にあるブラックホールを囲む荒々しい領域。エックス線はエネルギー量によって色分けされていて、赤が最も弱く、青になるほど強くなる。ブラックホールそのものは、明るい中心部分の一番上に横たわっていて、近隣にある巨星が放出した高温ガスの層の中に埋もれている。チャンドラＸ線観測衛星で撮影した画像。

つの高密度の巨星星団からの放射によって作られていた。どちらも比較的短時間の「スターバースト」からできたと考えられている。このスターバーストは、天の川銀河の中心からほんの100光年ほどしか離れていない位置で、独特の条件がそろったときにガスが大規模に圧縮して起こったと考えられている。

　いて座Aイーストの中心部にはほかに、第三のコンパクトな電波発生源、いて座A*（スター）が埋もれている。この天体はまた別の大質量星団の中に横たわっていた。どうやらそのあたりがちょうど天の川銀河の心臓部であり、なおかつ天の川銀河のど真ん中に横たわる巨大質量のブラックホールがある位置でもあるらしかった。

目に見えない心臓部

　いわゆる活動銀河の中心部分に高密度・大質量の天体があることは、1950年代には予測されていた（p.183）。これがブラックホールだと天文学者たちが考えるようになったのは、1970年代になってからだ。当時ですら、ブラックホールがこれほどまでに巨大に成長するメカニズムを疑う声は多かった。

　1980年代になってようやく、天の川銀河の中心部に近いところを通る恒星の軌跡を詳し

天の川銀河の中央部分の地図。1995年から2008年までの間に観測したいくつかの明るい星の動きがプロットされている。軌跡を見ると、姿は見えないが非常に質量の大きな天体がそこにあり、星たちはその周囲を回っていることがわかる。背景の画は、1回の観測で見える恒星の位置を示している。

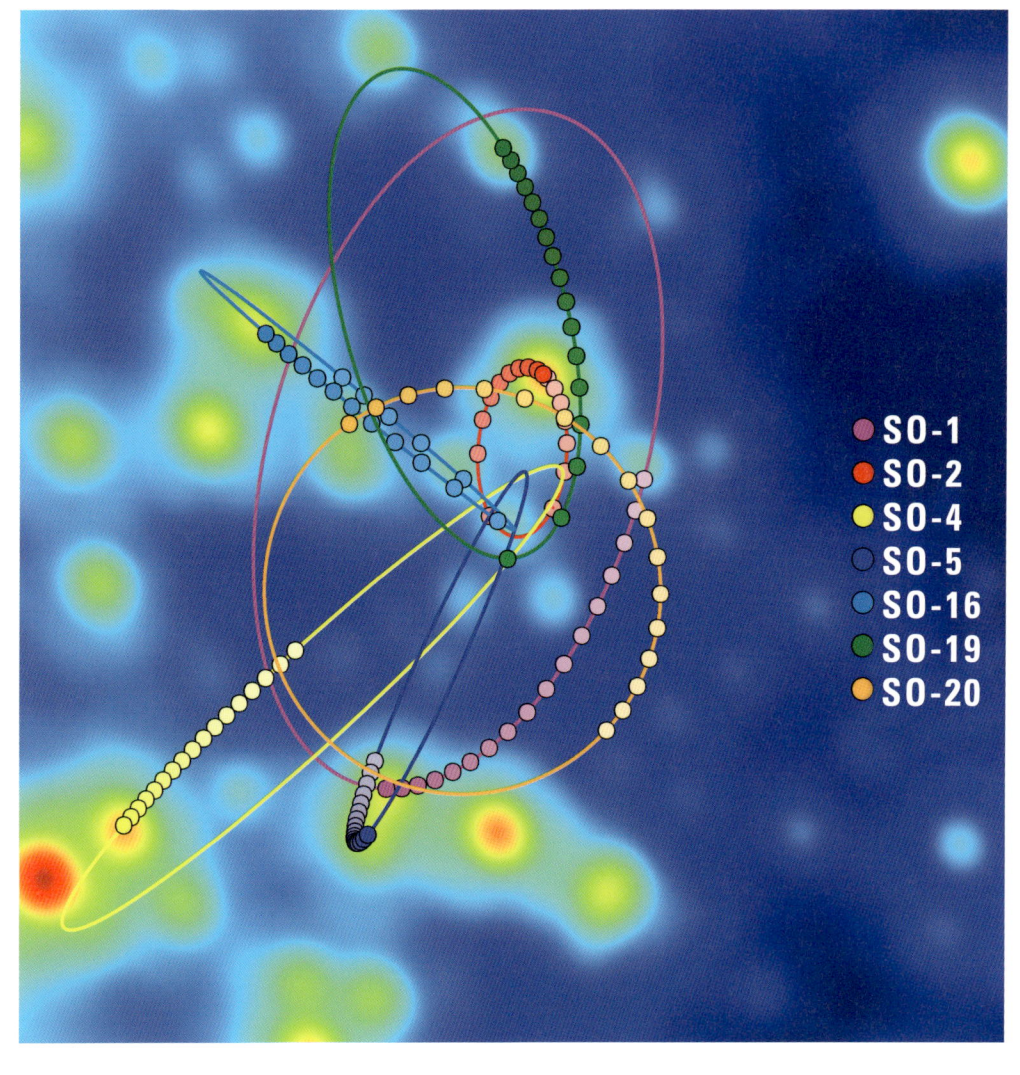

- S0-1
- S0-2
- S0-4
- S0-5
- S0-16
- S0-19
- S0-20

く求めてみると、核がどれだけコンパクトであるかがわかった。そのため、天文学者たちは天の川銀河の中心部分にも、これと似たようなモンスターが潜んでいるのではないかと考えるようになった。

いて座A*が実際、とてつもなく大きなブラックホールであることを裏づける有力な証拠は、1998年に得られた。カリフォルニア大学ロサンゼルス校のアンドレア・ゲッズが、ハワイ島のマウナケアにある巨大なケック望遠鏡を使って、天の川銀河の中心部に極めて近い位置にある動きの速い恒星を観測した。くっついて見えるほど近い距離にある恒星を個別に解像し、その動きを求める新しい技術が開発されていた。ゲッズはそれを利用して、どの星も中央にあるとおぼしき目に見えない天体の周囲を最大秒速1万2000kmで巡っていることを突き止めた。この天体は小さく見積もっても太陽質量の370万倍あり、ほんの数光年ほどの幅の領域に集まっていた。

2002年、チリにある超大型望遠鏡（VLT）を使った測定によって、ブラックホールの質量を巡る謎は解決に向けて大きく動いた。銀河の中心にあるブラックホールから17光時間（光の速度で17時間）または120天文単位という狭い範囲の周囲を、S2という名の恒星が15年の軌道周期で移動しているのを、ドイツのマックス・プランク地球外生物研究所に所属するライナー・ショーデルが中心となったチームが発見した。その後10年の間にこの恒星の動きに関する観測はさらに行われ、ブラックホールの質量はだいたい431万±38万太陽質量の範囲にまで絞り込まれた。

眠れる巨人

では、天の川銀河の中心部分が、活動銀河のように輝いていないのはなぜだろう。最も矛盾が少ない説明はこうだ。中心部分が輝くのは、どんな銀河でもその成長段階の早い時期に通るステージで、天の川銀河はその段階はすでに過ぎていた。ある時期、近いところにいた恒星やガスを手当たり次第に貪っていたモンスターが、周辺の宇宙空間の領域をすっかり食い尽くしてしまい、今では近隣にいる恒星の恒星風に含まれる動きの遅い粒子だけを取り込んでいるのだ。2009年にハーバード大学とマサチューセッツ工科大学の科学者たちが共同で行った研究では、ブラックホールはこれまで考えられていたほどには吸引力がないことが示された。彼らが考えたのは、動きの速い高温の粒子がブラックホールを取り囲んでバリアを作っているせいで、恒星風がほとんど閉め出されているモデルだった。

一方で、ブラックホールが時折、爆発を起こしていることを裏づける証拠もあった。銀河の

> 周辺の宇宙空間の領域をすっかり食い尽くしてしまい、今では近隣にいる恒星の恒星風に含まれる動きの遅い粒子だけを取り込んでいるのだ。

中心部分の上に反物質の「噴水」があることを、1997年にコンプトン・ガンマ線観測衛星が発見した（p.69）。この現象は最初、ブラックホールの過去の活動が原因で起こったのだと考えられていたが、現在では激しく活動する近隣の恒星の残骸によって起きたとする説が有力だ。2007年、NASAのチャンドラX線衛星を使った科学者たちは、いて座A*の近くにものすごい速さで運動しながらエックス線を放出している天体を見つけた。このエックス線発生源は、50年ほど前に放出されたエックス線の短いフレアの反射、つまり光エコー（p.138）だと考えられている。そのときにブラックホールが水星とだいたい同じくらいの質量があるガス雲をのみ込んだのだ。この眠れる巨人が次にいつ目覚めるのか。それは誰にもわからない。

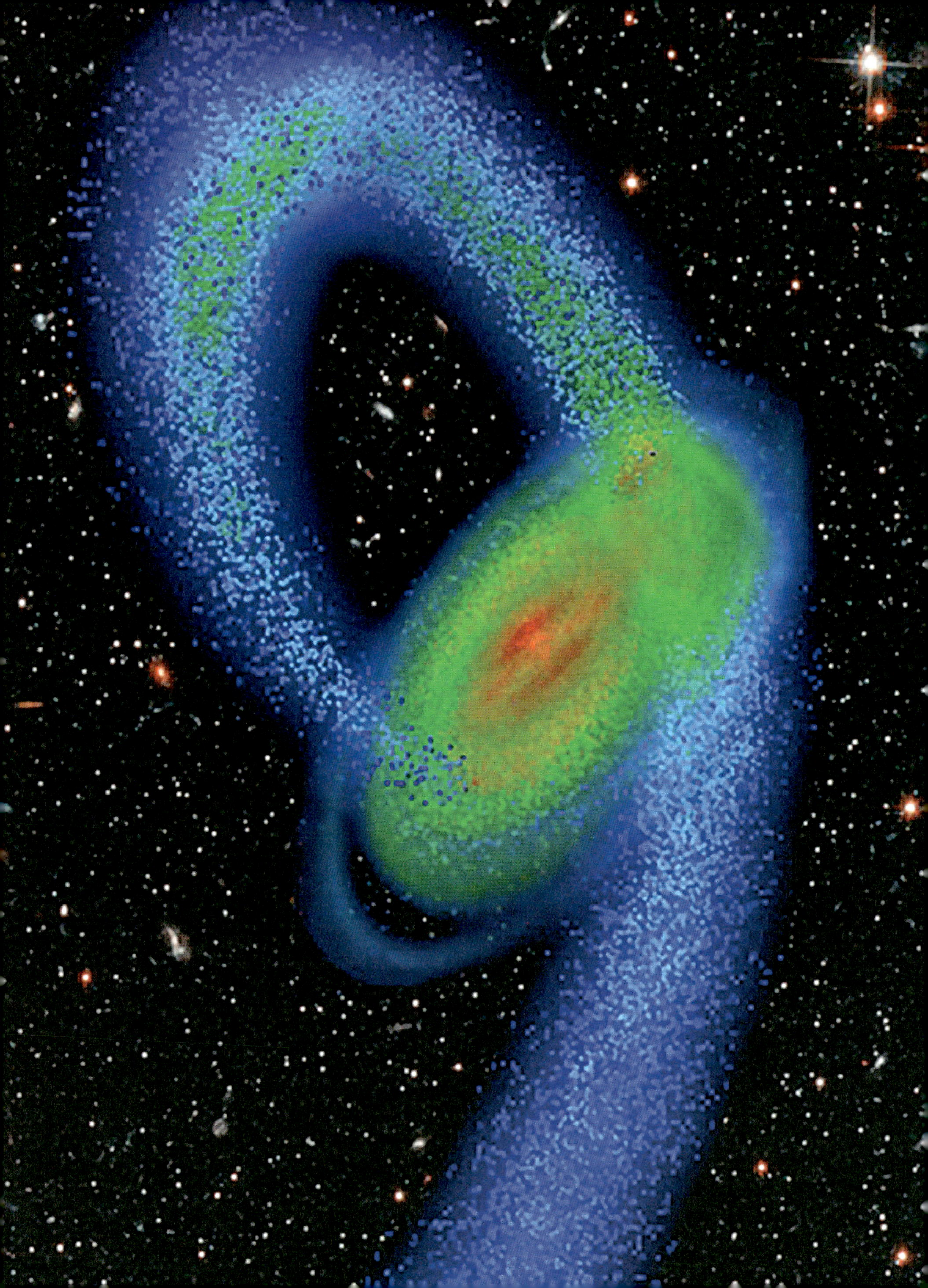

隣の銀河
天の川銀河にのみ込まれつつある

40

銀河の不思議

- テーマ：今まさに天の川銀河にのみ込まれつつある、近隣に点在する小さな銀河。
- 最初の発見：1994年に、不規則に分布している恒星の中から、いて座矮小楕円銀河が発見された。
- 画期的な発見：赤外線サーベイデータをもとに、天の川銀河から引きちぎられていく恒星を、科学者たちが2003年に追跡した。
- 何が重要か：いて座矮小楕円銀河やおおいぬ座矮小銀河のような小さな銀河は、天の川銀河のような大きな銀河の発達において重要な役割を果たしている。

1990年代以降、天の川銀河を中心に回る矮小銀河が二つ新たに発見された。同時に、天の川銀河はこれまで周辺にある小さな銀河をのみ込んできたことや、これからもそんなことが起こり得ることを示す証拠が数多く得られた。

1994年に、ケンブリッジ大学天文学研究所とグリニッジ天文台から集められた天文学者のロドリゴ・イバタやジェラルド・ギルモア、そしてマイケル・アーウィンたちが、地球から見て天の川銀河の中心部分、いて座の方向を越えた天の川銀河の反対側にある恒星を調査していた。そのときに、星の分布が異常に密集している部分があることに気づいた。そこではどの星も、予測とはまったく異なる方向に動いていた。これらの星たちが実は別の銀河に属しているとしか、この現象は説明のしようがなかった。天の川銀河の円盤部分のすぐ真上、地球からはるか8万光年離れた天の川銀河の中心を越えた反対側の位置に横たわっていたこの天体は、いて座矮小楕円銀河と名づけられた。しかも、この銀河は今まさに天の川銀河にのみ込まれつつあった。

発見された当時、いて座矮小楕円銀河はどの衛星銀河よりも天の川銀河に近い位置にあった。名前からもわかるように、年老いた恒星が集まっていて、星を生むガスも塵も見当たらない（p.181）ため、楕円銀河に分類される。ところがその形は天の川銀河の強力な重力によってもともとの姿が認識できないほど、長く伸びていた。さらに調べていくと、四つの球状星団が、この銀河のまばらな恒星の集団と連動していることがわかった。なかでも最も明るいメシエ54（1778年から天文学者たちの間では知られていた）は、この銀河の生き残った核の位置を示していると現在では考えられている。

天文学者たちは最初、こんなふうに予測した。これほどまでに小さく、見たところ内部が密集

(左) 天の川銀河と、いて座矮小楕円銀河との間の相互作用を示したモデル。カリフォルニア大学アーバイン校の天文学者たちがコンピューターを使って作成した。このシミュレーションによると、過去20億年にわたってこの銀河が与え続けていた影響によって、天の川銀河の渦巻の腕ができたらしい。

隣の銀河 | 167

していない銀河が、途中で木っ端みじんに砕かれることなく天の川銀河の周囲を公転し続けられるはずがない。だから、いて座矮小楕円銀河は比較的最近、天の川銀河の近所に引っ越してきたのだと。一方、2001年に行われた調査では、天の川銀河のハローの中にある、炭素を多く含んだ古い年代の恒星の起源は、いて座矮小楕円銀河とされた。つまり、今から数十億年前に天の川銀河に取り込まれたと考えられる。この二つの銀河は誕生以来、互いに影響を及ぼし合ってきたらしい。いて座矮小楕円銀河が天の川銀河の軌道を巡るようになって少なくとももう10億年はたっているらしかった。それでは、こんなにちっぽけな銀河がこれほどまでに長い時間、バラバラにならずにいられたの

天の川銀河の円盤部分のすぐ真上、地球からはるか8万光年離れた天の川銀河の中心を越えた反対側の位置に横たわっていたこの天体は、いて座矮小楕円銀河と名づけられた。

はなぜだろう。広く受け入れられている説は、実際に見えている恒星を合計した質量よりも、この銀河は実はずっと重いというものである。わかりやすくいうと、検出できないダークマター（暗黒物質、p.211）がここにはふんだんに含まれているということだ。

2003年に近赤外線を使った2MASS（2ミクロン全天サーベイ観測）から得たデータをもとにして、取り込まれた「星たちの運動（ストリーム）」を図にプロットしたのは、バージニア大学のスティーブ・マジュースキーを中心とするチームだった。このストリームは、もともといて座矮小楕円銀河の中にいたところを天の川銀河が自分の方に引き込んだのだが、まだいて座矮小楕円銀河の軌道を回っていた。この星のストリームは、天の川銀河に近い側、しかも太陽系の現在の位置に大変近い位置を通過していることがわかった。これはつまり、いて座矮小楕円銀河全体が、ここ5億年ほどの間、太陽にとても近いところを通ってきたことを意味していた。マジュースキーのチームの調査から派生した思いがけない副産物があった。天の川銀河の中にあるダークマターは、球体のハローの中に分布していることが示されたのだ。これ以外の形で分布していたらおそらく、いて座矮小楕円銀河出身の恒星のストリームを今よりもずっと激しくかく乱させていたはずだ。

いて座矮小楕円銀河のもう一つの大きな特徴も見過ごせない。2001年、この銀河の恒星と、はるか遠方にある大マゼラン雲の恒星とが驚くほど似ていることに、コロンビア大学のパトリック・チェレスニェーシは気づいたのだ。二つの銀河は、もともと一つだった大きな何かが壊れてできたかけらのようだった。ただし、どういう力がはたらけば大きな星の集団を壊して、今ある構成の銀河を作れるのかはわかっていない。

おおいぬ座矮小銀河

ところが、おおいぬ座の中に、さらに天の川銀河から近い位置に衛星銀河があることが2003年にわかった。このときには、フランスやイタリア、英国、オーストラリア出身の天文学者が参加した多国籍チームが編成され、「いっかくじゅう座のリング（モノセロスリング）」と呼ばれるハローの一風変わった特徴を調査していた。恒星が集まって作るこのストリームは太陽1億個分の質量をもち、その長さを合計するとだいたい20万光年ほどになる。おおいぬ座矮小銀河のちょうど南側に位置する密集した球状星団の群れの中を通りながら、天の川銀河の周囲を3重に回っている。この領域について、2MASSから得たデータを分析しているときに、銀河の中心部からは4万2000光年、太陽系からはたった2万5000光年のところに、目を疑うほどたくさんのM型の赤色巨星が集

典型的な渦巻銀河とその近隣にある矮小銀河の間で起きている相互作用を示したコンピューター・モデル。天の川銀河の周囲には恒星ストリームによるハローがみられ、ほかの銀河をのみ込んだときの残骸に囲まれていることが想像できる。

まっているのを発見した。この新しい星の集団はおおいぬ座矮小銀河と名づけられた。いて座矮小銀河と同じくらいの数の恒星をもつ矮小楕円銀河であるように見受けられた。チームの創設時からのメンバーは、この銀河の中心部分と連動した恒星のストリームにも気づいた。これもやはり、天の川銀河の「潮汐力」によって取り込まれたものであることがわかった。

　現在のところ、おおいぬ座矮小銀河はいて座矮小銀河ほど詳しく調べられてはいない。それでも、この二つの小銀河の違いがだんだんわかってきた。例えば、天の川銀河に近い銀河の方が、分解が進んでいた。一見してわかるほど天体が分散していて、直近の数回の公転の間に天の川銀河にほとんどのみ込まれていた。また、おおいぬ座矮小銀河には少なくとも星形成物質が含まれているらしいことが、比較的幼い星が集まった小さな散開集団があることから類推できた。こうした新しい星形成があるのだとすると、これよりも広い宇宙でガスを多く含んだ銀河が相互作用したときに起こる「スターバースト」と、見事につじつまが合う（p.196）。

　だが、この新しく発見された銀河の存在に、疑いを差し挟む天文学者もいる。イタリアのパドヴァ大学に所属する天文学者たちが2006年に行った調査では、モノセロスリングを撮った2MASSのデータを分析した。そしてこの天体は天の川銀河外の要因でできたのではなく、天の川銀河の円盤のたわみが原因でできたのだと結論づけた（ということは、皮肉にもそもそもの起源はいて座矮小銀河にまで遡ることになる）。これを受けて、オーストラリアにあるアングロ・オーストラリア望遠鏡の広視野カメラを使って行われた2007年の調査では、リングの中に新しい構造を見つけた。この構造は、「たわんだ円盤」のモデルでは説明できないことがわかり、銀河系の外に起源があるという可能性に再び注目が集まった。

隣の銀河　| 169

41 超新星 1987A
100年に1回の大イベント

銀河の不思議

- テーマ：太陽系に程近い大マゼラン星雲で、最近起きた超新星爆発。
- 最初の発見：1987年2月に超新星が発見され、3カ月後には明るさのピークに達した。
- 画期的な発見：2010年、広がっていく超新星の残骸を、ヨーロッパ南天天文台の天文学者たちが初めて立体的に再現した。
- 何が重要か：超新星1987Aの奇妙な振る舞いをきっかけに、これまで長く受け入れられてきた理論を天文学者たちは完全に見直さざるを得なくなった。

ここ300年ほどの間で地球から最も近い場所での超新星爆発が、大マゼラン星雲の中で起きた。1987年にこの爆発を観測してからの数十年の間に、超新星に関するこれまでの知識は、完全に塗り替えられてしまった。

見逃せないイベントほど、ちょっとやそっとでは見られない。その最たるものが、超新星が爆発するときの見事な眺めである。天の川銀河ではだいたい100年に1回、超新星が見られると予測されている。とはいえ、望遠鏡ができてからもう400年以上もたつのに、天の川銀河の中で超新星を実際に見た人は誰もいないのだ（起きたことがわかっている唯一の超新星爆発は、もやもやしたほこりに遮られて見られなかった）。そんななか1987年2月に、世界中の天文学者が待ちわびた次のチャンスが訪れた。天の川銀河のすぐそば、約16万8000光年の位置にある大マゼラン星雲に超新星が現れたのだ。

1987年に最初に観測されたのでSN（Supernova、超新星）1987Aと名づけられたこの星は、突然の死を迎えた大質量星だ（p.146）。その明るさたるや、爆発の数時間後にはその様子を地球から観測できたほどだった。超新星爆発が始まる早い段階から観察できる、貴重な機会を科学者たちはフルに活用した。

爆発を追跡する

この爆発に最初に気づいたのは、チリのアンデス山脈の中腹にあるラスカンパナス天文台に勤務していた2人の天文学者だった。トロント大学の研究者だったイアン・シェルトンは、長時間露光で2月23日の夜間に撮影した大マゼラン星雲の写真乾板を現像しているときに、見慣れない明るい星が写っていることに気づいた。望遠鏡技師のオスカー・ドゥアルデがだいたい同じ時刻に、この超新星を肉眼で見ていた。同じ日に、ニュージーランドではアマチュア天文ファンのアルバート・ジョーンズもこの超新星に気づいていて、数時間にわたって観測してい

（右）大マゼラン星雲のおよそ130光年の範囲を撮った画像。タランチュラ星雲の外れで、こぶを二つ合わせたような形で広がっている超新星1987Aの残骸がはっきりと見える。ハッブル宇宙望遠鏡が1999年に撮影。

超新星 1987A

2010年にチリにある超大型望遠鏡（VLT）を使い、超新星1987Aの周囲で広がっていくガスをとらえ、さまざまな領域の化学組成とその速度の地図を作成した。見かけとは違い、最初の爆発ははっきりとした非対称だったことがわかった。

た。翌日には、世界中の天文台に超新星発見の速報が行き渡り、プロの天文学者とアマチュア天文ファンどちらも、爆発している星をつぶさに調査した。

重大な疑問がある。この爆発が、正確にはいつ始まったのかだ。最初の光が観測されるおよそ15時間ほど前に、日本とロシア、イタリアにあるニュートリノ検出器がそれぞれ、恒星の核が崩壊した瞬間に放出された粒子の爆発的な増加をマゼラン星雲の方角で検知していた（下巻p.24）。ほかの観察結果から得られた証拠を選りすぐっていくうちに、この超新星爆発でニュートリノが放出された2時間後に超新星が明るくなり始めたことに天文学者たちは気づいた。超新星の親星（カタログに登録された「サンデュリーク-69°202」という実に無味乾燥な名前しかない）がわかると、この星が放出している光量が最初の13時間で600倍も増え続けたことがはっきりとわかった。

ことの始まりからして、型破りだった。超新星の振る舞いについて天文学者たちの間で広く受け入れられていたモデルを、SN 1987Aはことごとく裏切っていた。なかでも最も突出して不可思議な点は、こうだ。典型的なタイプIIの超新星（p.146）は急速に明るさを増してそのピークを迎え、そのあとは、ゆっくりと暗くなっていく。ところが、このSN 1987Aのエネルギー放出量は2月下旬に下降し、その後5月下旬に向かって最高2.9等級（親星のおよそ4500倍の明るさ）の明るさになるまで上昇してから、18カ月かけて暗くなっていった。超新星の明るさの増減を観測していた天文学者たちは、この現象についてこう結論づけた。最初の崩壊で放出されたエネルギーが3月下旬までに薄れていったところに、2番目のエネルギー源、つまり放射性コバルトの崩壊で生じたエネルギーがこれを補った。この放射性コバルトは、最初の超新星爆発時の猛烈な核融合によって生まれたものだ。

原因がわからない

この説が正しいのだとすると、SN 1987Aはなぜ、普通の超新星よりも大量のコバルトを

出していたのか。この謎を解く一つの鍵をサンデュリーク-69°202の特性が握っていた。親星を突き止めようと過去の記録を繰っていくうちに、その位置に青色超巨星があったことを知って天文学者たちは驚いた。これまでの理論では、タイプIIの超新星は必ず質量がこれよりもかなり大きく明るい赤色巨星が死を迎えたときに現れるのだと考えられていた。ところが赤色巨星を使った理論モデルではいくつかつじつまの合わない点が生じ、親星の風変わりな特性だけでは、説明しきれないことがあった。青色巨星はやや小ぶりで、質量は太陽の18倍ほどしかない。赤色巨星と比べると高密度なため、崩壊が進む間に放出されるエネルギーははるかに小さいことになる。この仮説を使えば、SN 1987Aの明るさがピーク時でも、典型的なタイプIIの超新星の明るさの10分の1ほどしかなかったことも説明できた。それに、「光度曲線」の奇妙な振る舞いについても、説得力のある説明ができた。コバルトに関連したエネルギーの「急上昇」はほかの超新星にもあるにはあったが、ほかの星では全体的に明るさが強烈すぎて、その程度の爆発では「のみ込まれて」目立たなくなっているのだと考えられた。

　それにしても青色超巨星が、膨張して赤色超巨星になることなく、超新星になったプロセスの詳細については謎のままだった。親星に含まれる重元素が極端に少ないことと関係があるのではないかという説を、米国アリゾナ大学のW.デービッド・アーネットとその仲間たちが1989年の報告にまとめた。1992年には、サンデュリーク-69°202は爆発の前に、別の小ぶりな恒星と衝突し、吸収されておそらく破壊的な混乱状態に陥った（p.141）のではないかというモデルをオックスフォード大学のフィリップ・ポドシアドロウスキが提案した。3番目の可能性として考えられるのは（前述の二つを必ずしも否定するのではないが）、こうした青い超巨星はこれまで考えられているよりもずっと一般的に見られるのだが、光が比較的暗いせいで遠くの銀河にあると見過ごされることが多い、という説だ。

成長する残骸

　爆発が見えなくなってからも数年間は、天文学者たちは爆発が起きた位置を観測し続け、飛び散った物質が超新星残骸になって次第に広がっていく様子を見守り続けた。このときにもSN 1987Aにまつわる謎はまだ出てきた。まばゆく光る物質の環ができて広がっていったのだ。これは想定外の現象だった。しかしこの現象も、死にゆく星から先に放出されていた恒星風と超新星の衝撃波とがぶつかり、高温度になった結果だと考えれば、説明できた。もっとやっか

> これは想定外の現象だった。しかしこの現象も、死にゆく星から先に放出されていた恒星風と超新星の衝撃波とがぶつかり、高温度になった結果だと考えれば、説明することができた。

いだったのは、残骸の心臓部分にあるはずの、中性子星がどこにも見当たらない点だった。恒星の核が崩壊したときに、この超高密度の天体ができていなければならなかった。周囲を取り囲む星の残骸が高温になっているので、中性子星が存在していることは明らかなはずなのに、まったく姿が見えなかった。この説明として、中性子星が高密度の塵の層に埋まっているか、あるいは（諸説はさておき）この親星は大きすぎるあまり、ブラックホールになっているというアイデアも登場した。香港大学のT.C.チャンを中心とするグループは2009年に、もう一つ別の説を発表した。中性子星よりは高密度だが、ブラックホールになるには質量が足りない仮説上のコンパクト天体「クォーク星」がそこにあるのだとチャンたちは考えた。

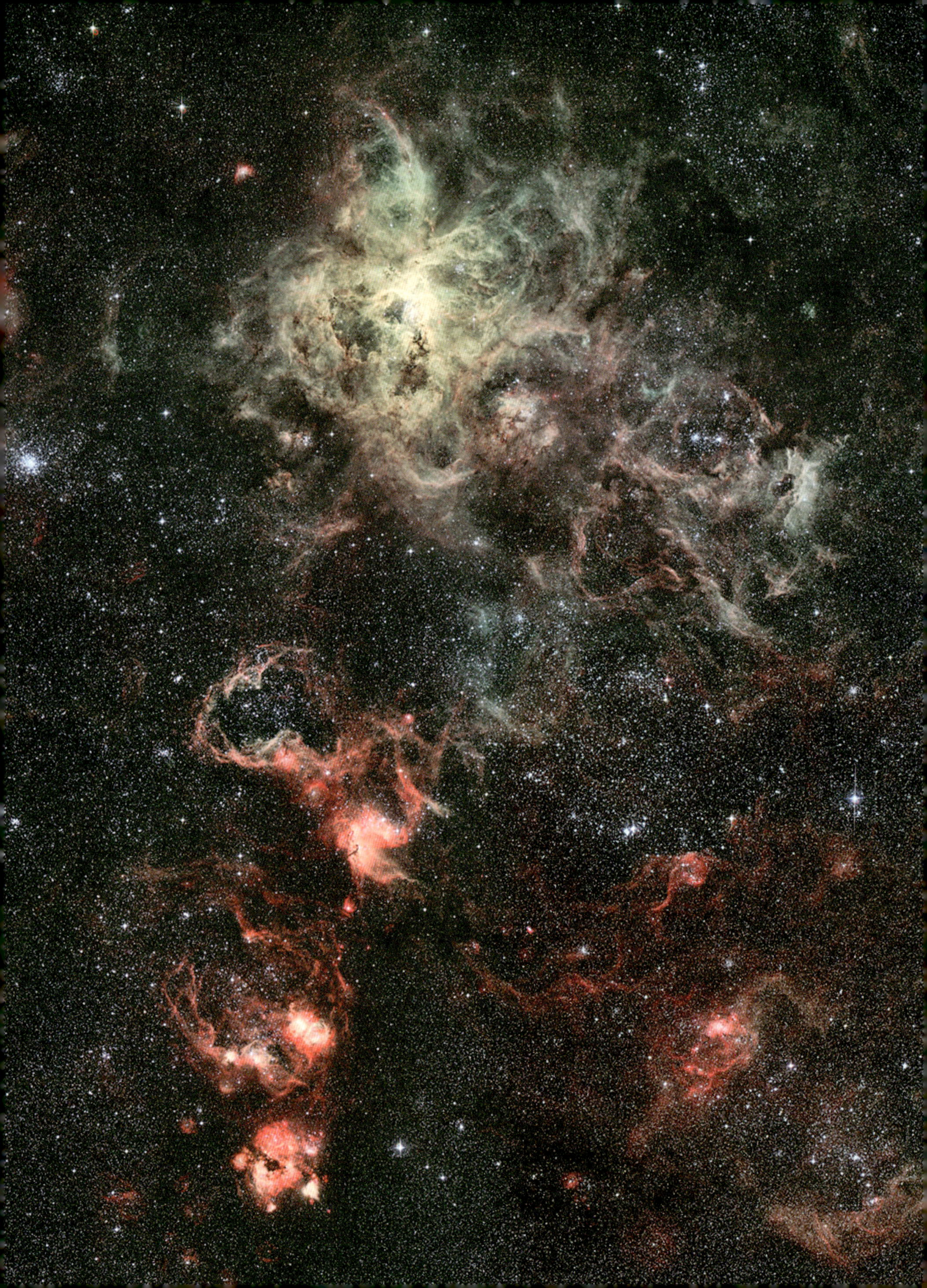

タランチュラ星雲のモンスター星

理論上はあり得ない大きさ

42

銀河の不思議

- テーマ：大マゼラン星雲の中の巨大星形成星雲の心臓部にある、知られているなかで最大サイズの恒星たち。
- 最初の発見：1980年代に、その恒星R136aをスペクトル分析をしたところ、これが極超巨星であることがわかった。
- 画期的な発見：2010年に、R136星団にある一つの恒星R136aの質量が太陽の265個分に相当することがわかった。
- 何が重要か：巨大質量星の発見によって、これまで定着していた星の進化理論の枠が際限なく広がった。

大マゼラン星雲の中にあるタランチュラ星雲は、天の川銀河付近の宇宙の領域の中でも最大の星形成領域だ。その一帯には若くて明るい大質量の星の星団がいくつもあり、これまで発見されたなかでは最大級の質量をもつ恒星が含まれている。

かじき座30、または「NGC2070」という名で知られるタランチュラ星雲は、大マゼラン星雲の中にある巨大なガスの固まりだ。地球から16万5000光年という遠い位置にあるにもかかわらず、双眼鏡でも姿を確認できる（そのせいで、かつては一つの暗い星だと思われていた）。実際、局部銀河群のなかで最大の星雲だ。もしタランチュラ星雲がオリオン大星雲M42（地球からおよそ1350光年）の位置にあったら、その明るさで影ができるほどの光が地上に注がれるだろう。

あまりにも大きな、このガスと塵の雲全体の端から端までは約650光年ほど。その中には太陽質量100万個分の物質が含まれ、化け物のように大きなクモの脚を思わせる光る巻きひげも見える。心臓部分には、R136とホッジ301という名で知られる二つの巨大な星団が横たわっている。

物質の心臓部

R136は星雲の中心に近い位置にあり、できてからまだ100万〜200万年ほどしかたっていないと考えられている。星団の中にある若い星たちから吹きつける強い恒星風が星雲を内側から浸食しているため、洞穴のような空洞ができている。強烈な紫外線照射によって、星雲に含まれたガス分子が低エネルギー状態から高エネルギー状態に移り（励起して）、強い光を放っている。星団の中にはウォルフ・ライエ星もいくつか含まれていて、あまりにもすさまじい熱を放射しているため、その表層がはぎ取られて、

（左）タランチュラ星雲の全体像。R136やホッジ301といった星団が、この画像の上の方にある明るい黄色と白の領域に埋もれているのがわかる。チリのラシーヤにあるヨーロッパ南天天文台の望遠鏡（口径2.2m）が撮影。

内部にある高温の物質がむき出しになっている。

これとは対照的にホッジ301は、この星雲の現在の中心部から約150光年離れたところにあり、R136よりもかなり昔、およそ2000万年から2500万年前にできたと考えられている。この星団はおそらくR136と同じ領域にできたが、発達するうちに移動し、恒星同士の距離も次第に開いていき、構造全体がゆっくりと広がっていったらしい。

R136とホッジ301に含まれる恒星には、星団の性質が時間とともにどのように変化するかがよく現れている。R136はまだ若いので、その中にある最も大質量で寿命の短い星もまだ輝いている。一方、ホッジ301の中には少なくとも40ほどの超新星の残骸、つまり核燃料を使い果たして爆発した大質量星のちぎれた残骸が散在している。広がり続ける超新星の残骸が、周囲にあるタランチュラ星雲の薄いガスにぶつかると、猛烈な熱が生じてエックス線を発するようになる。

R136は、できてからまだそれほど年月がたっていない。そして膨大な量の物質がその中に含まれている(45万太陽質量ほどあると予測されている)。そのため巨大な大質量星、例えばまさしくホッジ301のような年老いた星団からはとっくに姿を消してしまったような恒星がR136では見つけられる。R136にある個々の恒星の多くは分離してとらえることができるし、一つ一つの動きを星団全体と比べて観測することができる。ただR136aという名で知られる、中心にある明るい天体の正体は、最近までまったくわからなかった。

1980年代の初期、R136aから届く光の分光分析をはじめとするさまざまな観測結果を検討した天文学者たちは、この星が極超巨星、つまり太陽の3000万倍の明るさを放つ恒星ではないかという結論にたどりついた。内部から発せられるすさまじい放射の圧力にも負けず、これほどまでに巨大な恒星が形を保っていら

R136星団の拡大画像。幅100光年もの範囲がこの画像に収まっていることからも、タランチュラ星雲の巨大さがうかがえる。ハッブル宇宙望遠鏡が撮影。

れるということは、それだけ質量が大きいということになる。R136aの質量は太陽質量の3000倍はあるとする試算もある。とはいえ当時の理論モデルでは、恒星がそれほどの質量を蓄えることはないとされていた。このような恒星ができるほど巨大な星雲があったとしても、その星雲が収縮・崩壊して生じる圧力や温度がすさまじすぎて、核反応によって光り始める前に星は木っ端みじんになると考えられていた。

さらに、実際の恒星がもち得る質量の上限は理論上の値よりだいぶ低いことが観測からわかった。天の川銀河とマゼラン星雲の中にある星団の研究に基づいて統計的手法を使ったミシガン大学のサリー・オーイとケンブリッジ大学天文学研究所のC.J.クラークは2005年、120〜200太陽質量を超える恒星ができることはまずないことを示した。同じ年、天の川銀河で最も大質量の星団の一つであるアーチーズ星団を対象に行った研究では、質量の上限はさらに150太陽質量であることが示された。

モンスターを追う

では、R136aについてはどう考えたらよいのか。単体で明るく輝く極超巨星の正体として唯一有力な説は、一つ一つは穏やかだが、巨大な青白い巨星が密集した星団というものだ。1990年代後半までに進化した科学技術のおかげで、この星団の心臓部の謎は解けた。やはり星団だったのだ。

R136aを構成する恒星たちについて知れば知るほど、これまで通用していた恒星進化モデルの洗い直しが必要だと天文学者は思わざるを得なくなった。2010年、ハッブル宇宙望遠鏡とヨーロッパ南天天文台の超大型望遠鏡（VLT）からの観測結果に基づいた詳しい分光分析結果を、英国にあるシェフィールド大学のポール・クラウザーが率いる多国籍研究者チームが発表した。

彼らの結論はこうだった。この星団にあるいくつかの恒星は、今ではすっかり定着した150太陽質量という恒星がもち得る質量の上限をはるかに超えた質量をもっている。なかでもR136a1という名でカタログに登録されている最も明るい恒星に含まれる物質の質量は、太陽の265倍という想像を超えた数値を示していた。この星が放射するエネルギー量はあまりにも大きすぎて、誕生してから100万年ほどの間におそらくその質量の20％ほどが失われていることが予想できた。つまりこれは、この星ができたときには320太陽質量もあったことを示している。

どうやらR136の心臓部分には、数十もの桁外れに質量の大きな恒星が、宇宙空間の中でも極めて限られた空間にひしめいていて、それぞれが強烈な重力で互いに影響を及ぼしあっているようだった。こうした環境からは、自分

> この星団にあるいくつかの恒星は、今ではすっかり定着した150太陽質量という恒星がもち得る質量の上限をはるかに超えた質量をもっている。

よりも質量の大きな近隣の天体に弾かれて星団から飛び出していく暴走星ができやすい（p.124）。タランチュラ星雲の外縁部分で、天文学者たちはまさしくそのようなさまよえる恒星を2010年に見つけた。ハッブル宇宙望遠鏡に新たに装備された宇宙起源分光器（COS）を使って、恒星からほとばしる紫外線放射を調査し、その質量が太陽の約90倍であることをユニバーシティ・カレッジ・ロンドンに所属するイアン・ホーワース率いるチームが確認したのだ。しかも、この星がR136の中にある生まれ故郷を100万年以上も前に出発し、現在はその位置から375光年ほど離れた経路の上を時速40万kmという驚嘆すべきスピードで移動していていることも突き止めた。

43 銀河の分類
渦状の腕ができる不思議

銀河の不思議

- ■ テーマ：外見や構造から銀河を分類し、その構造を理解する方法。
- ■ 最初の発見：1920年代と1930年代に、エドウィン・ハッブルが銀河を分類する体系を初めて考案した。
- ■ 画期的な発見：1966年にC.C.リンとフランク・シューは、「密度波理論」を考え出し、渦巻状の腕がどうやってできるのかを説明した。
- ■ 何が重要か：銀河の構造と種類の理解が、銀河の進化の仮説を考える重要な一歩となる。

1920年代に渦巻星雲までの距離をエドウィン・ハッブルが確認すると、銀河にはほかにもさまざまな種類があり、その構造も千差万別であることに天文学者たちは気づき始めた。しかし、さまざまな種類の銀河ができるプロセスについては、ごく最近になるまで解明されていなかった。

天の川銀河よりも地球から見て遠くにある銀河を1936年に最初に分類しようとしたのは、ハッブルだった。銀河は主に渦巻状（Sタイプ）、棒渦巻状（SBタイプ）、楕円状（Eタイプ）、そして不規則（Ir）の四つのグループに分けられた。各タイプはさらにサブグループに分けられ、渦巻状と棒渦巻状は渦巻の腕の密集度によってSa、SBa（最も密集している）からSc、SBc（最も分散している）に分類された。球状の楕円銀河は離心率によって区分され、真円に近いE0から極端な楕円のE7に分けられた。最後に残った不規則銀河は、Irr-I（構造があった痕跡をかろうじてとどめている）と、一定の形をもたないIrr-IIの2種類に分けられた。

ハッブルは銀河の主要グループを音叉に似た形の図で示した。そこでは楕円銀河は「握り手」に沿ってE0からE7の順に並び、渦巻銀河の二つのグループが、「突起」に沿って配置される。握り手と突起が分かれる部分は、レンズ状銀河として知られるグループが占める。レンズ状銀河では、渦に似た中央のバルジの周りをガスと星の円盤が囲むが、実際の渦巻構造はない。この音叉図は、銀河の進化の順番を示そうとしたものだったが、この図はしばしば楕円からレンズ状、そして渦巻への進化も示す図だと考えられた。

また現在では、ハッブルのこの図はあまりにも簡素化しすぎだとされている。それよりもフランスの天文学者ジェラール・ド・ボークルールが1959年に、改良して編み出した図の方が好んで用いられている。その図では、銀河の形態だけではなく、恒星の数といった最近発見された要素も加味されている。

（右）うお座にある渦巻銀河、M74。地球から約3200万光年離れた位置にある。ハッブル宇宙望遠鏡が撮影したこの画像には驚くほど細部まで写っている。渦巻状になった銀河の腕に沿って、ピンクがかった星形成領域と明るく青白い散開星団が点在している様子が見える。さらに腕の間にも、かすかながら銀河円盤に属する星が光っているところまではっきり見える。

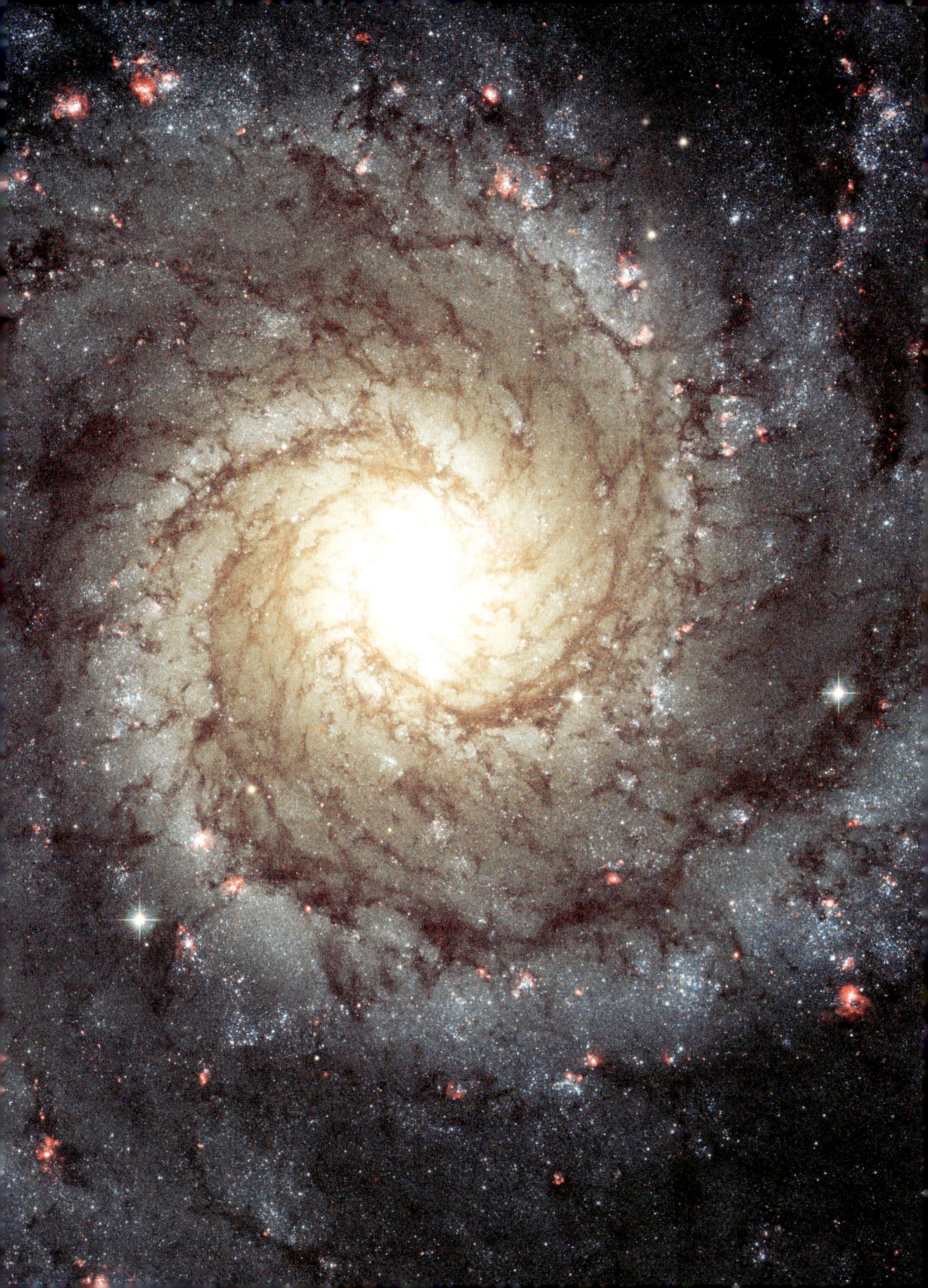

渦巻状の銀河たち

「渦巻状銀河」第1号を1840年代に発見したのはアイルランドの天文学者ウィリアム・パーソンズだった。自らが建設した巨大な「リヴァイアサン」望遠鏡を使って、パーソンズが発見した渦巻状銀河の中にあるセファイド変光星は、後にハッブルがほかの銀河との距離をはじき出すきっかけを作った（p.33）。1940年代初頭には米国カリフォルニア州にあるウィルソン山天文台で勤務していたドイツの天文学者ウォルター・バーデが、太陽系から最も近い渦巻銀河であるアンドロメダ銀河の中にある恒星の分布の違いを指摘し、ほぼすべての渦巻銀河に共通するパターンを確立した。中心部分には、

> ハッブルは銀河の主要グループを音叉に似た形の図で示した。そこでは楕円銀河は「握り手」に沿ってE0からE7の順に並び、渦巻銀河の二つのグループが、「突起」に沿って配置される。

天の川銀河の中心に近い領域や、銀河系ハロー（光のかさ、p.128）の中を公転する球状星団にもよく見られる年老いた赤と黄色の種族IIに属する恒星がひしめいていた。これとは対照的に、円盤の外側にはガスや塵が多量に含まれていて、金属含有量の多い種族Iの恒星が多く見られた。

渦状の腕全体がどうやってできるのかについては、現在でもなかなか意見が一致しない。銀河は差動回転、つまり円盤の内側は外側の部分よりも高速で中心部の周囲を回転することを、スウェーデンの天文学者であるバーティル・リンドブラッドは1925年に予測した（この現象は1927年に天の川銀河の中でヤン・オールトによって確認される。p.160）。もし渦巻状の腕が固定された、物理的な構造なのだとしたら、差動回転により中心部でたちまち「（ぜんまいなどのように）巻き上がって」しまい、消滅していたはずであることをリンドブラッドは示した。ごく当たり前に見られる構造であるということは、長い期間生き残っているということになる。ゆえに絶え間なく再生しているはずだ。この渦巻はゆっくりと回転している高密度の位置にでき、物質が通過している間にガスの収縮と星の形成を引き起こすのだと、リンドブラッドは指摘した。

渦巻ができるまでの有力な説を、マサチューセッツ大学のC.C.リンとフランク・シューが、1964年に発表している。恒星やそのほかの円盤上の物質がやや楕円になった軌道を通るとしたら、中心部分からの重力がはたらいて、規則正しい模様ができるはずだ。そこでは、恒星もガスも渦巻き状の曲線に沿ってぎっしりと密集し、極めてゆっくりと回転する。この説は「密度波理論」と呼ばれ、現在では広く受け入れられている。これと関連した効果によって、大部分の渦巻銀河に見られる棒状構造が作られているのだと考えられている。しかし天文学者たちはいまだに、この渦巻模様全体を作る具体的な要因や、それがレンズ状銀河には作用していない理由については解明できていない。近隣にあるほかの銀河との重力の相互作用によって生じる潮汐力が、このときに重要な役割を果たしているのではないかと考えられている。

楕円銀河を理解する

渦巻銀河の複雑さと比べると、楕円銀河の構造はシンプルだ。恒星が単に集まった大きな固まりの中で、それぞれの恒星が楕円軌道を描き、それらが重なり合ってある程度細長く伸びた球状構造を作っている。渦巻銀河と同じように、中心部の大部分を占めるのは種族IIの恒星で、形成プロセスにいる恒星はまったくない。一般的に銀河では、恒星同士の衝突や近い

銀河団エイベルS0740。地球から4億5000万光年ほど離れたケンタウルス座の中にある。ここには、さまざまな種類の銀河が含まれていて、あらゆるタイプの渦巻銀河や、とてつもなく大きな巨大楕円銀河が中心部分にある。

距離での接近はめったに起こらない。そのため、星間ガス雲同士の衝突が、渦巻銀河を「平たく」する重要な役割を担っていると考えられている。楕円銀河にはこのような星間ガスの雲があまりないので、球状の形を維持できているのだ。楕円銀河のサイズは幅広く、天の川銀河をはるかにしのぐほどの巨大なもの（フランスの天文学者シャルル・メシエが1781年に発見したM87など）から、小さいものだと「矮小楕円銀河」（アンドロメダ渦巻銀河の中で最も明るい衛星銀河など）がある。大きな楕円銀河ほど、たいてい大きな銀河団の中心近くにある。このことが銀河の進化の真のパターンを解き明かす重要なヒントを与えてくれることになった。

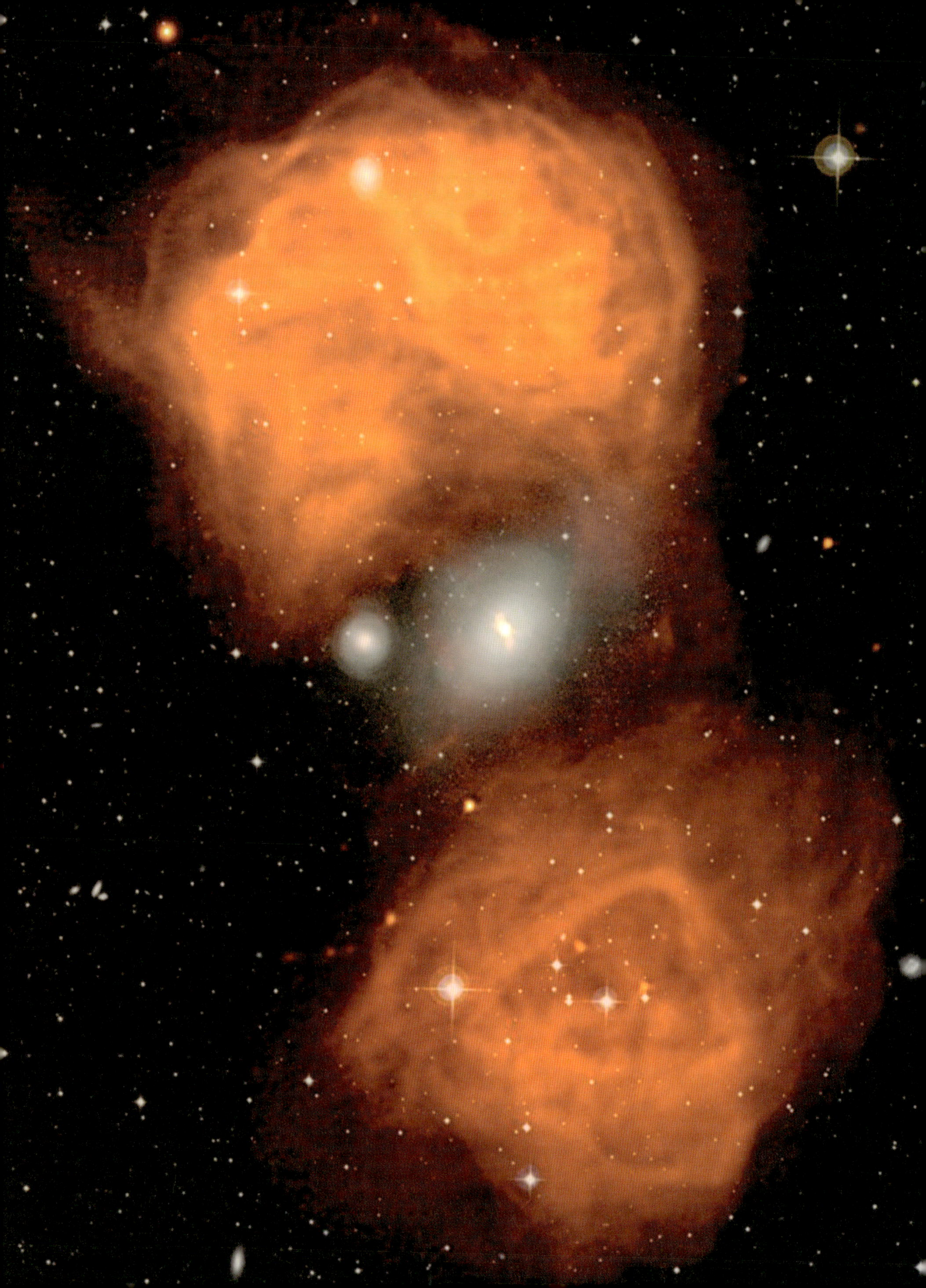

活動銀河

20億光年先で輝く宇宙一明るい天体

44

銀河の不思議

- テーマ：中心核から非常に強力な電波や粒子ジェットを放出している銀河。
- 最初の発見：1943年にセイファート銀河、1950年代に電波銀河、1960年にクェーサーが発見された。
- 画期的な発見：1980年代に観測技術が進歩し、活動銀河中心核の統一モデルが発展した。
- 何が重要か：現在では、地球からはるか遠くの活動銀河も観測できるようになった。

銀河のなかには、中心核が異常に明るいものや、この中心核に連動して不思議な振る舞いをするものが数多くある。この両方の性質を併せもつ「活動銀河」には、さまざまなタイプがある。活動銀河は、銀河の構造や宇宙の進化を解明する手掛かりとなる。

活動銀河は、米国の天文学者カール・セイファートが最初に発見し、1943年の論文で発表した。セイファートは、渦巻銀河のスペクトルで不思議な特徴を示すものに気づいた。これらのスペクトルでは、ドップラー効果によって輝線が幅広い波長に広がっていた。これは、速度を変えながら移動しているガスによって、こうした現象が起きたことを意味した。この特徴を示すスペクトルは、銀河の中心部分に位置する、恒星のように光る中心核のあたりから出ているようだった。

電波を発見

1950年代に巨大パラボラアンテナの建設が始まった。宇宙探査競争の幕開けとともに、人工衛星追跡の必要性が高まったためだ。世界最初のパラボラアンテナは英国のマンチェスターにあるジョドレルバンク天文台に設置された。この天文台は、電波天文学者アルフレッド・ラヴェルの強い呼びかけによって作られた。電波の波長は長いため、その発生源を突き止めるのに苦労していた。パラボラアンテナが登場すると、電波が飛び交う空の様子をこれまでになく詳しい地図で示せるようになり、電波を出している天体の画像も初めて得られた。そのなかに、ユニークな構造のものがあった。一見ごく普通の銀河に見えるのだが、その両側から一対の電波ローブが雲のように飛び出ていた。

ところが、ほかの電波源には、一対のローブも、それらしい銀河もなかった。1960年に、アラン・サンデージを中心とする天文学者たちが、カリフォルニア州のウィルソン山天文台とパロマー天文台で、こうしたパターンで電波を出すいくつかの天体とその周辺の空を撮影した。その空の近辺で唯一、電波源と位置が一致して

(左) 地球から6000万光年ほど離れたところにあるレンズ状銀河「NGC1316」。その両側面から電波を放射する巨大な雲が湧き出している。この電波源は、ろ座Aと名づけられており、全天でも最強力クラスに入る。米国立電波天文台の超大型電波干渉計によるデータの可視光の画像に重ね合わせたもの。

活動銀河 | 183

コンパス座銀河は、地球から最も近い活動銀河の一つだ。天の川銀河の高密度な部分に覆われているため見つけにくく、1970年代になるまで発見されなかった。活動銀河中心核の周辺から高速でガスを噴出しているこの銀河は、セイファート銀河の一種である。

　いた天体は、恒星のように見えた。この新しい種類の天体はやがて、準恒星状電波源（quasi-stellar radio source）、略して「クェーサー（quasar）」と名づけられた。

　電波を放出するほかにも、クェーサーには不思議な特性があった。「3C48」という明るいクェーサーのスペクトルを分析すると、どの元素にも一致しない輝線が見つかった。1963年にサンデージの同僚で、オランダの天文学者マーテン・シュミットが、また別の明るいクェーサー「3C273」のスペクトルを分析してわかったことを発表した。この天体は実はごく普通の水素からできた天体のようだったが、そのスペクトル線がドップラー効果によって赤色側に大きくずれていたのである。調べてみると、そのため、3C273は光の6分の1ほどのスピードで地球から遠ざかっていた。そのため、3C273は極端な暴走星（p.122）だと考える天文学者たちもいた。そのうちに、極端な赤方偏移を示すクェーサーがほかに続々と見つかった。英国の科学者デニス・シアマとマーティン・リースは、これらのクェーサーを調べ、こうした天体が本当に局所的な暴走星なのだとしたら、極端な青方偏移を示す、地球に向かってくるクェーサーも見つかっていいはずだと指摘した。こうした天体が見つかっていないことから彼らが導き出した結論はこうだった。クェーサーが赤方偏移しているのは宇宙が膨張しているからで（p.51）、そう考えると3C273は地球から20億光年という遠く離れた位置にあることがわかった。

　そのうちに、いくつかの明るいクェーサーの周辺には「ホスト銀河」があることを示す、かすかな痕跡が見つかった。これらから、クェーサーは地球から非常に遠い銀河の中心部分に位置し、地球に近いセイファート銀河よりもずっと明るい天体であることが確認できた。ところが、こうした常識を覆す発見のあとに、また新たな疑問が生じた。これほど果てしなく遠い位置にあっても見えるということは、クェーサーは宇宙で最も明るい天体であり、その光は太陽

の数兆倍もの明るさになるはずだ。さらには、実際にエネルギーを生み出している領域は、天文学の常識に照らしてみるとあまりにも狭すぎた。短い周期で、不規則に明るさが変動する光のパターンから判断すると、その差し渡しは大きくても光の速さで数日分しかなさそうだった。

謎を解き明かす

1960年代と1970年代には、地上の望遠鏡と宇宙望遠鏡の両方が進歩した。そのおかげで生まれた一連の発見から、さまざまなタイプの「活動銀河」の関連性がわかった。クェーサーは、エックス線をはじめ、幅広い波長の電波を出している。また、地球から近い「電波銀河」と同じように、一対のローブを作りながら電波を放出しているものが多かった。1965年以降、サンデージが次々と発見した「電波を出さないクェーサー」は事実上、セイファート銀河の極端に明るいバージョンともいえた。これとは逆に、セイファート銀河のなかにも、電波活動が穏やかなものもあり、その銀河の中からガスのジェットが高速で噴き出しているにもかかわらず、明るい中心核が見つからないものもあった。1970年代後半になって、また別のグループの活動銀河がいくつも見つかった。最初に発見されたのは神秘的なとかげ座BLで、当初は変光星に分類されていた。これらの「とかげ座BL天体」、別名「ブレーザー」の明るさは、ものすごい速さで変動し、スペクトル線はまったく見られなかった。ブレーザーは、クェーサーの正体を解くパズルの最後のピースとなった。

1980年代に天文学者たちは、活動銀河の現象を統一的に説明できるモデルを考え出した。すなわち「活動銀河中心核」をどの角度から見るかによって、観測される現象が違って見えると考えたのだ。活動銀河中心核は、超大質量ブラックホールの周囲を取り巻く降着円盤であり、その外側をガスと塵がドーナツ状に集まった円盤が囲んでいる。この円盤に向けて落下した物質の温度が数百万℃に上昇すると、激しく変動する強力な電波を出す。その間、この円盤の中心軸から放たれた粒子のジェットが周囲の星間媒質に衝突し、電波を放射する雲を作る。そして、活動銀河中心核を地球から見たときの傾きの角度が、ある範囲にあるときにはクェーサーやセイファート銀河に見え、地球から見て真横向きで、降着円盤が外側の環の影に隠れていると、電波銀河に見える。中心核から噴出するジェットを真上から見下ろすときには、高速で飛び出した粒子を正面から観測するため、活動銀河中心核のスペクトルの特徴が隠されて、ブレーザーとして観測される。

活動銀河中心核に注目した「統一モデル」は、20年ほどの間、詳細な検討や新たな発見に揺さぶられたが、生き残った。それでも、どういうメカニズムがはたらいているのか、あまりわかっ

> これほど果てしなく遠い位置にあっても見えるということは、クェーサーは宇宙で最も明るい天体であり、その光は太陽の数兆倍もの明るさになるはずだ。

ていない銀河の現象がいくつか残っている。それに、「電波を出さない銀河」と「強い電波を出す銀河」の違いなど、いまだにすっきりとした説明ができない疑問もいくつか残っている。活動銀河は、ごくありふれた天体だということがわかってきた。2007年、周囲のガスや塵の雲によって活動銀河中心核が完全に隠されている新しいタイプの活動銀河を、NASAのスウィフトX線天文衛星が発見した。これに加え、天の川銀河のような銀河にも巨大質量のブラックホールがあることを確認できたことから（p.164）、ある時期、活動銀河として過ごす銀河も数多くあると考えられる。こうして、銀河の進化モデルにまた一つ新たな選択肢が加わったのである。

45/48 広がる視界

宇宙線
宇宙のかなたから飛来する高速粒子

45

広がる視界

- ■ テーマ：宇宙から飛来し、地球の大気圏に降り注ぐ高速の粒子。宇宙にあるさまざまな発生源から飛び出してくる。
- ■ 最初の発見：地表から離れるほど放射が強くなることを、ウルフとヘスが1910年頃に確認した。
- ■ 画期的な発見：宇宙線が地表に近づくと粒子のシャワーに変わることを、ブルーノ・ロッシとピエール・オージェが1930年代に発見した。
- ■ 何が重要か：宇宙線は地球環境に大きな影響を与えるだけではない。宇宙の遠くにある天体について知る有力な手がかりにもなる。

「宇宙線」という名前から誤解されやすいが、その正体は高エネルギーの粒子で、深宇宙で起こるさまざまなプロセスによって発生する。宇宙線の粒子は地球大気圏で別の粒子に姿を変えるため、これを地上で観測しようとした天文学者は多くの難問に直面した。

宇宙線の存在は20世紀初頭まで知られていなかった。その頃、特定の放射性物質の放射線によるイオン化（電離）現象が発見され、物理学者たちはその特性を熱心に調べていた。1909年、パリのエッフェル塔の突端部と地表近くの空気を比べると、高い場所のほうが電離（空気分子の一部が分解し、電荷を帯びたイオンになる）が進んでいることにドイツの物理学者のテオドール・ウルフが気づいた。これを知ったオーストリア人のヴィクトール・ヘスは、1911年以降、何回も気球に乗って観測した。その結果、約5km上昇するごとに、放射線が4倍に増えることがわかった。同じ観察を夜間や、日食のときにも行い、太陽は電離には関与していないという結論をヘスは得た。

「宇宙線」という用語が初めて使われたのは1925年だった。それが大気圏上層から来ているのではなく、その先に広がる遠い宇宙から来ていることに米国人物理学者のロバート・ミリカンが気づいたときに、この名前がつけられた。1930年代にはイタリア人科学者のブルーノ・ロッシとフランス人物理学者のピエール・オージェがそれぞれ別々に、これまでの常識を塗り替える事実を発見した。宇宙線は大気圏で粒子のシャワーに姿を変え、地上に降り注いでいたのだ。最初の手がかりは、ロッシの実験から得られた。互いに距離をとって設置したガイガーカウンターが同時に反応し始めたことに気づいたのだ。オージェの実験では、地球に降り注ぐ宇宙線と空気の粒子が大気圏の上層部で相互作用を起こすと「空気シャワー」になることが

(左) 岐阜県飛騨市神岡町にあるスーパーカミオカンデを使った実験の画像 (下巻p.22)。ミュー・ニュートリノがメイン検出タンクを通過した軌跡を記録したもの。地球の正反対の裏側の大気に突入した宇宙線によってミュー・ニュートリノが発生し、地球を貫通して、このタンクの底から検出器に突入し、側壁の一つから外に抜けていった。タンクの中を通るときに円錐状の光を放った様子がわかる。

宇宙線 | 187

示された。この相互作用から、副次的に衝突が連鎖して起こることにより、粒子がさらに発生し、それらがシャワー状になって地上に降り注ぐことがわかった。

宇宙の粒子たち

　こうした発見にもかかわらず、宇宙線の正体はまだ不明だった。大きな進歩があったのは1948年で、米国の物理学者メルヴィン・ゴットリーブとジェームス・ヴァン・アレンが特製の写真乾板を気球に乗せて高空まで上げ、宇宙線の軌跡を検出した。宇宙線は乾板を横切って感光させ、特徴のある軌跡を残していた。そこには、陽子やヘリウム原子核、そして（ごくまれに）もっと重い原子が高速で移動した証拠が現れていた。つまり、宇宙線は光線ではなく、

天文学者たちは、観測結果を調べて驚いた。見たこともないほど高いエネルギーをもつ宇宙線を発見したのだ。その粒子は、時速100kmで飛ぶ剛速球の野球ボールに匹敵するほどの運動エネルギーをもっていた。

粒子の集まりであることが示されていた。
　1950年代になると、宇宙線が姿を変えた空気シャワーを調べ、宇宙線に関する詳しい情報を取り出す新しい技術がいくつか登場した。ロッシと、ハーバード大学天文台の研究者たちは、粒子検出器を大きな環状に並べたアレイ型検出装置の第1号を1954年に開発した。ロッシたちのグループは、空気シャワーに各検出器が反応した時間とエネルギーのごくわずかな差異を検出できるようになった。このデータをもとに宇宙線の速度をはじき出したり、宇宙線がやってくる方向まで検知できたりするようになった（発生源に近い検出器ほど遠い検出器より

も先に部分的な反応が始まる性質を利用した）。1960年代中盤には、ロッシの弟子だったケネス・グライセンが新しい検出技術を考え出した。望遠鏡に高感度の電子検出器を取りつけて、蛍光を検出する方法だ。空気シャワーに含まれる粒子の衝突によって出る蛍光に目をつけたのである。
　1970年代以降の研究により、宇宙線がさまざまな発生源から出ていることがわかった。宇宙線は二つのグループに大別される。軽く、動きの速い粒子の一次宇宙線。そして、一次宇宙線が星間媒質と相互作用を起こしたときにできたと見られる重い原子核の二次宇宙線である。一次宇宙線のエネルギーと速度はさまざまだ。低エネルギーの宇宙線は、太陽をはじめとする恒星の大気が発生源であるらしく、恒星フレアによって異常なまでの高速（とはいえ、宇宙線の基準からいったらまだ遅い）に加速される。地球大気で生じる特定の放射性同位体は、豊富に存在する低エネルギー宇宙線と連動してできるのだと考えられている。これが、地球の気候に影響を与えることもあるとするモデルもある（下巻p.29）。地球の大気圏から離れて活動している宇宙飛行士や電子回路に及ぼす影響も大きな問題となる。
　一方、中レベルのエネルギーの「銀河宇宙線」は、天の川銀河の磁場に捕捉され、銀河の端から端までを往復している。2004年、欧州の天文学者たちは、ナミビアにあるヘス望遠鏡（HESS高エネルギー立体画像システム望遠鏡）を使い、1000年ほど前に爆発した超新星の残骸「RX J1713.7-3946」から一筋のガンマ線を検出した。銀河宇宙線を加速しているのは、恒星の残骸の周囲に存在する強烈な磁場ではないかという仮説が以前から唱えられていた。それが裏づけられた瞬間だった（p.151）。

超高エネルギー宇宙線

　1991年、米ユタ州のダグウェイ実験場にある

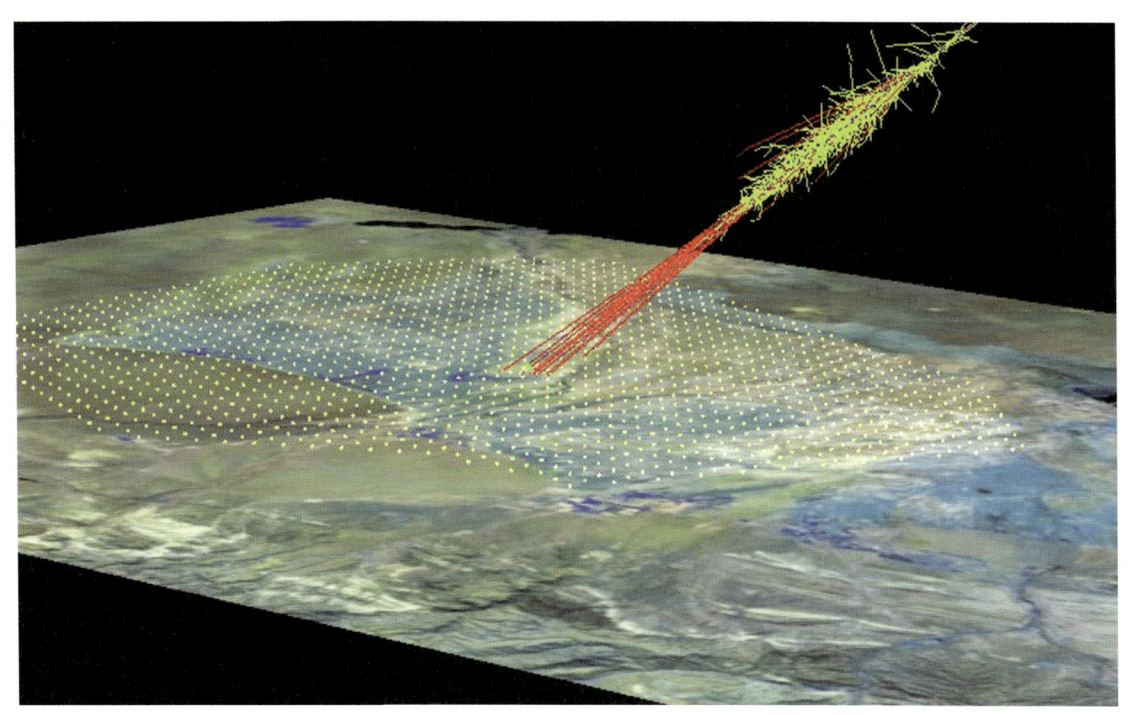

1本の宇宙線が大気圏に突入してできた粒子のシャワーが特徴のあるパターンを描いて地上に届く様子を示した図。アルゼンチンにあるピエール・オーガー天文台の大規模検出器群を使って測定した。

「フライアイ（ハエの眼）」蛍光検知器を操作していた天文学者たちは、観測結果を調べて驚いた。見たこともないほど高いエネルギーをもつ宇宙線を発見したのだ。その粒子は、時速100kmで飛ぶ剛速球の野球ボールに匹敵するほどの運動エネルギーをもっていた。これが陽子だとすると、この粒子は光速に限りなく近いスピードで飛んでいることになり、最も速い銀河宇宙線と比べても100億倍以上のエネルギーになる。この発見が「超高エネルギー宇宙線」の存在を裏づける最初の証拠となり、研究者たちはこれ以降、徹底的な調査に乗り出した。

超高エネルギー宇宙線を研究テーマに取り上げたなかで最も野心的なプロジェクトは、ピエール・オーガー天文台で行われた。アルゼンチンのパンパ（大平原）に設置されたオーガー天文台には3000平方kmほどの敷地に大規模な空気シャワー検出器群が立ち並んでいる。1600個ある検出器の一つ一つが、巨大な水タンクを中心に構成されている。この実験では、チェレンコフ放射が起きたことを示す証拠であるチェレンコフ光（p.44）を検出する。地球に向かってきた宇宙線から生じた高エネルギーの空気シャワー粒子が検出器の水タンクを貫通する。タンク内部の純水中では、粒子が光速よりも速く進むため、チェレンコフ光が発生する。ごくまれにしか起こらないこの現象をより確実にとらえ、降り注ぐ宇宙線の速さと方向を検出できるほど正確な測定をするには、これほど広い敷地と多数の検出器が必要だった。

2007年に、この天文台は最初の報告書をまとめて発表した。27件の高エネルギー現象と、その近隣にある活動銀河中心核（p.185）の活動が連動していることが示されていた。この観測結果は、銀河宇宙線が現れるプロセスとよく似たプロセスから超高エネルギー宇宙線が出ているという仮説を裏づけていた。ただしこのプロセスは、銀河宇宙線よりもはるかに極端な環境、つまり超大質量ブラックホールの周囲で起きていたのである。

宇宙線 | 189

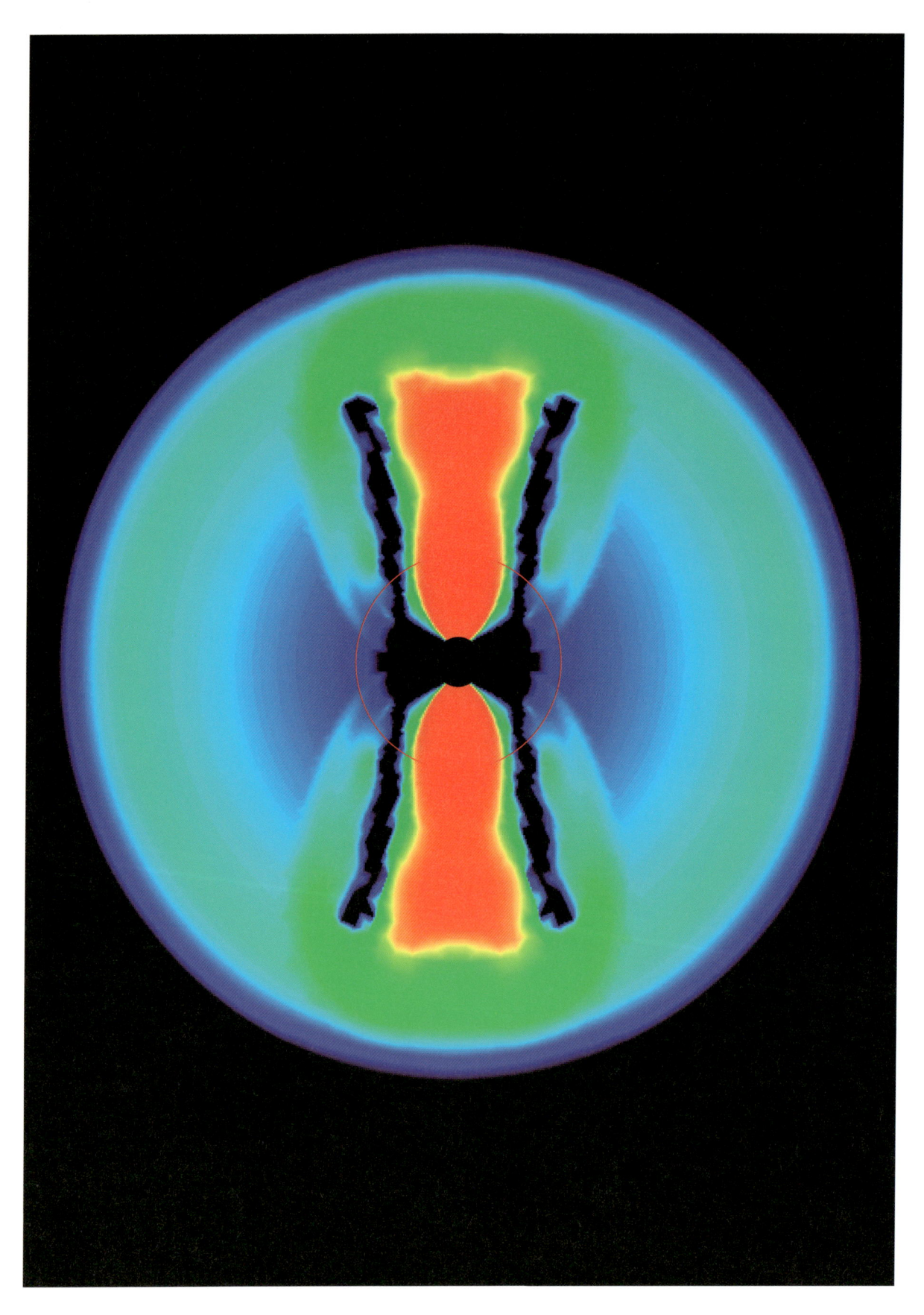

190 | ガンマ線バースト

ガンマ線バースト
爆発的に放出される高エネルギー

46

広がる視界

- テーマ：深宇宙で高エネルギー放射線が爆発的に放出され、短時間で減衰する。
- 最初の発見：1967年に米国の軍事衛星が初めてガンマ線バーストを検出した。
- 画期的な発見：1997年に消えかかっているガンマ線バーストを分光分析すると、こうした天体のほとんどが地球から数十億光年も離れたところにあることがわかった。
- 何が重要か：ガンマ線バーストに関心が寄せられている理由は、天体物理学的観点からだけではない。将来地球から近い位置でガンマ線バーストが起こると、地球は滅亡の危機にさらされるからだ。

全宇宙を見渡しても、ガンマ線バーストほど猛烈な現象はない。その上、ここ数十年の間に急ピッチに研究が進められているにもかかわらず、あまり多くのことがわかっていない。有力な説によると、死にゆく恒星を内部から食い尽くしながらブラックホールが誕生するときに、爆発が起こるらしい。

宇宙にある天体がいきなり、高エネルギーのガンマ線を激しく放出することがある。1967年、この現象を初めて観測したのは、核実験監視用のガンマ線検出器を搭載した、米国の軍事衛星ヴェラ4aだった。ある日、予期せぬシグナルが検出された。ものの数秒も経たないうちに、あまりにも強烈なこのガンマ線の爆発（バースト）はピークに達し、爆発の余韻もわずか数日であとかたなく消えてしまった。この経過は核爆弾の振る舞いとは完全に違う。ヴェラの装備をフル回転させても、ガンマ線発生源の方向は検出できなかった。そのため、このシグナルはしばらくの間、謎のガンマ線バーストとして扱われ、米軍の極秘情報とされていた。

その後6年間で、ヴェラ4aの後継機が15件のガンマ線バーストを検出したが、その記録はどれも機密扱いで保管されていた。太陽観測衛星とImp6衛星からのデータを分析したときに何か異常なものを独自に発見したことをNASAが公表したのは、1973年になってからだった。その翌年にソ連もまた、自らの衛星がNASAの発表と似たようなシグナルを検出したことを発表した。

どこから飛んでくるのか

その後15年ほどの間に打ち上げられた太陽観測衛星には多数のガンマ線検出器が搭載された。それでも、発生源は突き止められなかった。ガンマ線バーストの強さからして、発生源は天の川銀河のどこかだと予測する天文学者たちがほとんどだった。1991年にコンプトン・ガンマ線観測衛星を打ち上げたときに初めて、

（左）ニューヨーク大学のアンドルー・マクファデンがコンピューター・シミュレーションで作成した画像。多くのガンマ線バーストの発生源だと考えられている大質量の「崩壊星（コラプサー）」から2本のジェットがほとばしり、広がっている。

ガンマ線バーストがどの方角で起きているかを検出できるようになった。

　数ある放射線のなかでもガンマ線の検出は最も難しい。どんな観測機材もすり抜けるほど、エネルギーレベルが高いからだ。可視光、それに可視光に波長が近い電磁波は、普通の望遠鏡でとらえることができる。また、電波は波長が長いため、検出器が大きくなるという問題がつきまとう。エックス線やガンマ線は、エネルギーが高過ぎて反射鏡や金属シートに当たっても反射せずに貫通してしまう。エックス線ならば、浅い角度で入射したときの跳ね返り効果を利用した「微小角入射」鏡を使えば画像に収めることができた。ところが、ガンマ線にはその方法も通用しなかった。

　そこで、コンプトン・ガンマ線天文台衛星には、各コーナーに1台ずつ、合計8台の検出器を搭載した。人工衛星のさまざまな位置でガンマ線を検出し、そのタイミングのちょっとしたずれを手がかりに、発生源の方角を突き止める方法を採用した。9年間で、コンプトン・ガンマ線観測衛星は2704件のガンマ線バーストを検出した。ガンマ線バーストは全天のあらゆる方角から飛んできていることがわかり、天の川銀河の平面に集中しないこともわかった。ガンマ線バーストはどうやら、天の川銀河の外で起きているように見えた。

　イタリアとオランダが共同開発したエックス線天文衛星ベッポサックスが1997年に打ち上げられると、さらに驚くべき発見があった。ベッポサックスはエネルギーの低い、ガンマ線バーストの「残光」を検出し、その位置にあった天体が可視光のスペクトルで分析された。スペクトル線には強い赤方偏移が見られた。つまりこれは、地球から数億光年から数十億光年という単位の果てしない距離を飛んで届いた光であることを示していた。

　ガンマ線バーストからは、幅広い波長の放射線が出ていることもわかった。1997年に発生したガンマ線バーストから出た電波の観測結果

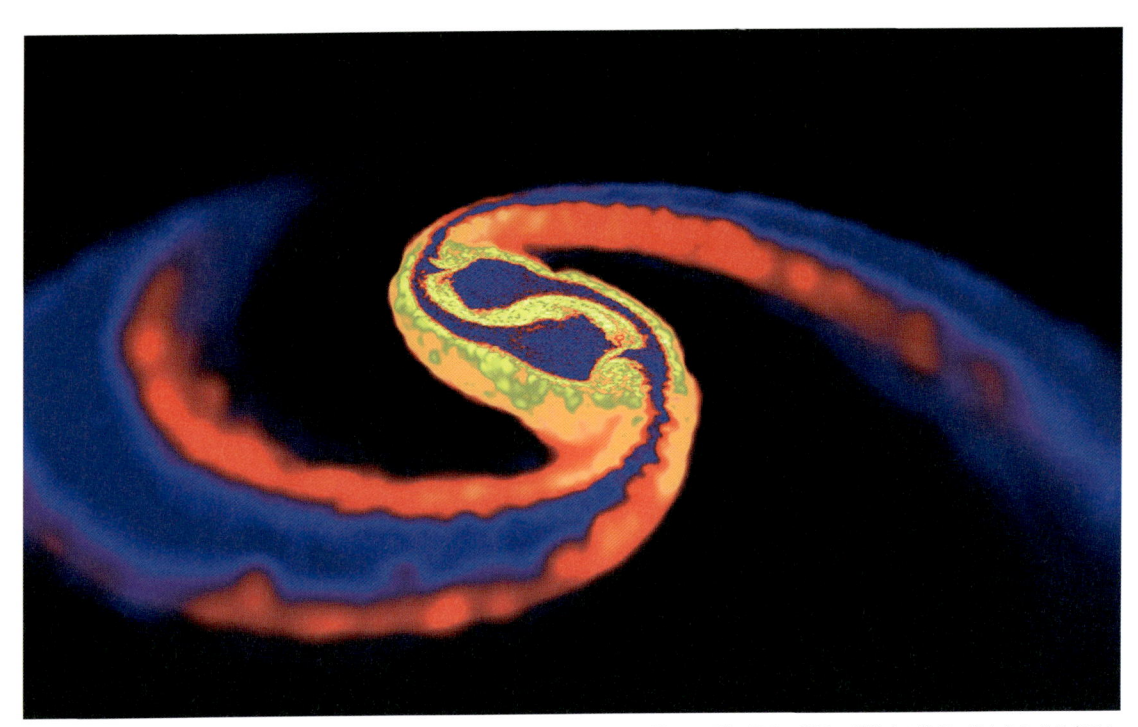

二つの中性子星が合体しつつある様子をスーパーコンピューター・シミュレーションで描いた画像。恒星の残骸に付随する磁場の強さを色分け表示している。二つの星が最後に一つになるまでに放出される膨大な量の磁場エネルギーによって、短期型ガンマ線バーストが引き起こされるらしい。

からは、相対論的スピード（限りなく光速に近い速さ）で起きる爆発からガンマ線バーストが生じていることを米国立電波天文台のデール・フレイルが示した。1999年にはハッブル宇宙望遠鏡が可視光で初めてガンマ線バーストの一つを観測して追跡し、太陽1億×10億（1の後にゼロが17個）個分のエネルギーを放出する天体の姿を明らかにした。

ガンマ線バーストの発生をいちはやく見つけ、観測できるように、国際共同研究体制が整えられた。NASAが中心になり、2000年には高エネルギー・トランジェント天体探査衛星（HETE-1）が打ち上げられ、2004年には、スウィフト・ガンマ線バースト観測衛星が打ち上げられた。こうした衛星を使って、観測を重ねていくうちに、ガンマ線バーストがどうやって起きるのかの解明がようやく進み、そこには2種類のメカニズムがあるらしいことがわかってきた。

ガンマ線バーストの種類とメカニズム

天文学者たちは、ガンマ線バーストを大きく二つに分けた。爆発が数ミリ秒から2秒ほどしか続かない短期型バーストと、数秒から十数分にわたる長期型バーストである。長期型バーストは極超新星、つまり普通の超新星が弱く見えるほど強烈に明るい恒星の爆発と連動しているように見えた。極超新星は、桁外れに質量の大きな恒星が荒々しい死を迎え、崩壊星（コラプサー）という天体ができるときに生まれると考えられている。

とてつもなく大質量の恒星の核は、非常に重い。だから、核融合プロセスがひとしきり終わったこうした大質量の恒星が崩壊すると、ブラックホールができる。この高密度の天体はやがて、恒星を内部から食い尽くし始め、急速に発達する「降着円盤」に物質を引き込んでいく。これと並行して、恒星の外側の層が強力な衝撃波によって引き裂かれて核融合が激しい勢いで次々に起きると、強いガンマ線をはじめとする放射線が外に向かう。飛び出していく物質と熱はブラックホールの回転軸に沿った2極の細いジェット噴流となって吹き出していくので、爆発だけでも十分に明るいところに、さらにまばゆい輝きが加わる。

ガンマ線バーストが起きる位置は地球からはあまりにも離れているので、親星を直接見ることはできない。それでも、スペクトルを調べてみると「ウォルフ・ライエ」星との関連性がうかがえる。大質量星であるウォルフ・ライエ星の恒星風はその恒星の短い生涯が終わる前に水素外層のほとんどをむしり取ってしまうほど激しく、あとには異常に高密度な恒星の残骸しか残らない。地球から近い位置でガンマ線バーストが起き、その放射が地球に向かって来ると、地球上の自然や生命を完全に滅ぼすほどの威力がある。だから、バーストがどこで起こっているかを突き止めるのは重要なのである。

> 1999年にはハッブル宇宙望遠鏡が可視光で初めてガンマ線バーストの一つを観測して追跡し、太陽1億×10億個分のエネルギーを放出する天体の姿を明らかにした。

短期型ガンマ線バーストのほうの正体は、いまひとつよくわかっていない。それでも2005年には初めて、このタイプのバーストの残光を2件、観測することができた。二つとも、年老いた質量の小さな恒星が大多数を占める楕円銀河の中にあることがわかった。その環境では、極超新星ができるのに理想的とはいえない。その代わり、短期型ガンマ線バーストは、古い恒星の残骸が衝突したり合体したときに引き起こされるようだ。二つの中性子星が衝突してブラックホールができたのか、中性子星がすでに存在していたブラックホールにのみ込まれたのか、どちらかだろう。

47 銀河の衝突
新たな星を誕生させる

広がる視界

- ■ テーマ：大小さまざまな銀河が起こす衝突や接近遭遇。
- ■ 最初の発見：既存の分類体系には収まらない特異銀河を集めて収録したカタログを、ホルトン・アープが1967年に公刊した。
- ■ 画期的な発見：銀河衝突のプロセスについて、当時の最新コンピューターを初めて駆使したモデルをトゥームレ兄弟が1972年に発表した。
- ■ 何が重要か：銀河間の相互作用は、恒星が誕生する重要なきっかけを作っている。

宇宙のスケールで見ると、銀河は密集しているといっても差し支えない。最大級の銀河は非常に大きな重力を近隣の銀河に及ぼす。その結果、銀河の衝突や接近遭遇は頻繁に起こっており、銀河の進化にも大きな影響を与えていると天文学者たちは確信している。

星雲と呼ばれる天体は、すでに18世紀に観測されていた。しかし、その重要性が本当に理解されるようになったのは1920年代になってからだ。こうした天体が地球から数百万光年離れた位置にある、独立した銀河であることをエドウィン・ハッブルが、まず示してみせた。こうした銀河は、個々の天体の重力の作用でまとまっているのだという考えは、天文学者たちに受け入れられた。だが、銀河同士の衝突が頻繁に、しかも広い範囲で起こっているという説は、なかなか受け入れられなかった。

しかし、例えば1877年にフランス人天文学者のエドゥアール・ステファンが発見したペガスス座の五つ子銀河のようなコンパクト銀河グループになると、あまりにも近くに銀河が密集しているため、何らかの相互作用は避けられないと思われた。

初期のシミュレーション

銀河が衝突したら何が起こるのか。1940年代、このテーマに最初に取り組んだのはスウェーデンの天文学者エリック・ホルンバーグだった。この研究のために、独自のアナログ・コンピューターまで開発したホルンバーグが導き出した結論は、次のようなものだった。衝突によって、すさまじく強力な潮汐力が生じて双方の銀河が変形し、宇宙を進もうとする勢いが奪われる。しまいには運動速度が落ちた銀河同士が融合する。その後、ホルンバーグのシンプルなモデルは、驚くほど正確であることがわかった。1950年代になると、近隣の銀河と相互作用をしていると思われる数多くの銀河をスイスの天文学者、フリッツ・ツビッキーが撮影した。そのときに、こうした銀河の中央部分から光る「尾」がたな

（右）衝突する二つのアンテナ銀河、「NGC4038」と「NGC4039」の中心部分の合成画像。チャンドラX線観測衛星からのエックス線画像は青、ハッブル宇宙望遠鏡からの可視画像は茶色と黄色、スピッツァー宇宙望遠鏡がとらえた赤外画像は赤で示されている。

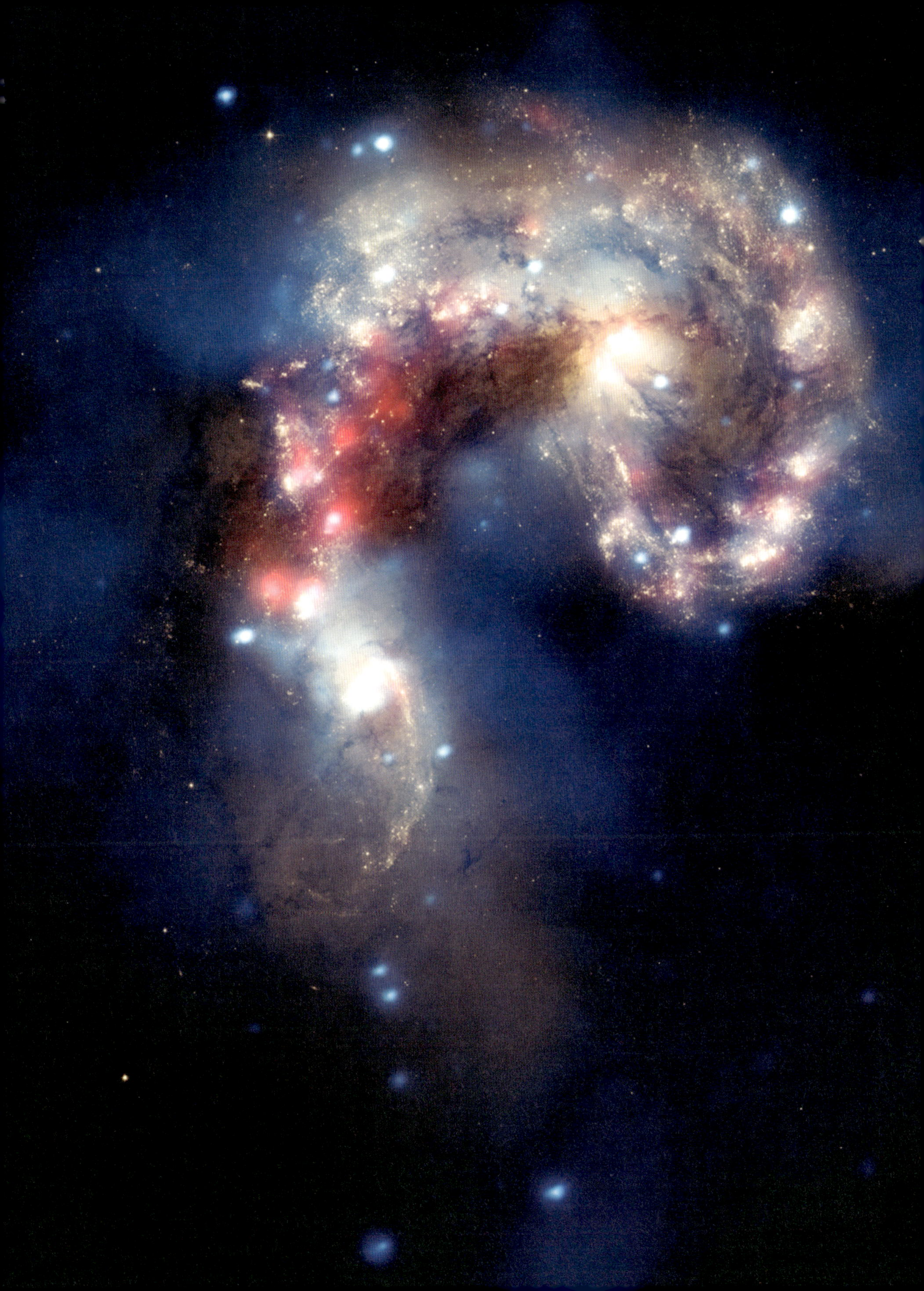

びいていることに気づいた。だが、ツビッキーの報告はほとんど相手にされなかった。ほとんどの天文学者たちは相変わらず、銀河の相互作用が実際にあったとしても、めったにないことだという信念にとらわれていた。

その思い込みが変わり始めたのは1960年代後半になってからだった。ハッブルの整然とした分類にどうしても当てはまらない「特異」銀河を集めた最初の天体カタログが、公刊されたことがきっかけになった。これをまとめたのは、カリフォルニア州パロマー天文台のホルトン・アープで、338個の銀河を収録した。当時最大の望遠鏡を使っても、いびつな形のしみにしか見えないものよりほんの少し大きい程度の銀河が多かった。銀河同士が接近遭遇や衝突を起こしてこうした天体が生まれたという考えをアープが確信をもって説くと、ほかの学者もこの意見に耳を貸すようになった。

ガスや塵の雲は、うっすらとしているが恒星よりもさらに広い範囲に拡散している。そのため、銀河同士が接触すると巨大な衝撃波の威力が増幅されて銀河の中を伝わっていくことになる。

1972年に、エストニア出身で米国在住の天文学者兄弟、アラー・トゥームレとジュリ・トゥームレが、銀河の衝突について最新鋭のデジタル・コンピューターを使って細かくシミュレートしたモデルを発表した。このモデルを見ると、渦巻銀河の腕がどのように「ほどけ」ると、ツビッキーが撮影したような尾のような構造を作るのかがよくわかった。トゥームレ兄弟はさらに、特定の種類の銀河衝突のモデルも作成して見せると、その結果はマウス銀河（NGC 4676Aと同B）やアンテナ銀河（NGC 4038/9）といった有名な特異銀河に見事に当てはまった。1977年になると、二つの渦巻が合体すると最後に楕円銀河ができるというモデルをアラー・トゥームレは発表した。この仮説はのちに、銀河の進化モデルにまで大きな影響を及ぼし、論争を呼ぶことになった（p.204）。

活発な核とスターバースト

1970年代以降、コンピューター・シミュレーションと実際の観測の両方でさらに研究が進んだ。そのなかから、アープやトゥームレ兄弟が予測した以上に銀河の衝突と相互作用が頻繁に起こっていることや、その影響も多岐にわたることがわかった。

アープのカタログには、異常なほど明るい、さまざまな銀河が記載されていた。核が明るいものがあったが、今ではそれが活動銀河中心核であることがわかっている（p.183）。よく知られている例の一つが、地球から約1500万光年の位置にあり、中心部分に黒っぽい塵の帯が横たわる楕円銀河「NGC5128」だ。NGC5128は、強い電波源であるケンタウルスAと位置が一致していた。ケンタウルスAの核から勢いよく吹き出たジェットは、銀河間空間に一対のローブ構造を構成している。その10年ほど前から赤外線を使って銀河中心核を撮影できるようになり、この銀河にできた塵の帯は渦巻銀河から生き残った「亡霊」で、ここに残ったもの以外はすべて吸い込まれたことが確かめられていた。この衝突は、銀河の中心部分に位置する巨大質量のブラックホールに大量の物質を供給する役目も果たしているらしく、この銀河の現在の活動の原動力にもなっている様子だった。

アープのカタログに掲載されているほかの銀河には決まった形はなく、全体が異常に明るかった。この明るさの正体は、こうした銀河の中で驚くべき速さで星が次々にできていく、いわゆる「スターバースト」だった。スターバースト銀河のなかでも最も有名なのは、葉巻銀河とも呼ばれるM82だろう。明るい渦巻銀河M81の近く、地球からおよそ1200万光年離れた位置

ハッブル宇宙望遠鏡が撮影した葉巻銀河M82。可視光と赤外線のデータを合成して作成した。中央のスターバーストの起きている領域から噴き出した水素の柱（プリューム）を画像処理によって赤色に強調している。

にある。この二つの銀河は、ドイツの天文学者ヨハン・エラート・ボーデによって1774年に発見され、M82はまさに爆発の真っ最中なのだと当時の観測者たちは思い込んだ。1980年代になってようやく、天文観測衛星でこれらの銀河を撮影して、そこで何が起きているのかがわかった。銀河の中心部分で、すさまじい勢いの恒星風と超新星の衝撃波がおびただしい量の物質を周囲の星間空間に吹き飛ばしていたのである。M82は見かけほど不定形ではないことも、2005年の赤外線による観測でわかった。中心の円盤からはぼんやりとした二つの渦巻の腕が伸びていて、それが地球に対して横向きになっていた。M82が近隣の銀河と接近遭遇し始めたのは今から1億年ほど前で、大きいほうの銀河の重力が引き起こした強い潮汐力が核部分に星形成物質をまとめて押し込んだため、星が爆発的な速さで次々に生まれていった。

　この二つの例を見ると、恒星よりも星間ガスの振る舞いのほうが、銀河の相互作用を活発化するきっかけとなることがわかる。銀河中の恒星はあまりにも広い範囲に散らばっているので、二つの銀河が正面衝突したとしても恒星同士が接近遭遇することは珍しい。これに比べてガスや塵の雲は、うっすらとしているが恒星よりもさらに広い範囲に拡散している。そのため、銀河同士が接触すると巨大な衝撃波の威力が増幅されて銀河の中を伝わっていくことになる。

　短期的に見ると、この現象は、スターバースト銀河で見られるように、無数の星が次々にでき続けるきっかけになる。ハッブル宇宙望遠鏡が撮影した、星々が混み合っている星形成領域の画像に基づいて、1990年代の終わりごろから天文学者たちは次のように考えている。スターバーストによって、おびただしい数の星を含む「超星団」が誕生する。このような巨大星団の中の大質量星が年老い、寿命が尽きると、そのあとにはより物静かで質量の小さな恒星たちが球状星団を構成し、さらに生き延びる。長期的に見ると、このスターバーストの衝撃波は星形成ガスの温度を上昇させ、ひいてはそのガスをホスト銀河から追い出してしまう。このプロセスは、銀河の進化において重要な役割を果たすことになる。

48 宇宙の地図
銀河団が密集する領域を発見

広がる視界

- テーマ：おびただしい数の銀河の赤方偏移を測定し、銀河の分布図を作ろうとする試み。
- 最初の発見：1977年に、ハーバード・スミソニアン天体物理学センター（CfA）で最初の赤方偏移サーベイ（調査）が始まった。
- 画期的な発見：CfAが1986年に公刊した最初の地図を見ると、見たところ何もないボイド（巨大な空洞）の周囲に多くの銀河が集まって鎖のようにつながったフィラメント（繊維）状の構造を作っていることがわかる。
- 何が重要か：赤方偏移地図を作成すると、宇宙にはフィラメントやボイドがあることがわかった。これらは、宇宙で知られている最大スケールの構造で、ビッグバン理論を左右するほどの大きな役割を担っている。

宇宙全体のスケールで銀河の分布を作図すると、不思議な模様や宇宙の大規模構造が見えてくる。こうした構造ができた原因は、原始宇宙やビッグバン直後にまで遡ると考えられている。

全天に見える銀河の位置と、スペクトル分析によって検出した赤方偏移の精密な測定結果を組み合わせると、太陽系から見たときの全宇宙を立体的に表した図ができあがる。こうした調査の出発点となったのは、宇宙全体が膨張していると主張したエドウィン・ハッブルの発見（p.51）だ。ハッブルの法則によれば、ある銀河が天の川銀河から遠ければ遠いほど、（地球から離れていくため）スペクトルの赤方偏移も大きくずれていく。宇宙全体、天の川銀河周辺の宇宙の地図を作るには、個々の銀河間ではたらく重力によって銀河の動きに局部的に生じる小さなばらつきは無視する必要があった。

そのさきがけとなる調査は1977年に始まり、1982年に完了した。ハーバード・スミソニアン天体物理学センター（CfA）のマーク・デイヴィス、ジョン・ハクラ、デーブ・レイサム、そしてジョン・トンリーらのグループは、天球の北半球にある約1万3000個の銀河を対象に、下は14.5等級、つまり、裸眼で見える下限からさらに約2500分の1の暗さまでの銀河の赤方偏移を測定した。1985年から1995年にも、調査対象とする銀河の数を約1万8000個にまで増やして、ジョン・ハクラとマーガレット・ゲラーを中心とする研究チームが測定を行った。

天の川銀河のある方角を基準とする銀河座標系に従って銀河をプロットしていくと、角度の開いた円錐形が地図に現れた。天の川銀河の円盤の部分に密集する星や塵の影響から離れた「銀河緯度」の高い位置にある銀河しか見えないため、こんなふうに見える。最初のうちは、

(右)地球から見て南天に存在する10万個以上の銀河を立体的にプロットした、コンピューター作成図。見たところ何もないボイド（巨大な空洞）の周囲に、銀河フィラメント（繊維状構造）やシート（壁状構造）になった宇宙の大規模構造が示されている。

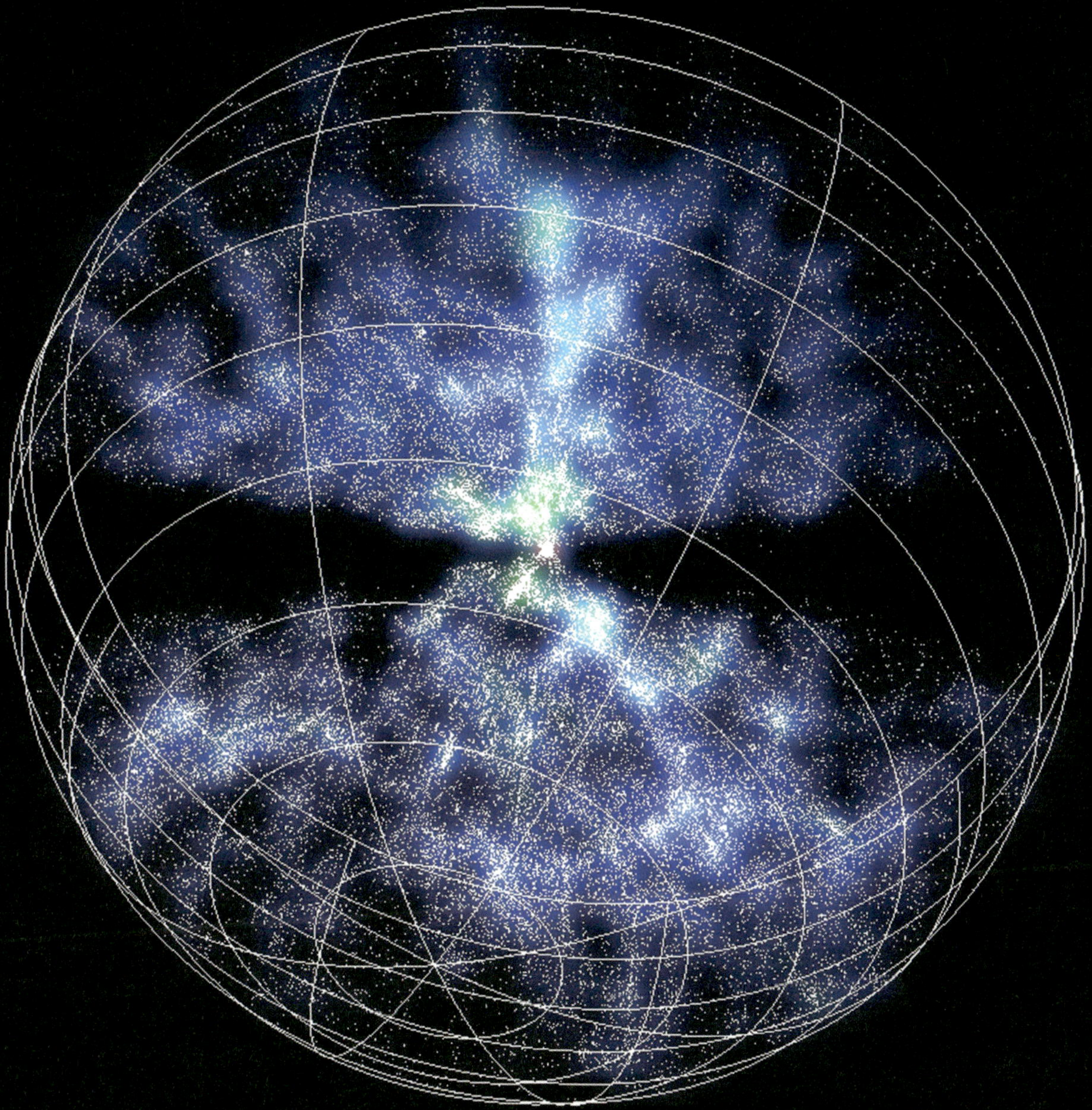

銀河の分布はどうもランダムであるように見えた。ところが1986年にハクラ、ゲラー、およびヴァレリー・ド・ラパランらが全天の「スライス」を作ってみると、特徴のある模様が現れた。銀河はどうやら、何もないように見える巨大な宇宙空間を取り囲むように、鎖のようにつながって密集しているように見えた。

宇宙の大規模構造

特徴のある銀河団が密集している部分や、銀河がまばらな部分があることは、昔からわかっていた。おとめ座やかみのけ座の中や周囲に「星雲」が集中しているのは、18世紀には観測されていたし、望遠鏡技術が発達した19世紀には、かすかな銀河の集まりが数多く確認された。こうした銀河が多い領域にはたいがい途方

400個以上の天体のスペクトルを同時に記録できるカメラを使い、オーストラリアの空で観測できる23万個以上の銀河を測定した。

もなく大きな銀河団があり、その中にある銀河は互いの重力によってまとまっていることもわかってきた。1950年代になると米国の天文学者ジョージ・エイベルが、こうした銀河団を集めた最初の天体カタログを編さんした。

ところが、銀河団はもともと群れを成す性質があり、それぞれが密集した集団をつくるというアイデアは、ほとんど相手にされなかった。当時の宇宙論の大原則では、宇宙の天体は基本的に均一に分布しているはずだった。宇宙全体で見ると、銀河団も偏りなくランダムに分布しているとされた。これよりも大きな「超銀河団」の核となっているのは、おとめ座銀河団に違い

ないと1950年代に発表したのは、フランス人天文学者のジェラール・ド・ヴォクルールだった。しかし、こうした大構造の正体は、その後20年間確認できなかった。

1977年に、「セル組織」の集合した構造が宇宙にあるという説が登場した。提案したのはエストニア天体物理天文台に所属する天文学者のミーケル・ジョーヴィールとジャン・エイナストだ。有名なペルセウス銀河団を中心として超銀河団があることに気づき、研究を進めて得た結論だった。超銀河団の中の銀河たちは、銀河がほとんど見当たらないボイド（巨大な空洞）の一つの面に沿って、おうし座の大部分を占めるほど巨大な、曲がりくねった壁を作っていた。その1年後、米アリゾナ州にあるキットピーク国立天文台のステファン・グレゴリーと、レアード・トムソンも、かみのけ座の中にも似たような超銀河団がある証拠を発見した。

ハーバード・スミソニアン天体物理学センターが作った地図に現れた空のスライス（断面）図は、こうした仮説をドラマチックに視覚化し、裏づけた。ここには、地球からだいたい3億光年離れたところにある、かみのけ座超銀河団の中心部がたまたま含まれていた。かみのけ座超銀河団は、棒を持った人物が仁王立ちしているように見えるため「スティックマン（棒を持つ男）」と名づけられた。この銀河団は不思議な形をしているだけではなく、さらに大規模な構造の一部も占めていた。気の遠くなるほど巨大な「グレートウォール」と呼ばれるこの構造の長さは、6億光年を超えていそうだった。

現在では、フィラメントとボイドという名前で知られる大規模構造が宇宙にあることが確認されると、宇宙論研究者たちは由々しき問題に直面した。ビッグバン理論では、ビッグバンによって原始宇宙の中で物質が偏りなく行き渡ったことになっていた（p.59、p.63）。この矛盾を解決しようとしたことが、宇宙マイクロ波背景放射によって生じるさざ波の発見につながった。さざ波が立って密度にゆらぎが生じたと

2dF銀河赤方偏移サーベイからのデータをプロットした一対の円錐図。銀河団や超銀河団が複雑な網目状を成す様子がわかる。

考えれば、物質が現在の姿に分布していることを筋道立てて説明できた（p.54）。

視野を広げる

ハーバード・スミソニアン天体物理学センターによる最初の調査では、地球から約7億光年離れた銀河までしか網羅できなかった。これは、全方向に向けて137億光年の長さ（ビッグバン直後に飛び出した光が到達できる最も遠い距離）に広がる、現在観測可能な宇宙全体からすると、ごく一部でしかない。

1997年から2002年の間には、2dF（2平方度の領域）銀河赤方偏移サーベイが実施された。400個以上の天体のスペクトルを同時に記録できるカメラを使い、オーストラリアの空で観測できる23万個以上の銀河を測定した。この2dFサーベイでは、「スイスチーズ」に似た、ランダムに穴が開いたように見える宇宙の構造がわかった。さらに、これまでにない精度で宇宙の密度を計測し、原始宇宙の密度波（「音」の振動）が宇宙の隅々まで行き渡っていたことも検出できた。こうした発見は、宇宙に存在するが眼に見えない「ダークマター（暗黒物質）」の性質（p.211）や、それが通常の物質にどのように相互作用しているのかを知る、重要な手がかりになった。続いて行われた6dFと呼ばれたサーベイでは、空の北半球と南半球両方について、以前よりもずっと広い領域に分布する12万5000個の銀河からスペクトルを集めた。

最近の最も大規模な調査プロジェクトは、スローン・デジタル・スカイ・サーベイだ。2000年に観測が始まり、米ニューメキシコ州に設置した専用望遠鏡が活躍している。このプロジェクトの目的は、銀河のスペクトルを集めるだけではなく、それらをさまざまな波長で撮影することだ。（銀河以外の天体も含む）100万件以上の天体のデータがこれまでに集められたが、そのなかには知られているなかで最も遠い位置にあるいくつかのクェーサーも含まれている。

宇宙の地図

49/53 宇宙の正体

銀河の進化
衝突と合体で姿を変える

49
宇宙の正体

- ■ テーマ：銀河が別の形の銀河へと進化する過程を説明する仮説。
- ■ 最初の発見：銀河の進化について最初の「トップダウン」モデルを、エッゲン、リンデンベル、サンデージらが1962年に提案した。
- ■ 画期的な発見：銀河は合体を繰り返して進化するという説を、サールとジンが1978年に提案した。
- ■ 何が重要か：銀河の進化モデルを使って、天の川銀河の過去と未来を想像することができる。

銀河同士の衝突や合体はごく普通の現象である。また宇宙で大多数を占める銀河のタイプは長い時間をかけて大きく変わってきた。現在では定説となっているこの2点を考え合わせると、銀河の進化について明確なイメージが浮かんでくる。

最新の望遠鏡技術により、宇宙が今よりもずっと若いときに、遠くの銀河から地球に向かって旅立った光を観測できるようになった。

数十億年前の宇宙を眺めると、現在の宇宙で見られるものとはまったく違う形の銀河に数多く出会う。楕円銀河はあまり見られない代わりに、クェーサーやそのほかの活動銀河（p.183）が実に多いことに気づく。また遠い領域にある天体は「赤方偏移」を示すのが一般的であるにもかかわらず、地球に近い銀河よりも青みがかって見える。こうした変化はいずれも、銀河が時間とともに進化してきたことを示している。しかし、その過程について筋の通った仮説に天文学者がたどりつくまで、ほぼ1世紀近くかかった。

初期の銀河形成モデル

エドウィン・ハッブルの「音叉（おんさ）」型銀河分類モデル（p.178）にヒントを得た初期の仮説では、楕円銀河が発達して渦巻銀河になると考えられていた。巨大なガス雲が収縮・崩壊した後にどのようなプロセスを経て渦巻銀河ができるのかを英国人物理学者のジェームス・ジーンズが、早くも1919年に説明している。渦巻の中心部分にはバルジと呼ばれる領域があり、恒星が次々に生まれる領域が平たい円盤状になってその周囲を囲んでいる。ここまでわかっても、渦巻状の腕ができるメカニズムは1960年代になるまで解き明かすことができなかった（p.180）。ジーンズの説が発表された当時はま

(左) 一連のコンピューター・シミュレーションによる画像。大きさの異なる二つの渦巻銀河が接近して相互作用を起こし、しまいに合体して一つの巨大な楕円銀河になる様子を示している。ハッブル宇宙望遠鏡を使った観測から、大きな銀河同士がこのように合体する頻度は一つの銀河当たり平均して90億年に1回ほどしかないことがわかっている。ただし、小さな銀河が大きな銀河にのみ込まれることは、もっと頻繁に起きているようだ。

地球から3億2000万光年ほど離れた位置にある、かみのけ座銀河団。銀河団の中心付近にレンズ状銀河と楕円銀河が近接している。ハッブル宇宙望遠鏡による撮影。

だ、渦巻星雲は天の川銀河の内部、あるいは天の川銀河に非常に近い位置にある巨大な星の集団だと考えられていた。だから銀河が想像していたよりも遠い位置にあり、ゆっくりと回転している天体であることがわかってくると、ジーンズの仮説ではつじつまの合わない点が出てきた。

　ジーンズの仮説に再び注目した、渦巻銀河の形成に関する最初の詳しいモデルが1962年に発表された。発表者であるオリン・J・エッゲン、ドナルド・リンデンベル、そしてアラン・サンデージの頭文字を取って「ELS」モデルと呼ばれたこの仮説では、比較的短時間のうちに単一のガス雲が収縮して銀河ができると考えた。その銀河の核では、恒星の誕生が爆発的に進み、星形成物質が急速に使い果たされる。一方、銀河の核を取り囲む円盤の中でできる恒星は比較的ゆっくりと作られる。そのため、核の部分にいる寿命の短い大質量星たちが燃え尽きて穏やかな赤や黄色の星だけが残った後も、しばらくこの円盤は星形成領域として活動し続ける。

このモデルなら、渦巻銀河の中に特徴のある星団が2種類見られることも説明できる。さらに英国の天文学者であるリンデンベルは、こうした銀河のすべてではないにせよそのほとんどの核の部分に、巨大質量のブラックホールが潜んでいる可能性を予測した。「高速度雲」が発見されると、証拠はさらに増えた。高速度雲は中性水素ガスの固まりで、天の川銀河の内部や周辺を動き回っている。そのスピードは、天の川銀河全体の通常の回転速度だけでは説明しきれないほど速い。この「トップダウン」モデルが正しいとすれば、多くの高速度雲が天の川銀河に向かって落下しているように思えた。

階層モデルを裏づける証拠が続出

　楕円銀河がどうやってできたかについては、このELSモデルではほとんど説明できなかった。1977年に二つの渦巻銀河が合体すると楕円銀河ができるという説を、アラー・トゥームレが発表した（p.196）。銀河の衝突は珍しくないこと

を裏づける証拠が増え始めると、「トップダウン」に対抗する、階層的または「ボトムアップ」ともいえる銀河形成モデルを、米国で活躍するレオナルド・サールとロバート・ジンが1978年に発表した。このモデルでは、ごく小さな「銀河の部品」が段階的に融合していくうちに全体が一つになっていく。星形成ガスと塵がふんだんにあるが、はっきりとした形を成していない不規則銀河から渦巻銀河に発達する間に、構造は複雑になる。大きい渦巻銀河同士が衝突すると、その衝撃波から熱が生じる。星形成ガス雲の温度がこれ以上収縮・崩壊して新たな恒星を作れないところまで上昇すると、このガスは噴出して銀河の周囲にハローを作る。やがて星の形成が止まると、そこに残った恒星たちが集まって球状の楕円銀河を作り始める。

1980年代になると、この階層モデルがおおむね正しいことを裏づける証拠が続々と現れた。大きい楕円銀河ほど、銀河団の中央部分に位置していること、銀河から分離した高温のエックス線放出ガスが銀河団の中央にあること、現在の銀河を形作る材料となった小さな青色の不規則銀河が、宇宙初期には数え切れないほど発見されたことなどである。目に見えないダークマター（暗黒物質）が銀河と連動してどう分布しているのを調べた研究の結果も、階層モデルの正しさを裏づけていた（p.197）。

ハイブリッド理論

階層モデルも、すべてを解決できたわけではなかった。この説単独では、レンズ状銀河をはじめ、楕円銀河が渦巻銀河に戻ろうとしているように見える銀河については説明しきれなかった。「トップダウン」モデルにも一理あることを裏づける証拠を2002年に提示したのは、米アリゾナ州のスチュワード天文台のマティアス・スタインメッツと、カナダのヴィクトリア大学にいたフリオ・ナヴァロのチームだった。コンピューター・シミュレーションで、銀河間物質に含まれる低温の中性水素の雲が高速度雲になって新しいガスを絶え間なく銀河に供給するプロセスを示した。この銀河に向かって落下していくガスに後押しされれば、天の川銀河のような渦巻銀河は速いピッチで星を作り続ける。楕円銀河ならば、レンズ状銀河になるプロセスを経て、中心部分にある円盤を「再生」させ、しまいには、渦巻状の腕を作り直すことができる。これを受けて、合体と再生を何世代か繰り返すうちに、周囲にある低温の星間ガスを使い果たすと、合体した銀河は最後に巨大楕円銀河になってようやく腰を落ち着けるのである。

この「ハイブリッド階層」モデルは信ぴょう性が高そうに見える。それでも、解決できていない重要な問題はまだいくつか残る。例えば銀河が限界まで高密度になるまでにどんなメカニズムがはたらいて銀河の収縮・崩壊を遅らせたり、

「ELS」モデルと呼ばれたこの仮説では、比較的短時間のうちに単一のガス雲が収縮して銀河ができると考えた。その銀河の核では、恒星の誕生が爆発的に進み、星形成物質が急速に使い果たされる。

止めたりしているのか。これを説明するために、個々の星から生じる放射圧から、銀河のハロー領域に残っているダークマターの重力に至るまで、さまざまな現象を取り入れた多くの説が提案されている。これまでの定説に揺さぶりをかけたのは、2011年のある発見だった。生まれて間もない頃の宇宙に、楕円銀河が大量にあったことがわかったのだ。こうした銀河の中の恒星は、比較的まだ若いように見えたが、ビッグバンが起こったすぐ後に楕円銀河ができるには、できたての銀河が予想外の速さで合体し続けなければならない。銀河の進化にまつわる物語には、思ってもみなかった事実がまだ隠されていそうだ。

50 重力レンズ
光を曲げる巨大な力

宇宙の正体

- ■ テーマ：遠くの天体からの光が地球に届くまでの間に曲げられる現象。重い天体の近くを通る光が重力の影響を受けて、光源の像をいくつも作ったり、ゆがませたりする。
- ■ 最初の発見：アインシュタインは、1912年に重力レンズ理論に気づいていたが、1936年になるまで、その内容を公にしなかった。
- ■ 画期的な発見：1979年に、クェーサーからの光が重力レンズの効果によって曲げられていることが発見された。
- ■ 何が重要か：重力レンズは、途方もなく遠い銀河を見つけ出すときに重要な役割を果たす。介在する天体に潜むダークマターを探し出し、その分布図を作るための有力なツールでもある。

強力な重力場の中を通るとき、光線は曲がる。このことは、アインシュタインの一般相対性理論のなかですでに予言されていた。この性質を利用すれば、原始宇宙の中からかすかな光の銀河を探し出す有力なツールとして使えることに気づいたのは、しばらくたってからだった。

1919年に起きた皆既日食を利用して、太陽の近くを通る星の光が曲がることをアーサー・エディントンは示した。アインシュタインの一般相対性理論の正しさを証明したエディントンのこのエピソードは、あまりにも有名だ（p.49）。

仮説から実際の観測まで

古典的物理学では、光には質量がないため重力場の影響を受けないとされる。ところがアインシュタインの理論では、大質量の物質を取り巻く空間が曲げられ、光の軌道も曲がってゆがみが生じる。「重力レンズ」と呼ばれるこの効果の実例が宇宙空間で見つかるのは、それから60年も後のことだった。

宇宙で重力レンズ効果がはたらいているという予想は、1912年という早い時期にアインシュタインのノートに書き記されていた。これが実際に起きているのを見るには、観察者と、遠くにある光源との間のどこか適当な位置に、非常に高密度の天体が存在していなければならない。光などの電磁波はその発生源から四方八方に拡散するため、観察者に向けてまっしぐらに飛んでくるものもあれば、それとはまったく違う経路を通っていくものもある。大きな重力がはたらいてゆがんだ空間を通った電磁波は曲がる。そのため観察者には、同じ天体から出た光が別の場所から来た光のように見える。

アインシュタインを筆頭とする天文学者たちは当初、この現象を相対性理論のユニークな副次的影響くらいにしか考えていなかった。星の

（右）ハッブル宇宙望遠鏡がとらえた高密度の銀河団エイベル1689。地球からおよそ22億光年離れたところにある。黄色っぽい光の銀河群の周囲には、そこからさらに遠方に離れた位置に点在する青白い銀河の姿が、重力レンズ効果によってはっきりと見えている。

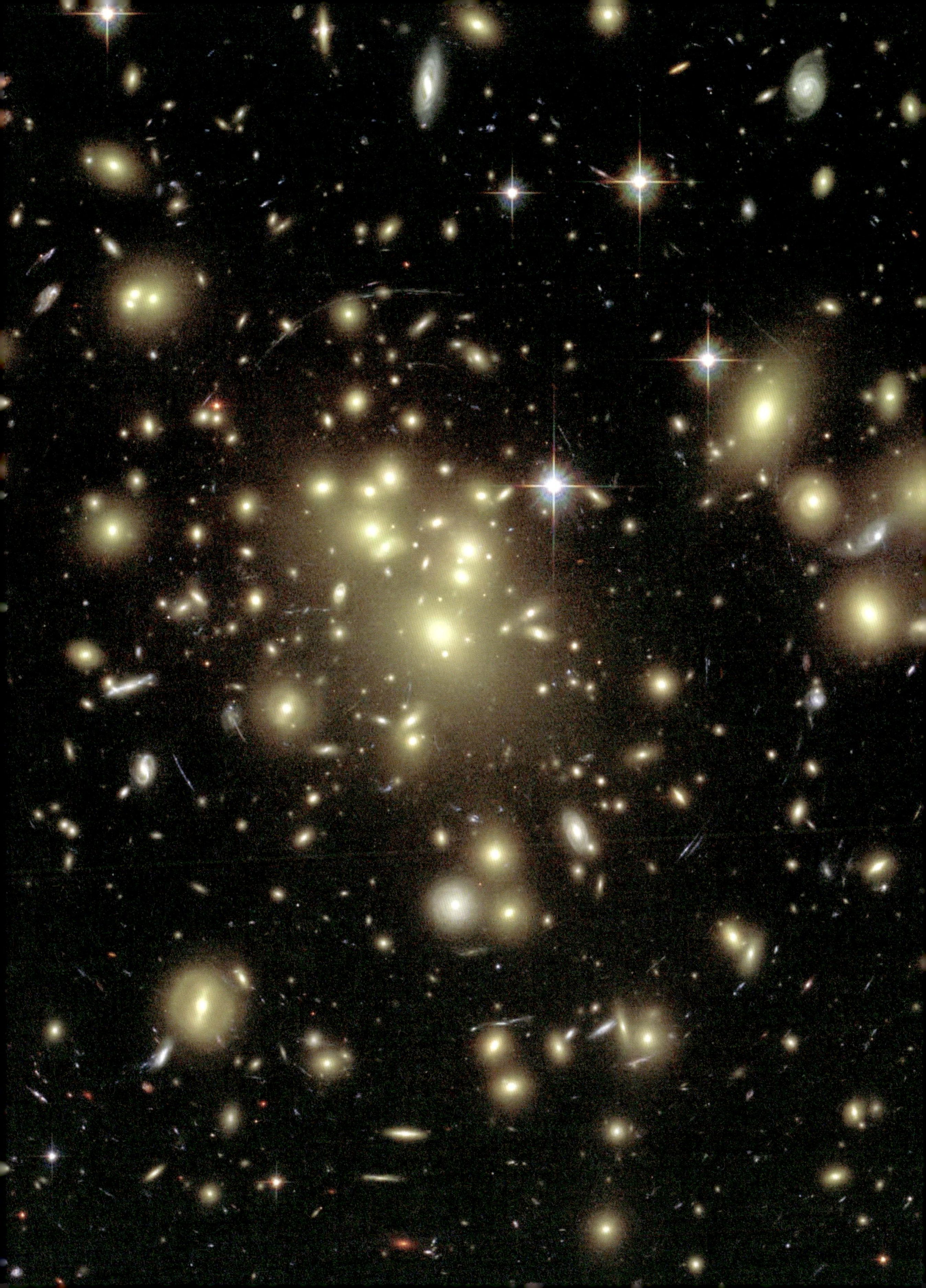

光は別の星の影響で曲げられているのだし、星と星の距離は、星の大きさと比べようがないほど離れているのだから、こうした現象が生じる配列に星の位置がぴたりとはまることは滅多にないと考えられた。アインシュタインは重力レンズ効果に関する考えを長らく公にしなかった。1936年にようやく、発表を熱心に勧めるチェコのアマチュア天文家、ルディ・マンドルの説得に応じ、アインシュタインは、論文のなかで重力レンズについて言及した。

それまでの数十年間、天文学はかつてない大きな転換期を迎えていた。これに大いに貢献したのはアインシュタインの研究から得られた知見であり、エドウィン・ハッブルが裏づけた天の川銀河のさらに先にも銀河があるという宇宙像だった。

アインシュタイン自身は、重力レンズ効果に

手前にある銀河団が重力レンズ効果を起こしている場合、この重力レンズの現れるパターンを手がかりにしてその銀河団の中にある質量の分布を探査できる。

ついて説明するときの対象としてはまだ恒星しか考えていなかった。しかし、こうした時代の流れから、恒星よりもはるかに観測可能な効果が期待できる候補が浮上した。銀河や銀河団は、単独の恒星とは比べものにならないほど質量が大きい。その上、銀河の中にある恒星の空間密度と比べてもサイズの割に格段に高密度である。レンズ効果について触れたアインシュタインの論文から1年もたたないうちに、銀河的規模で生じる重力レンズ効果を初めて予測する論文をスイス人天文学者のフリッツ・ツビッキーが発表した。

それまでの常識は塗り替えられた。ところが、銀河規模で起こる重力レンズ効果を観測するのは、技術的にまだ難しかった。1960年代になってクェーサーが発見されると（p.183）、天文学者たちは重力レンズ効果が銀河規模でも起きている兆候を本格的に探し始めた。「アインシュタインクロス」（重力レンズ効果によってできた四つの像が、介在している重い天体の周囲に見える）や、「アインシュタインリング」（遠くにある天体の像が拡散し、手前にある天体を囲む環の形になって現れる）など、この現象によるさまざまな図形パターンが予測された。1979年に「SBS 0957+561」と呼ばれる「ツインクェーサー」が発見された。双子の兄弟のように見えるこの一対のクェーサーは、実は遠くにある単一の天体からの光が重力レンズ効果を起こしてできた二つの像であることを、米国アリゾナ州にあるキットピーク国立天文台のデニス・ウォルシュ、ロバート・カーズウェル、レイ・ウェイマンらのチームが示した。その後10年の間に重力レンズ効果を示すクェーサーが次々に発見された。1985年にはアインシュタインクロスが、1988年にはアインシュタインリングが、それぞれ初めて確認された。

重力レンズをうまく使う

1990年代になると、天体望遠鏡の技術が長足の進歩を遂げた。重力レンズ効果も、単なる科学的興味の対象から、有力な天体観測ツールへと扱いが変わった。重力レンズを起こしている天体は今では山ほど見つかっている。その背景で光源となる天体は、クェーサーから普通の銀河、ときには銀河団までバラエティーに富み、手前にある天体も、単体の銀河から銀河団までさまざまだった。ある銀河団から届いた光が、別の銀河を通るときにゆがめられた様子をハッブル宇宙望遠鏡でとらえることもできた。背景となる天体の変形がわかるのは、「強い」重力レンズ効果の典型だ。この効果を利用すれば、手前と背景、両方の天体の特徴が調べられる。例えば手前にある銀河団が重力レンズ効果を起こしている場合、この重力レンズの現れる

馬の蹄鉄に似た、円に近い形状のアインシュタインリング。遠い位置にある銀河の光が、地球に向かうときにきれいに均一に曲がると、このような形になる。この銀河は果てしなく遠くにあり、その距離は地球からほぼ107億光年だといわれている。

パターンを手がかりにしてその銀河団の中にある質量の分布を探査できる。具体的には、目に見えないダークマターの存在を確かめることもできる（p.211）。

重力レンズ効果によって、はるか遠くにある天体からの光が明るさを増すこともある。そのままでは地球から見えない暗い天体が、望遠鏡でも見える明るさにまで光り出す。この効果のおかげで、天文学者はハッブル深宇宙探査（p.51）の画像中に姿を表していない、極めて遠くにある銀河まで見つけられるようになった。最先端のモデリング技術を使い、重力レンズ効果によって見えるようになった天体の姿を「再構成」してみると、多くのことがわかった。

当初の「強い」重力レンズ効果のほかに、二つの重要な効果が現在ではわかっている。「弱い」重力レンズ効果ではその名の通り、遠くにある銀河が眼に見えるほどゆがんだ像ができることはないが、それでもほんのわずかにゆがむ。銀河の像を数多く分析し、その見かけの形に異常なパターンが現れていないかを探し出さなければわからないほど、そのゆがみ具合はあまりにも微小である。弱い重力レンズ効果は、銀河間空間における質量の分布を測定するときに、とても役立つツールだ。そのため、この効果を利用してダークマターやダークエネルギーに関する多くの謎が解き明かされることが今後期待されている（p.214）。

もう一つの効果、「マイクロレンズ効果」では、重力レンズ効果がはたらいている天体の明るさが時折変わる。これは、その天体が発する光が地球に向かう途中で一時的に曲がるために起きる現象だ。この現象は通常、恒星のように小さな天体で見られ、アインシュタインが1912年に言及したタイプの重力レンズ効果に基本的に分類されるものだが、統計的に見てほとんど起こらないものとして片づけられてきた。現在では、マイクロレンズ効果を起こす星が太陽系外惑星をもっているかどうかを検出するときに利用されている（p.101）。

重力レンズ | 209

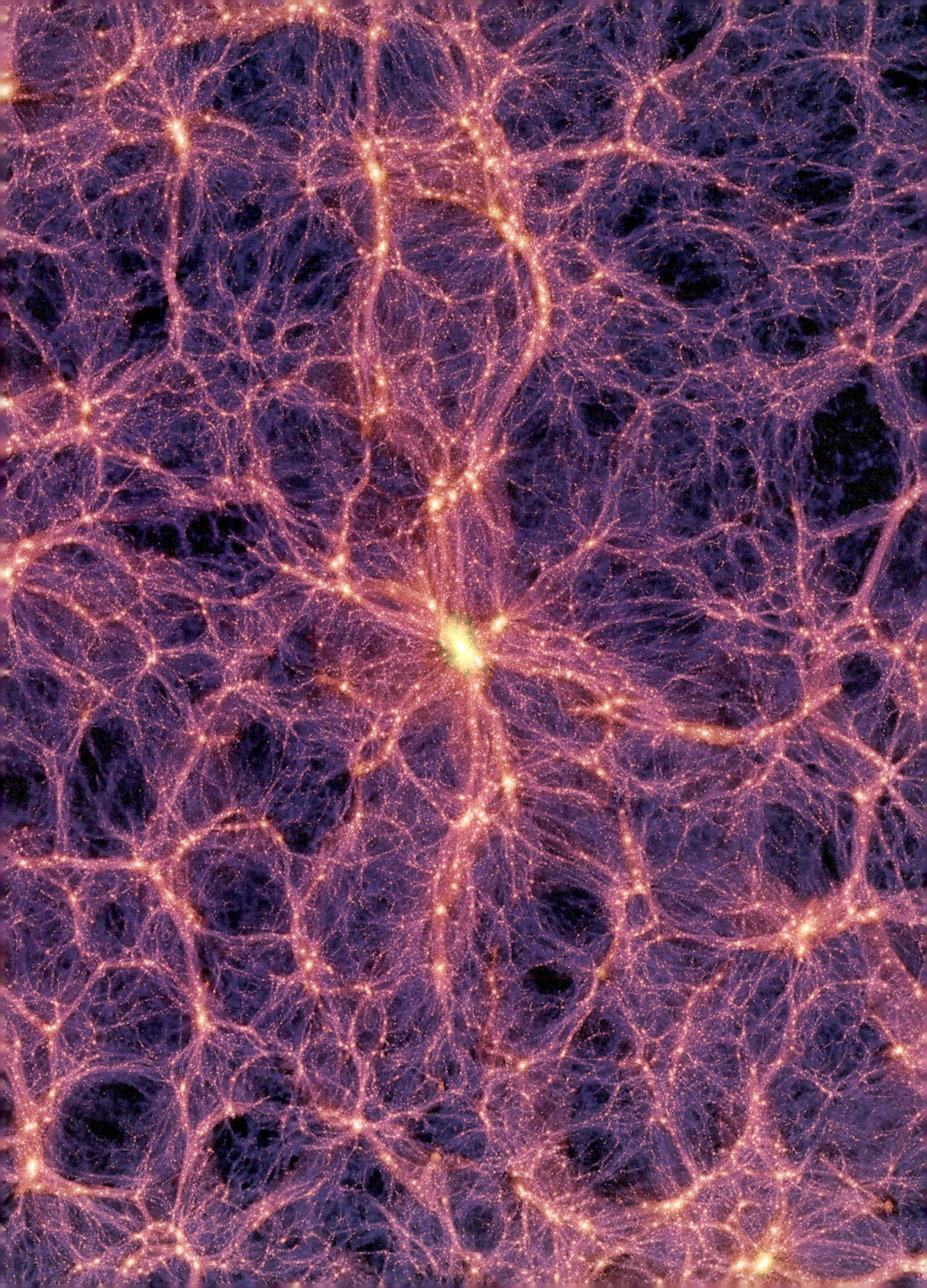

ダークマター

物質の95％を占めるが正体は不明

51

宇宙の正体

- テーマ：宇宙に存在し、光を発しない物質。その存在を示す唯一の手がかりが重力の効果だ。
- 最初の発見：1933年にフリッツ・ツビッキーが、かみのけ座超銀河団の中にダークマターがあることを予想した。
- 画期的な発見：アイスキューブ・ニュートリノ観測所の研究によって、宇宙に存在するダークマターの存在比率が確認された。
- 何が重要か：ダークマターは、あらゆる規模の宇宙の進化に重大な影響を及ぼしている。

宇宙に数千億あるいはそれ以上の銀河があるとしたら、もう少し混みあっているように思える。ところが、宇宙全体の質量に占める目に見える天体の割合はほんのわずかである。それ以外のおよそ95％ほどあると予測されている部分は、目に見えない、正体不明の「ダークマター」が占めている。

宇宙のほとんどが「暗い」ことは最初、驚くことではないように思えた。簡単に言ってしまえば、自分自身が光を発することのできる天体は恒星だけで、それ以外の天体はどれも、恒星からの光を反射するか、それにより励起されなければ輝くことができない。だが、天文学者たちがダークマター、つまり「暗い」物質について語るとき、単に可視光で見るにはあまりにも光が弱すぎるか、温度が低過ぎる物質のことを指しているのではない。こうした物質は何らかの放射（赤外線や電波）を必ず発しているので、検出可能な物質、つまり「バリオン」物質（陽子や中性子で構成される通常の物質）の総量を予測するときには計算に加えられている。正真正銘のダークマターは、光はもちろん、それ以外の電磁波とも一切相互作用しないものだ。さまざまな分野の学者たちによって、ダークマターが存在している証拠が挙げられている。宇宙論研究者は、ビッグバンのときにできたはずの物質の理論上の予測量と実際に検出される量とが、ひどくかけ離れている点を挙げている。天文学者が気づいたこともある。銀河の回転が、バリオン物質の分布から予想される状況と一致しないことだ。それに加え、銀河団による重力レンズ効果（p.206）からも、光っている物質以上の大質量が宇宙空間に含まれていることが予測できた。

ダークマターの性質

ところで、ダークマターとは一体何なのか。この疑問について単一の物質で説明するのではなく、数種類のタイプのダークマターが混在して大きな質量を形成していると考える天文

(左）スーパーコンピューターによるシミュレーション結果から、宇宙の一部におけるダークマターの分布を示した図。ここでは、およそ2億光年四方の領域を切り取っている。目に見える銀河のような物質（ピンクの部分）の周囲に、低温ダークマターが、茫漠とした環が広がるハロー（明るい黄色の部分）として示されている。

学者たちが多い。どちらかといえばありふれているのに検出の難しい天体には、さまよえる惑星や、「黒色矮星」（白色矮星の低温の残骸）や、さらにはブラックホールなどがあるが、全体に占める割合はごくわずかである。渦巻銀河のハローの中に潜むこうした天体は、MACHO（マッチョ：Massive Compact Halo ObJects：大質量コンパクトハロー天体）と呼ばれ、この天体がマイクロレンズ効果によって観測されているのはほんの少数だ。

残りのダークマターは、圧倒的な量の粒子でできていると考えられている。宇宙論研究者たちは通常、ダークマターを3種類に分ける。普通の天体に近い「古典的な」速度で運動している低温ダークマター、光速に近い速度で運動しているため、特殊相対性理論の影響を受けている（p.45）中温ダークマター、そしてさらに速く移動する高温ダークマターの三つである。

高温と低温のダークマター

この説には、物理学的な矛盾点もあるのだが、それはこういうことだ。中温と高温のダークマター粒子は、極めて軽いと予測できる。だとすると、とてつもない量が存在しなければ、ダークマター全体の重さにそれほど寄与できない。ニュートリノは、恒星の中で起きる核融合によって実におびただしい量が作られる、見たとこ

弾丸銀河団の中にあるダークマターと光のパターンを示した合成画像。この銀河団は、地球から34億光年離れたところで二つの銀河団が衝突してできた。この図では、ハッブル宇宙望遠鏡が撮影した可視光の画像に、エックス線画像をピンク色で重ね、重力レンズ効果から算出したダークマターの分布を青で示している。銀河団が衝突したときに、高温のガスが銀河からはぎ取られ中央部に残されているが、ダークマターや、内部に散在する銀河はほとんど影響を受けなかった。

ろ質量のなさそうな微小な粒子だ。このニュートリノに実は質量があることを証明し、それを突破口にダークマター問題を解決することを宇宙論研究者は目指して、長年研究を重ねていた。1998年、ニュートリノにはまさしく質量があることを、日本のスーパーカミオカンデ検出器が示して見せた。しかし、蓋を開けてみると期待していた質量をかなり下回っていた。これらの粒子の質量を合わせても宇宙全体の質量のほんの一部にしかならず、これだけでは、目に見える物質の総量と重力の振る舞いとの不一致を解決するにはとても足りなかった。

　ダークマターが存在しているとしても、ほとんどの高温ダークマター粒子はあまりにも軽くて動きが速いため、局所的に見たときに重力の影響をほとんど受けないと考えられる。その代わりに、この物質は宇宙の隅々まで一様に行き渡っているのだと宇宙論研究者たちは確信した。しかも、その大部分は宇宙の明るい部分からかなりはずれたところに横たわっていて、フィラメント（繊維）状やシート（壁）状に重なった銀河団の間にあるボイド（巨大な空洞）の中に検出されずに隠れているのだと考えた（p.200）。

　宇宙全体の質量に関する宇宙論的な疑問については、高温ダークマターが一つの解を提示した。その一方で、銀河や銀河団で見られるような比較的局所的な効果については、目に見える質量と密接に関連し続けられる、別の形態の物質がなければ説明ができない。その役割を担うのが、低温ダークマターだ。高温ダークマター粒子と比べると粒子の質量が重いことと、動きが比較的遅いせいで、局所的な重力による効果の影響を受ける。

　MACHO（「マッチョ」は英語で「屈強な者」の意）は、低温ダークマターの一種だ。存在そのものは確認されてはいるが、それがどれだけふんだんにあり、「どこかに消えた質量」全体のなかでどれだけを占めているのかはまだ確認されていない。ただしここでも、WIMP粒子（Weakly Interactive Massive Particles：相互作用の弱い大質量粒子、の頭文字をとった。「ウィンプ」は英語で「臆病者」の意）と呼ばれる仮説上の粒子の助けを借りなければ、天文学者たちはつじつまを合わせられなかった。

南極の氷越しに観測

　数年ほど前から、ダークマターのより詳しい描像が得られるようになった。南極の氷の下に設置した、ユニークな観測所がとらえたものだ。この、アイスキューブ・ニュートリノ観測所では、1450〜2450mの深さの縦穴の中に垂らした何本ものケーブルに粒子センサーを取り付けている。ニュートリノ以外の粒子はこれほどまで深い地中を貫通できないが、ニュートリノはこのぶ厚い氷の層の中をほとんど無傷で通り抜

> **正真正銘のダークマターは、光はもちろん、それ以外の電磁波とも一切相互作用しない。**

ける。ごくまれに、ニュートリノが氷の分子と相互作用すると、通常の物質粒子が生じて、それが「チェレンコフ放射」と呼ばれる閃光を放出することがある（p.44）。そのときを狙って、検出器が記録した光の経路の深さや方向を調べる。

　ところで、どうしてこれがダークマターの手がかりになるのだろうか。理論モデルによれば、太陽には仮説上の粒子WIMPをいくらか引きつけるのに十分な重力がある。重力に引き寄せられたWIMPは太陽の核近くにひしめき合い、「対消滅」が時折起こる。その結果、独特の特徴をもつニュートリノをはじめとする素粒子が爆発的に作られる。アイスキューブ・ニュートリノ観測所は、太陽の方角から飛んでくるこうしたニュートリノをこれまで大量に検出しているのである。

52 ダークエネルギー
宇宙の膨張を加速するエネルギー

宇宙の正体

- テーマ：宇宙の膨張を加速させている、これまで知られていなかった力。その存在が確認されたのは、ごく最近のこと。
- 最初の発見：1990年代後半、遠くで起きた超新星爆発を観測することでダークエネルギーの存在が確認された。
- 画期的な発見：2008年、宇宙マイクロ波背景放射探査衛星（WMAP）からのデータは、宇宙全体のエネルギーの72.8％はダークエネルギーが占めていることを示した。
- 何が重要か：宇宙の過去と未来を深く知るには、ダークエネルギーを理解する必要がある。

宇宙の膨張は減速するどころか、加速していた。この事実は、天文学における20世紀最大の発見と言っても過言ではない。21世紀になっても天文学者たちは、この謎に満ちた「暗黒エネルギー」の正体を何とかして解き明かそうと、日夜研究を重ねている。

19 90年代後半、ハッブル宇宙望遠鏡（HST）主要観測計画では宇宙の膨張速度を測定するのが大きな目的だったが（p.53）、二つのチームが巧妙な方法でその観測結果を検証した。そして意外にも、現在の宇宙が太古の宇宙よりも速いペースで膨張している証拠が見つかった。現在では、「ダークエネルギー」として知られているこの発見は、宇宙の常識を完全にひっくり返した。

超新星宇宙論

HST主要観測計画の主な目的は、宇宙の膨張率を割り出すことだった。そのために、地球から比較的近い（およそ2億光年の距離までの）銀河の中にあるセファイド型変光星の光の変動を検出した。こうした恒星の明るさの周期的な変動は、その星本来の明るさに連動していた。これを、天文学で距離を推定するときに用いられる「標準光源」として利用したのだ。標準光源とは、真の明るさがわかっている天体があり、その見かけ上の明るさを利用して地球からの距離をはじき出すのに使われる天体である（p.33）。ところで、観測結果を独立に検証することは、科学の大原則である。1990年代後半に、このセファイド型変光星の観測結果を二つのチームが相互チェックし、その検証結果を照合した。

多国籍メンバーで編成された「ハイゼッド超新星捜索チーム」（「ハイゼッド」は高赤方偏移の意）と米国のローレンス・バークレー国立研究所を拠点とする超新星宇宙研究チームは、

（右）2010年、天文学者たちはハッブル宇宙望遠鏡を使って、宇宙の小さな領域に広がる「ダークエネルギー」を測定した。銀河団エイベル1689周辺の重力レンズ効果を測定すると、ダークマターの分布が求められた（青色の部分）。この測定以降、背景にある銀河がゆがんで見える現象を利用して、間に横たわる空間を満たしているダークエネルギーを探ることができる。

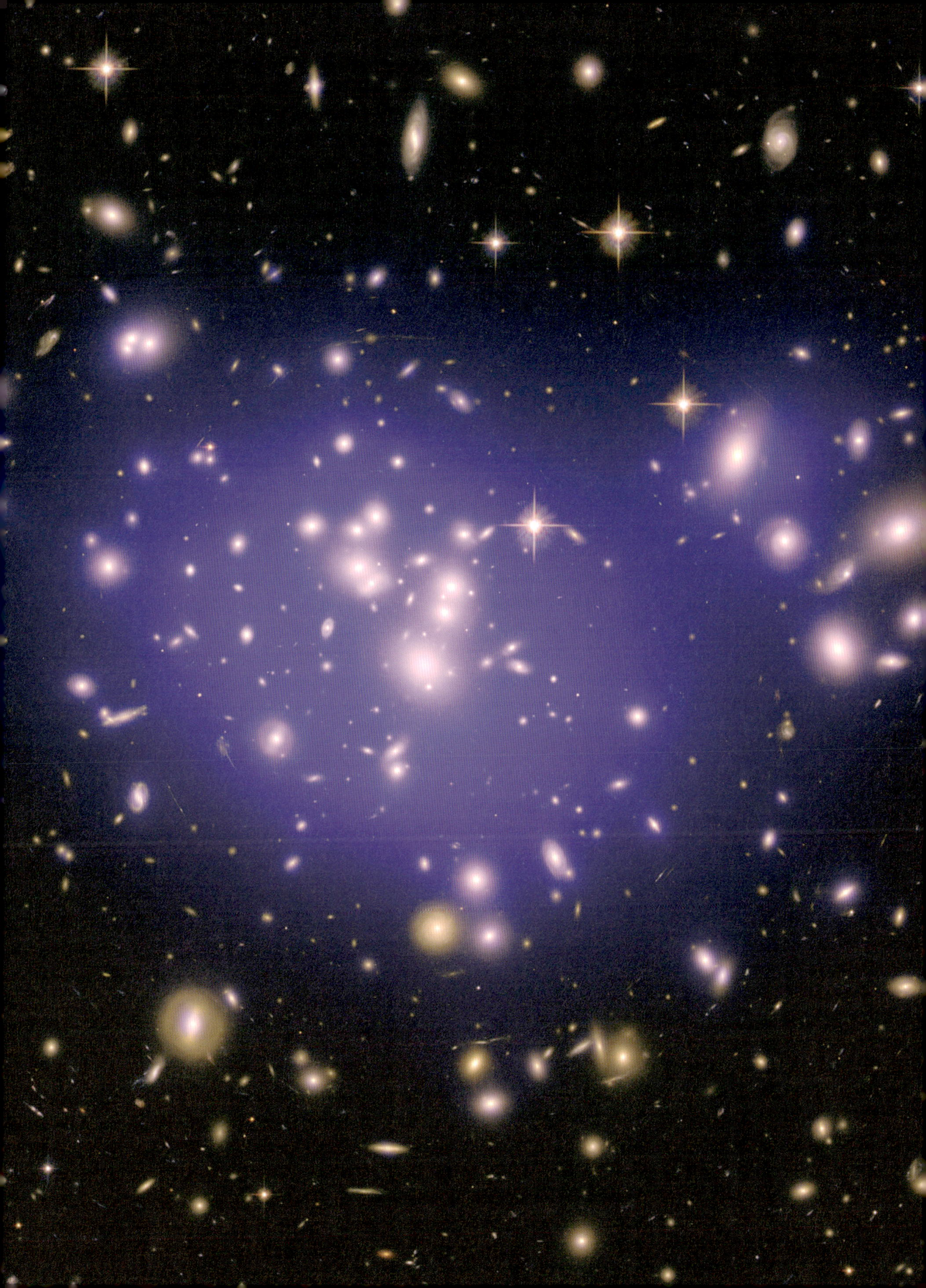

タイプIaの超新星として知られている天体を、標準光源にした。ほとんどの超新星は大質量星の寿命が尽きたときにできる。そのときに介在する物質の質量や、できる超新星残骸のタイプによって、放出されるエネルギーの量は大きく変わる。ところが、タイプIaの超新星が爆発した場合は、そうならない。このタイプの超新星爆発は、伴星から受け取った物質の質量が白色矮星に加わって新星爆発を起こすような系（p.129）で太陽質量の1.4倍という「チャンドラセカール限界」を超えた場合に起こる。この限界を超えた恒星の残骸は、自分自身の重みに耐えられなくなって崩壊し、そのあとには中性子星ができる。ほとんどの場合、ほぼ同じプロセスをたどって中性子星ができるため、タイプIaの超新星爆発で放出されるエネルギーの量にはそれほどの開きが出ない。この性質が、この爆発の見かけの明るさから距離を割り出すときの指標として役立つのである。ほかの超

ごく最近になって通常の物質とダークマターの分布が薄くなったせいで、ダークエネルギーの影響が強く現れるようになったのだと考えられている。

新星もそうだが、タイプIaの超新星の爆発もめったに起こらない。ただし好都合にも、このときの爆発は銀河を隅々まで照らせるほど明るいので、最新鋭の望遠鏡があれば、非常に離れた場所で起こる爆発も見つけられる。

遠くで起こる超新星爆発の明るさと、そのホスト銀河の赤方偏移を測定すれば、セファイド型変光星を基にして割り出した宇宙膨張の観測結果の精度をチェックできるのだが、これ以外にも、天文学者たちが期待していることがあった。膨張スピードがどれくらい落ちているかも突き止められるのではないかと予測していたのだ。宇宙の重力によって膨張率は低下すると

いうのが当時の常識だった。だから天文学者たちはこの減速率をぜひとも突き止めて、宇宙の未来を予測しようとしていた（p.219）。その銀河が遠ければ遠いほど、そこにできた超新星は赤方偏移が指し示しているよりも明るく見える（つまり、近くに見える）はずだ。だから、最も遠いところにある銀河に生じるこのずれを見れば減速具合がわかるはずだった。

ダークエネルギーの発見

このプロジェクトが開始してからわずか数年後に、両チームは予想だにしなかった、同じ結論を得た。遠くにある超新星たちは予測よりも明るく見えるどころか、暗く見えた。この結果が指し示す結論は一つしかない。何かの力がはたらいて、宇宙の膨張は加速していた。何か普遍的なエネルギー場のようなものが宇宙全体に広がっていて、そこでは何らかの力が作用しているという説を1998年に宇宙論研究者のマイケル・ターナーが発表した。ターナーはここではたらいている力をダークエネルギーと呼んだ。

議論を呼びそうな新説にもかかわらず、ダークエネルギーは科学界に受け入れられた。独立した二つのチームが集めた証拠がものをいった。ダークエネルギーを取り入れれば、これまで説明できなかったいくつもの難問があっさり解けたことも大きかった。とりわけ、宇宙マイクロ波背景放射（p.54）の分析結果はこれまで、宇宙は本質的に「平坦」であることを示していた。これはつまり、通常の物質やダークマターよりも圧倒的に多くの部分を占めるエネルギーがそこに存在していることを意味していた。ダークエネルギーを検出することはできない。だが、これこそが出所がわからなかった膨大な量のエネルギーだと考えれば、さまざまな謎が解決した。2008年にウィルキンソン・マイクロ波異方性探査機（WMAP）からの観測データが発表された。これによると、宇宙に存在するエネルギーの構成比率はダークマターが22.7％、ダークエ

可視光と紫外線、エックス線で撮影した画像で示す遠くの銀河で起きたタイプIaの超新星爆発が、驚くような発見に結びついた。宇宙の膨張は加速していて、それを駆動しているのは神秘に包まれたダークエネルギーだった。

ネルギーは72.8％を占め、普通の物質はわずか4.6％であるらしかった。

予測される特性と、さまざまな仮説

ダークエネルギーの存在は各種の方法で確認されている。地上の研究室ではまだ検出は難しく、その存在は今のところ「反重力」効果からしか確認できない。一説によると、ダークエネルギーの密度は1 km³ あたり100兆分の1グラムほどではないかといわれている。その後の実験からは、興味深い結果が得られている。約50億年ほど前までは、宇宙の膨張ペースは当初の予想通り落ちていた。それが、ごく最近になって通常の物質とダークマターの分布が薄くなったせいで、ダークエネルギーの影響が強く現れるようになったのだと考えられている。

科学者たちは、ダークエネルギーの正体に少しでも近づいているのだろうか。目下のところ、有力な説は二つある。「宇宙定数」と、「クインテッセンス（第5の力）」だ。約100年も前に宇宙定数を最初に唱えたのは、アルバート・アインシュタインだ。宇宙が膨張していることがわかる以前に、アインシュタインは宇宙定数を思いついた。これはもともと、平坦で物質が一様に分布していると当時は考えられていた宇宙だが、そのままだとやがては収縮に向かうという予測と、自らの説との帳尻を合わせるために取り入れたものだった。現在では、この定数を含む方程式は、宇宙空間を満たしているエネルギー場を本質的に示していて、これがダークエネルギーだと考えるのが最も妥当だとする宇宙論研究者もいる。これに対して、クインテッセンスは時空の影響を受けないエネルギー場で、時間の経過と共に空間を占める分布を変える。クイテッセンスの質量は長い年月をかけて指数関数的に増加し、将来、宇宙を破滅させる可能性を示唆する仮説もある（p.221）。

ダークエネルギー | 217

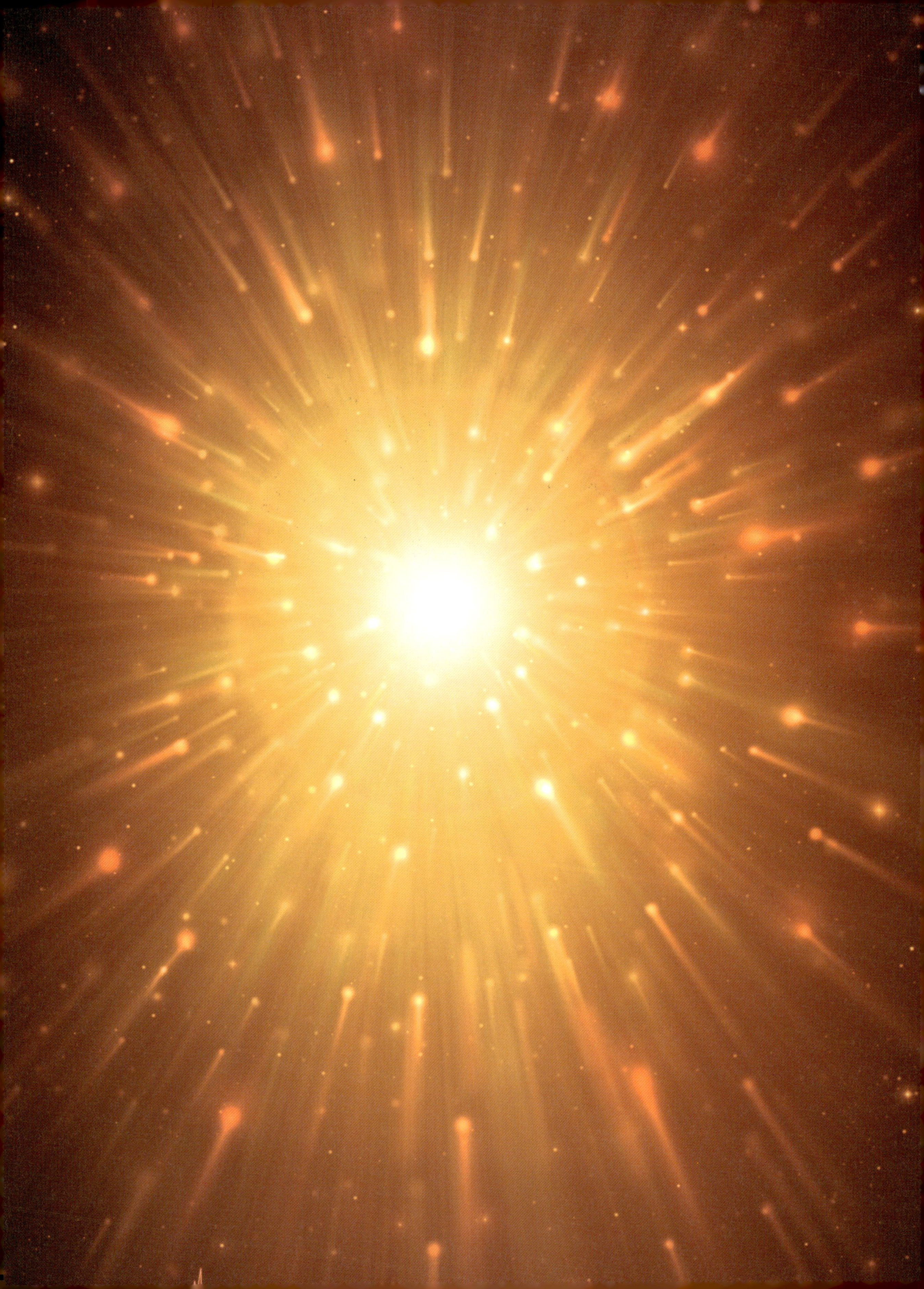

宇宙の運命
宇宙の終わりを予測する

53

宇宙の正体

- ■ テーマ：遠い未来に宇宙がどう終わるのかを予想するさまざまなモデル。
- ■ 最初の発見：1850年代に、未来永劫続く宇宙で起こる「熱的死（ヒートデス）」という概念をウィリアム・トムソンが思いついた。
- ■ 画期的な発見：1920年代に「閉じた」宇宙のモデルをアレクサンドル・フリードマンが提案した。
- ■ 何が重要か：宇宙の最後に何が起こるかという議論は、哲学的にも、科学的にも興味の尽きないテーマだ。

宇宙の終わりには何が起きるのか。宇宙の始まりと同じくらい、このテーマは宇宙論研究者はもちろん、多くの人々を引きつけている。いくつかのモデルを巡りさまざまな論争があったが、ダークエネルギーが発見されて以来、どれが有力な説なのかがはっきりと見えてきた。

20世紀前半までは、空間的にも時間的にも宇宙には終わりがないと考えられていた。宇宙は悠久の時間をこれまで過ごしてきたのだから、これからも未来永劫存在し続けるのだという考えが主流だった。その内部にある物質がどうなるかについては、意見が分かれた。19世紀初頭に活躍したフランスの科学者、ニコラ・サディ・カルノーとドイツの物理学者ルドルフ・クラウジウスが展開した熱力学の法則によると、熱は高温から低温に移動する。その逆はないことを考えると、宇宙はゆっくりと死に向かっていることになる。

熱力学は、一つの「系」の中でエネルギーがどう伝わるかを説明する理論だった。具体的には、エネルギーだけが秩序立った構造を維持できることと、エネルギーそのものは集中した状態から、粒子の間に分散して広がっていくことを示した。この性質は、「エントロピー」と名づけられた。この考え方に基づいて、1850年代に英国の科学者であるウィリアム・トムソン、またの名をケルヴィン卿が「熱的死（ヒートデス）」という概念を考え出した。この考えでは、ありとあらゆる構造はやがて壊れ、宇宙の中で均等に分布し、宇宙全体の平均温度はゆっくりと下がっていく。

有限の宇宙

こうした研究成果をベースに、20世紀に考えられたのが「ビッグバン」理論だった。宇宙にははっきりとした始まりがある、それも宇宙のスケールから見たらそれほど遠くない昔に始まったと考えた（p.59）。始まりがはっきりすると、終わりについてもさまざまなアイデアが登場した。最初の爆発以来、宇宙が今も膨張し続けているならば、この膨張がこの先永遠に続くか、宇宙そのものの重力によって膨張のペースが落

(左)宇宙は最後にどうなるのか。可能性の一つに、重力またはダークエネルギーの振る舞いが変化して、宇宙が膨張から収縮に反転し、しまいに再び密度無限大の一点となって押しつぶされる「ビッグクランチ」がある。

宇宙の終焉(しゅうえん)として考えられるさまざまなシナリオ。ビッグバンが起きたときの最初の勢いと、続いて生じたダークエネルギーのはたらきが加わって、現在の宇宙は加速度的に膨張している。その膨張がこの先次第に減速するか、さらに加速するか、あるいは反転して逆方向に向かうかによって、それぞれ「ビッグチル」「ビッグリップ」「ビッグクランチ」が起きると予想されている。

ち、そのうち収縮に反転する可能性があると考えるのが理にかなっていた。1920年代にビッグバン理論を唱えた先駆者の一人であるソ連の宇宙論研究者アレクサンドル・フリードマンは、この可能性にいち早く気づいた。フリードマンが予測した「振動宇宙モデル」では、宇宙は膨張と収縮を繰り返す(p.60)。

20世紀後半には、ビッグバン理論がある程度完成し、広く受け入れられた。続いて、宇宙の物質密度パラメータであるオメガ(Ω)の値によって宇宙の運命が決まると天文学者たちは考えた。予測されるシナリオは3種類あった。膨張する力よりも重力のほうが強い「閉じた宇宙」は、やがて縮んでいって最後に破局的な「ビッグクランチ」が起こる。「開いた宇宙」は際限なく膨張し続け、そのペースが大きく衰えることはほとんどない。この二つの中間にある「平坦な宇宙」では、重力によって膨張のペースは徐々に遅くなり、やがて膨張していることがほとんどわからないところまで限りなく減速していくが、その振る舞いが反転することはない。開いた宇宙と平坦な宇宙では、ケルヴィン卿が唱えた熱的死が数兆年後に訪れる。

1970年代から1990年代にかけて、オメガの値を求める実験が何度も行われた。その結果はどれも、宇宙の物質密度は、平坦な宇宙になる臨界値に近いことを示した。ところが1998年に宇宙論研究者たちは、宇宙には「ダークエネルギー」があることを発表した。これまで誰も存在を予測していなかった、宇宙を実際に膨張に駆り立てている力である(p.214)。この時点では「開いた」宇宙がどのシナリオよりも最有力であるように見えた。

数々の最新理論

最近の観測結果によって、ダークエネルギーの効果はこれまで必ずしも一定ではなかったことがわかった。膨張が加速し始めたのはほんの50億年ほど前らしい。ダークエネルギーの「宇宙定数」理論に沿って考えると、ダークエネルギーや通常の物質、そしてダークマターの比率

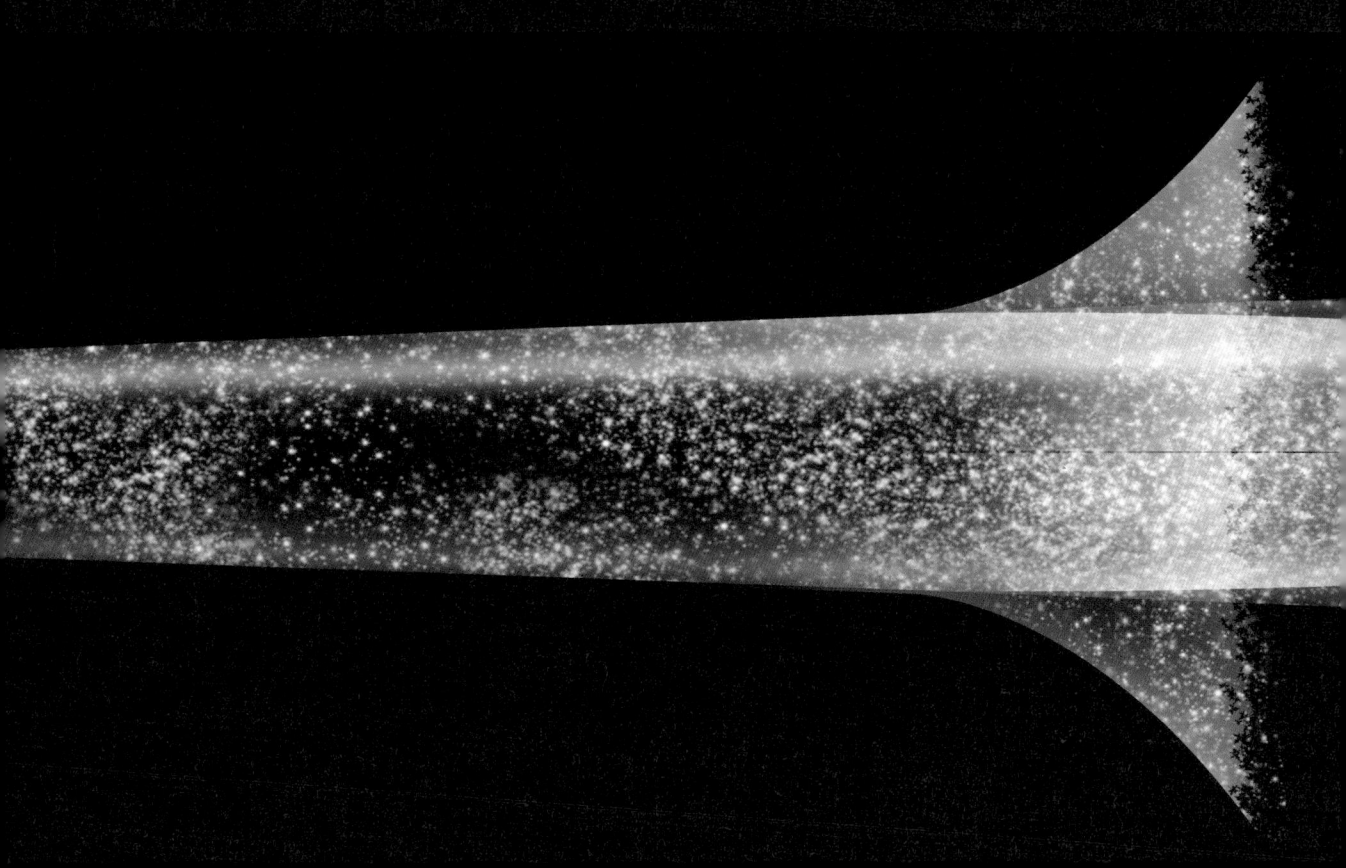

が膨張する宇宙の中で変動しているのだからこういう結論が出ても不思議はない。

ほかの可能性もある。「ファントムエネルギー」というある種のダークエネルギーは長い時間をかけて、指数関数的に急激に大きくなる。最後は空間も物質も引き裂く「ビッグリップ（大分解）」が起きると考えたのは、米国の宇宙論研究者ロバート・コールドウェルだ。逆に、ダークエネルギーの効果がある時点で反転し、宇宙全体が収縮して押しつぶされる「ビッグクランチ」が起き、終末が訪れるというモデルもある。これが起きるとしたら、100億年から200億年後という、宇宙の歴史からすると、そう遠くない将来だとされる。

宇宙の終わりが「開いたモデル」「閉じたモデル」「平坦なモデル」のいずれでもないと主張する、ほかの宇宙論モデルもある。フリードマンが唱えた振動宇宙におけるいくつかの特徴は、ループ量子宇宙論（p.64）のようなモデルのなかで再び注目されている。ここでは、収縮のあとに再び膨張する宇宙、つまり、「ビッグバウンス」が予測されている。宇宙はこの先も際限なく膨張し続けるのか、最後に低温の「熱的死」を迎えるのか、それとも激しい「ビッグリップ」が起きるのか。宇宙の運命がこのどれだとしても、ブレーン（膜）モデル（p.65）では次のように考えている。人類がまだ知らない力が、人類がま

英国の科学者であるウィリアム・トムソン、またの名をケルヴィン卿が「熱的死（ヒートデス）」という概念を考え出した。

だ見たことのない次元ではたらいていて、そこでは宇宙が新たに誕生している。

最後に、リンデによるカオス的インフレーション理論（p.64）では、終わりがどうあれ、今ある宇宙は結局、あまたある小さな泡の一つだと考えた。つまり、これからも新しい宇宙が生まれ続け、その宇宙では星を観測する生物が生まれ続けるのである。

宇宙と太陽系の今を知るための用語集

[暗黒星雲]
光を吸収する星間ガスや塵が集まった雲。星が散在する領域やほかの星雲を背景に影が映らなければ、その姿は見られない。

[インフレーション]
宇宙の始まりから1秒に満たない、極めて短い時間に起きた急激な膨張。宇宙が猛烈な勢いで膨れ上がった。

[ウォルフ・ライエ星]
大質量の恒星。この星から生じる恒星風があまりにも激しいため、たった数百万年の間に外側の層のほとんどがはがれ、超高温の内部が露出してしまう。

[渦巻銀河]
年老いた黄色い恒星から成る中心部分を、幼い恒星やガス、塵が集まった薄く平たい円盤が取り囲む銀河。円盤中の渦巻状の腕は、星が生まれつつある領域を示す。

[宇宙マイクロ波背景放射（CMBR）]
目に見える宇宙の果てから地球に届く、弱い電磁波。宇宙の「最終散乱面」から届く赤方偏移した光なので、これを観測すれば宇宙が晴れ上がった頃の様子がわかる。

[褐色矮星]
いわゆる「恒星になり損ねた星」。水素の核融合を起こして、輝き出すほどの質量を集められなかった。その代わり、重力収縮などによって低エネルギーの電磁波を出している。

[活動銀河]
中心の領域から膨大な量のエネルギーを出している銀河。心臓部分にある超大質量ブラックホールに物質が落下するときに、エネルギーが放出されるのだと考えられている。

[ガンマ線]
最もエネルギーが高く、極めて短波長の電磁波。最も高温の天体や宇宙最大のエネルギー現象から発生する。

[輝線星雲]
限られた波長で光る、宇宙に浮かぶガスの雲で、輝線が数多く入ったスペクトルが現れる。通常、近隣にある恒星の光からエネルギーを得ていて、星形成領域と関係している。

[球状星団]
年代の古い、長寿の恒星がぎっしりと集まった球状の星の集まり。天の川銀河をはじめ、銀河の周囲を公転している。

[クォーク星]
仮説上の恒星の核の残骸。中性子星とブラックホールとの間の天体で、クォークだけでできている。

[降着円盤]
高密度の天体の重力に引っ張られて、物質が赤道に沿った平面に集まり渦を巻きながら公転する平たい円盤。中性子星やブラックホールのような超高密度の天体の周囲には、強烈な潮汐力がはたらいている。そこから生じる熱によって降着円盤の温度が上昇し、エックス線をはじめとするさまざまな電磁波を出していることが多い。

[固有運動]
恒星が天球上を横切る動き。地球自身の動きから生じる影響を取り去ったときの、その星が天空を横に移動する2次元的な動きを指す。通常、3次元的な奥行き方向の動きは加味しない。

[最終散乱面]
ビッグバンが起きた約40万年後に、宇宙が晴れ上がったときの天空の面（壁）。それまでの宇宙は、あまりにも高密度で見通しが悪かった。最終散乱面は地球から観測できる宇宙最古の時代であり、宇宙マイクロ波背景放射のふるさとでもある。

[散開星団]
同じ星形成星雲から生まれたばかりの星の集団。ガス雲の中に埋もれているものが多く、明るく若い恒星が多数集まっている。

[視線速度]
恒星のような天体が地球から離れていく（あるいは向かってくる）視線方向のスピード。ドップラー効果を使って検出する。

[主系列]
恒星の進化や性質を示すH-R図のなかで、恒星が最も長く過ごすライフステージ。恒星は比較的安定し、核で水素が核融合してヘリウムを作りながら輝く。

[種族Iの恒星]
太陽と同じくらい重元素（金属）を含む恒星グループ。渦巻銀河の円盤や腕の部分、不規則銀河に多く見られる。宇宙が重元素で満たされた、ここ数十億年にできた。

[種族IIの恒星]
太陽に比べて重元素（金属）の割合が少ない恒星グループ。球状星団や楕円銀河、渦巻銀河の中心部分で主に見られる。原始宇宙の残骸だと考えられている。

[種族IIIの恒星]
重元素（金属）をほとんど含まない、仮説上の原始的な恒星のグループ。できたばかりの宇宙に現れたファーストスター（初代星）と考えられている。

[食連星]
地球から見て、一つの恒星が周期的に、別の恒星の前を横切る連星。横切ったときに、この連星系全体の明るさが落ちる。

［新星］
白色矮星が伴星から物質を受け取りながら、その表面にガスの層を集積していくうちに、激しい核爆発を起こす連星。

［スペクトル線］
光のスペクトルに現れる明るい（または暗い）帯。帯の現れる位置が、そこにどんな原子や分子が関与しているのかを割り出す手がかりになる。

［赤色巨星］
ひときわ明るく輝くステージにいる恒星。外側の層が膨張するため、表面の温度は下がっていく。恒星が中心核にある水素燃料を使い果たすと、赤色巨星になるステージが始まる。

［赤色矮星］
太陽と比べてはるかに質量の小さな恒星。小さく、かすかで、表面の温度も低い。中心核で起きる水素の核融合からはヘリウムがゆっくりと作られている。

［楕円銀河］
特定の向きをもたずに軌道を周回する恒星によってできている銀河。多くの楕円銀河は星形成ガスをもたない。知られているなかで最も小さい銀河と大きい銀河は、楕円銀河である。

［多重星］
互いの周囲を公転する、二つ以上の恒星（二つの星が対になっている場合は、連星と呼ばれる）。天の川銀河では、太陽のように単体で光る恒星よりも、多重星のほうが圧倒的に多い。

［中性子星］
超新星爆発の後に残った、超大質量星の崩壊した核。高密度に圧縮された中性子でできている。多くの中性子星は最初、パルス状の電波やエックス線を発するパルサーとして振る舞う。

［超巨星］
太陽の10～70倍の質量をもつ、大質量で究極に明るい恒星。さまざまな色の超巨星があるが、その色はエネルギー出力量と恒星の大きさとのバランスが表面の温度に与える影響によって決まる。

［超新星］
恒星の一生の終わりに見られる破壊的な威力の爆発。大質量星が燃料を使い果たし中心核が崩壊したとき（中性子星かブラックホールができるとき）か、白色矮星が質量上限を超過し、突然収縮・崩壊して中性子星になったときに見られる現象。

［超新星残骸］
超新星爆発のあった地点で拡散していく、超高温になったガスの雲。

［超大質量ブラックホール］
おびただしい数の星に匹敵するほどの質量をもつ巨大ブラックホール。多くの銀河の中心部に存在すると考えられている。巨大なガス雲が破壊してできることが多いと考えられている。

［通過（トランジット）］
一つの天体の（観測者から見た）手前をほかの天体が横切ること。例えば、ある恒星の表面を横切る惑星の動き。太陽面を水星や金星が横切る場合もトランジットと呼ぶ。

［ドップラー効果］
遠くにある天体から放出された電磁波の波長が、縮んだり（青方偏移）伸びたり（赤方偏移）する現象。これを見れば、その天体が観測者に対して近づいているか、遠ざかっているかがわかる。ドップラー効果によって起きる赤方偏移が、宇宙の膨張を裏づける決定的な証拠となった。

［ハイパーノヴァ（極超新星）］
超新星よりもさらに激しい恒星の爆発。大質量の恒星が死に、その後にブラックホールができる。爆発で生じる電磁波や粒子が細いビームに枝分かれし、強烈なガンマ線バーストを引き起こしているとする説もある。

［白色矮星］
太陽質量の約8倍以下の恒星が寿命を終えた後に残った中心核の残骸。ゆっくりと冷却していく高密度の恒星の核を指す。

［パルサー］
高速で回転する中性子星。パルス状の可視光線、電波、X線を発する。強力な磁場をもつものもある。

［反射星雲］
近隣の星の光に反射したり散乱したりして輝く、星間ガスと塵でできた雲。

［標準光源］
もともとの明るさから、その距離を単独で計算できる天体や現象。セファイド変光星や特定の超新星のような標準光源は、宇宙の遠方の領域にある天体の距離を推測するときに重要な役割を果たす。

［不規則銀河］
定まった構造のない銀河。ガスや塵、星形成領域がその大部分を占めている。

［閃光星］
たいていの場合、光が弱くて小さな低質量星。太陽フレアに似た、激しい爆発が表面で起こりやすい。

［分光連星］
二つの恒星が互いの周囲を公転している連星のうち、望遠鏡では識別できず、分光によるスペクトル線に生じるずれによって、恒星が二つあることを検知できるもの。

［変光星］
明るさが変動する恒星の総称。食連星を含める考え方もあるが、真の意味での変光星は物理的にも変化し、周期的または不規則に大きさが脈動する様子が見られたり、激しい爆発現象を起こしたりする。

宇宙と太陽系の今を知るための用語集 | 223